U0019544

科學之書

The
Science
Book

作者 —— 柯利弗德・皮寇弗（Clifford A. Pickover）

譯者 —— 陸維濃

目次

前言

> 「這是人類史上最持久、最偉大的冒險，這樣的探尋是為了了解宇宙，了解宇宙運作的方式，以及宇宙的起源。很難想像的是，在一個小星系中，一顆繞著不起眼的恆星公轉的小行星上，有一小群人以徹底了解整個宇宙為目標，這一小群人真的相信自己可以理解整個宇宙。」
>
> ——默里・蓋爾曼，摘自約翰・博斯洛（John Boslough）著作《霍金宇宙新論》（*Stephen Hawking's Universe*，1989 年）

科學與數學的範圍

如今，科學家和數學家涉獵廣泛，研究各式各樣的主題和基本定律，目的是為了了解自然界的作用、了解宇宙，以及現實世界的結構。多重維度、平行宇宙，以及連結時空不同區域的蟲洞（warmholes）是否有可能存在，都是物理學家思索的問題。生物學家、醫生和倫理學家則是思考器官移植、基因治療和複製的問題，研究 DNA 和人體基因組揭開了生命本質的基礎奧秘。數學的用處則是讓我們得以打造太空船，並研究宇宙的幾何學。說來有趣，在基礎物理的領域，有許多重要的發現致使新的醫療工具誕生，幫忙減輕人類的痛苦並挽救生命（如 X 光、超音波、核磁共振造影等等）。

科學家和數學家的發現常帶來新的科技，但這些發現也能改變我們的人生觀，改變我們看待世界的方式。舉例來說，對許多科學家而言，海森堡測不準原理（Heisenberg Uncertainty Principle）代表的是：物質宇宙其實並非以決定論的形式存在，而是一種玄妙的機率集合體。因為對電磁學有進一步了解，人類發明了無線電、電視和電腦；對熱力學的了解則使我們發明了汽車。

正如各位在閱讀這本書時所發現的，長久以來，科學和數學並沒有明確的範圍，要劃定這樣的界線也不容易。我採取較為廣泛的觀點，囊括涉及工程學、應用物理學、以及讓我們對天體本質的理解有所提升的主題，甚至還選錄幾個帶點哲學意味的主題。儘管範圍如此遼闊，大部分科學領域相當依賴數學工具，藉此幫助科學家理解自然，並在自然界進行實驗和預測。

愛因斯坦曾說：「這個世界最難以理解的事就是它是可以理解的。」的確，我們所生活的宇宙，似乎可以用簡潔的數學式或物理定律來加以描述或模擬。然而，除了發現這些自然界的定律，科學家通常會去鑽研一些人類曾思索過最深奧、最難以想像的概念——從相對論、量子力學，再到弦論，以及促使宇宙演化的大霹靂所具備的本質。藉由量子力學，我們得以窺見一個如此違背直覺的奇特世界，引發了有關空間、時間、資訊和因果關係的問題。然而，儘管有這些看似難以理解的結果，許多其他領域和科技仍應用了量子力學的相關研究，如雷射、電晶體、微晶片和核磁共振造影。

科學及數學領域中，許多偉大概念背後的人物，也是本書涉及的內容。以現代科學的基礎——以物理為例，幾百年來，無數男男女女為它著迷，其中包括一些世界上最偉大、最吸引人的才士能人，如牛頓（Issac Newton）、馬可士威（James Clerk Maxwell）、居禮（Marie Curie）、愛因斯坦（Albert Einstein）、費曼（Richard Feynman）和霍金（Stephen Hawking）。這些人幫助我們改變思索宇宙的方式。

在醫學的領域，帕雷（Ambroise Paré）和李斯特（Joseph Lister）改變了我們處理傷口和疾病的方式。舉例來說，想想法國外科醫生帕雷（西元 1510 — 1590 年）在手術中使用的縫線和止血方法，或是英國外科醫生李斯特（西元 1827 — 1912 年）提倡使用消毒劑，以及他利用石炭酸（如今稱之為酚）來替病人的傷口和手術器具消毒，進而大幅減少術後感染的方法。除了這些實際應用上的成就，還有既是物理學家又是化學家的居禮夫人，對輻射進行了開創性的研究，對於科學的進步一事，她提醒了我們：「有些人認為科學有著無以倫比的美麗，我也是其中之一。科學家在實驗室裡不只是一位技術人員：在那些有如童話故事一樣令人印象深刻的自然現象之前，科學家還是個孩子……在我身邊，若說有任何重要的事情，那肯定就是冒險精神，這是一種有如好奇心一般，看似永不磨滅的精神。」

歡迎各位閱讀《科學之書》，從理論性以及極其實用的主題，再到奇特而費解的主題，都是本書的內容。我們將會讀到神祕的暗能量（dark energy），這種能量有一天可能會以可怕的宇宙撕裂方式撕裂星系，毀滅宇宙；我們還會讀到開啟量子力學這門學科的黑體輻射定律（blackbody radiation law）。哥白尼體系、演化、抗生素、週期表、蒸氣引擎和麻醉，都是本書囊括的內容。我們將穿越時間和空間，在不同年代間跳躍，從青銅的誕生（約西元前 3300 年）、鑄鐵（約西元前 1300 年）、羅馬混凝土的發展（約西元 125 年），到人類史上首次合成聚乙烯（西元 1933 年）——也就是如今世界上最為常見的塑膠。在生物學的範疇，我們將看到小麥的栽種、動物的馴養，並對化石記錄、食物網和昆蟲的舞蹈語言有所探究。

對某些讀者來說，或許會覺得在一本有關科學的書中讀到如此之多的數學條目，似乎不太尋常。然而，這是因為我刻意強調了數學的重要性。畢竟，數學滲入了每一種科學領域，並在生物學、物理學、化學、經濟學、社會學和工程學中扮演十分重要的角色。有了數學的幫助，我們得以解釋陽光的顏色或人腦的結構、打造超音速飛機和雲霄飛車、模擬地球自然資源的流動方式、探索次原子的量子現實，並對遙遠的星系產生想像。數學改變了我們看待宇宙的方式。

對研究科學的學生而言，數學也有十足的重要性，幫助學子們進一步了解科學原理，幫助高中生和大學生找出科學假說和實收資料之間的關聯，並深入了解這些發現的重要性。發表在心理學、生物學、工程學、化學、地質學和其他各種領域的期刊文章，總是記載著公式、計算過程、圖表、統計數據和數學模型。

歷史上，數學理論有時被用來預測一些多年後才被證實存在的現象，好比馬克士威的方程式組就預測了無線電波的存在。愛因斯坦的重力場方程式指出，重力可以使光發生彎折，宇宙因此擴張。物理學家狄拉克曾提到，我們如今所研究的抽象數學讓我們得以窺看未來世界的物理學。事實上，狄拉克的方程式預測了反物質的存在，而科學界後續也確實發現了反物質。就如同數學家羅巴切夫斯基曾說：「數學領域中的分支，無論如何抽象，或許都有應用在真實世界現象上的一天。」

書中的每一個條目內容都很簡短，最多也只有幾段文字。這樣的編排可以讓讀者直接思考條目主題而不用閱讀累贅的冗言。為這本書選擇重要的里程碑時，我考慮的是這些科學里程碑是否形塑了當代的世界，或者是否引導了人類歷史這條河流的走向。整體而言，選擇這些里程碑旨在讓一般讀者能夠對科學發現與科學成就的廣度和多樣性感到驚嘆，這些里程碑對人類、對人類的文化以及人類對這個世界的思考方式產生了重要的影響。最後應該一提的是，這些里程碑選自 Steriling Milstone 系列叢書，其中《數學之書》、《物理之書》和《醫學之書》是我個人的作品，另外還包括了《心理之書》、《生物之書》、《化學之書》、《太空之書》和《工程之書》的內容。我強烈建議各位讀者查閱這些書籍，以接觸這些領域中的其他里程碑。

目的和年代 Purpose and Chronology

我們周遭隨處可見科學與數學的原理。編排《科學之書》時，我的目的是用簡短的方式，藉由短到在幾分鐘之內就能消化的條目，將重要的概念和思想家介紹給廣大讀者。就我個人而言，大多數條目都很有趣，只可惜，為了避免整體內容過於龐大，我並未囊括所有偉大的科學及數學里程碑。因為如此，要在有限的內容中讚揚科學的美好，我不得不刪去許多科學奇蹟。儘管如此，我相信這本書中已經收錄了大多數具有重要歷史意義，並且對科學、社會或人類思想有重大影響的主題。文中偶爾出現的粗體字是為了提醒讀者參考其他相關條目。此外，每個條目文末的「參照條目」將和列出和主題相關的條目，交織成一面互相關聯的資訊網，有助於讀者在來回尋找的樂趣中瀏覽這本書。

《科學之書》反映出我個人智識上的不足，我盡其所能地研究各個科學領域，但想要在各方面都達到流暢表達的程度實在困難。很明顯地，這本書的內容反映出我個人的興趣、專長和我的弱項。我負責選擇書中的重要條目，當然，有任何錯漏之處也是我的責任。《科學之書》並不是一本綜合性或學術性的專著，而是一本休閒讀物，對象是學習科學或數學的學生，以及對此有興趣的非專業人士。我非常歡迎讀者提出意見，提出本書還可以改進的地方，我認為這是一項持續不斷的計畫，是一份充滿熱情的工作。

本書的條目按照年代編排。有許多條目的年代是以相關觀念或性質被發現的時間為準。當然了，如果有所貢獻的人士超過一位，要判斷條目年代可能會發生問題。通常，適當的時候，我會列出最早的年代，不過，條目年代有時是以相關觀念受到特別重視的年代為主。本書中，有許多年代久遠的條目，包括一些年代為「西元前」的條目，這時候，年代只是時間上的近似值。因為本書的條目是按照年代依序編排的，所以，各位在搜尋有興趣的主題時，請務必使用索引，你可能會發現在你意料之外的條目中也談到了相關主題。

未來，科學和數學還能提供我們那些新知，沒有人能說得準。19世紀接近尾聲時，傑出的物理學家威廉·湯姆森（William Thomson），也就是我們所知的克耳文勳爵（Lord Kelvin），聲稱物理學已經走到盡頭。他從來無法預見量子力學和相對論的興起，以及它們為物理領域帶來的劇烈變化。1930年代初期，物理學家歐尼斯特·拉塞福（Ernest Rutherford）曾如此評論原子能：「簡而言之，想要預測物理學領域未來會出現什麼想法和應用，若非不可能，就是非常困難。」

最後，別忘了，這些科學界和數學界的發現提供了一個架構，讓我們得以探索次原子和超星系的領域，這些物理觀念讓科學家可以對宇宙做出預測。這本書中許多領域的科學突破是源自於哲學推測帶來的刺激。因此，這些發現可為人類最偉大的成就。就我而言，思想的邊界在哪裡、宇宙的運作是如何，以及在這個我們稱之為家園的廣闊時空中，我們身處何處，對於這些問題，科學和數學為我們建立了一個無止盡的懷疑狀態。生物和醫學的條目同樣誘使我們去思索組織和細胞的功能——同時提供了希望，讓我們覺得大多數蹂躪人體健康的可怕疾病，終有一天會成為過去。

經過演化的人腦，讓我們逃離非洲莽原上的獅子，但光憑人腦，可能無法揭開那籠罩著現實世界的無盡面紗，我們需要數學、科學、電腦、大腦來增強，甚至是文學、藝術和詩歌的幫忙。即將徹底閱讀這本《科學之書》的讀者，別忘了尋找事物之間的關聯性，以崇敬的眼光凝視這些想法的演進，然後徜徉於想像力構成的無垠海洋中。

——柯利弗德·皮寇弗

伊尚戈骨
Ishango Bone

1960 年，來自比利時，且身兼地質學家和探險家身分的德柏荷古（Jean de Henzelin de Braucourt，西元 1920-1998 年），在如今剛果共和國的所在區域，發現一根做有記號的狒狒骨。一開始，這根有著刻痕序列的「伊尚戈骨」（Ishango bone）被認為是石器時代非洲人計數時使用的簡單符木（tally stick）。然而，有些科學家認為，這些記號背後象徵的數學能力超越了計算物體數量。

這根骨頭被發現的地點在伊尚戈，附近就是尼羅河上游，因火山噴發而遭到掩埋之前，這裡住著一大群舊石器時代晚期（upper Paleolithic）的人類。這根骨頭上有一道縱向排列的刻痕序列，先是由三個刻痕開始，接著變成六個；四個刻痕開始的，後續變成八個；十個刻痕開始的，後來則減半為五個，這可能代表人類對加倍和平分這種觀念的簡單理解。甚至還有更令人驚訝的事實：在另一道刻痕縱列上，刻痕數全部都是奇數（9、11、13、17、19 和 21）。還有一道刻痕縱列由介於 10 和 20 之間的質數刻痕組成，而且，每一列縱列的刻痕總和為 60 或 48，兩者都是 12 的倍數。

在伊尚戈骨出現之前，已經有許多符木被人發現。好比史瓦濟蘭的列朋波骨（Lebombo bone），這是一根有 3 萬 7000 年歷史的狒狒腓骨，上面有 29 道刻痕，以及在捷克斯洛伐克出土，一根有 3 萬 2000 年歷史，上頭有 57 道刻痕的狼脛骨。有些人推測，伊尚戈骨上的記號，是石器時代女性用來記錄月經週期所用的一種陰曆，因此產生了「月經創造數學」這樣的口號。就算伊尚戈骨的用途只是簡單的計帳，但正是這些符木使我們和動物有所區別，並且是我們走向符號數學（symbolic mathematic）的第一步。要能完全解開伊尚戈骨的謎團，還得等我們發現其他類似的骨頭才行。

具有刻痕序列的伊尚戈狒狒骨，一開始被認為是石器時代非洲人計數時使用的簡單符木。然而，有些科學家認為，這些記號背後象徵的數學能力超越了計算物體數量。

參照條目　骰子（約西元前3000年）；埃氏質數篩選法（約西元前240年）；安提基瑟拉儀（約西元前125年）；計算尺（西元1621年）。

小麥：生命之糧
Wheat：The Staff of Life

　　小麥是最人類最先栽植並大規模儲存的作物之一，把狩獵採集者變成農夫，也是建立城邦所需的工具，巴比倫和亞述帝國因此出現。野生小麥原本生長於中東地區的的肥沃月彎（Fertile Crescent）和亞洲西南地區。透過考古證據可追溯小麥的起源至野生禾本科植物，如野生的兩粒小麥（wild emmer，Triticum dicoccum），在西元前 1 萬 1000 年的伊拉克，這是人類會採集的食物；以及西元前 7800 至 7500 年，生長在敘利亞的一粒小麥（einkorn，Triticum monococcum）。

　　在西元前 5000 年之前，人類在埃及的尼羅河谷栽種小麥，西元前 1800 年，舊約聖經裡提到的約瑟，就是在這裡看顧糧倉。經由穀類植物的異花授粉（cross-pollination），產生了小麥這樣的自然雜種（natural hybrid），幾千年來，農夫和育種者一直以交叉雜交（cross hybridization）的方式，讓小麥最為人看重的特徵能夠發揮到最大。19 世紀期間，人類開始對特徵符合想望的單一遺傳品系小麥進行選育。隨著人類對孟德爾遺傳定律（Mendelian inheritance）的了解越來越來多，人類讓兩種品系雜交後，會將雜交種培育十代或更多世代，以獲得選育的特徵，並使特徵表現達到最大化。到了 20 世紀，人類發展出以大粒、短稈、耐寒和抗蟲、抗真菌、抗細菌和抗病毒等理想特徵進行選育的小麥雜交種，並加以種植。

　　近幾十年來，細菌被人類當成傳遞遺傳資訊的工具，用來生產基因轉殖的小麥。這種經過精心設計的基因改造作物（genetically modified crops，GMC），可以達到提升產量、生長時需氮量較少，並提供更高營養價值的目的。2012 年，麵包小麥（bread wheat）的基因組已完全解序，一共有 9 萬 6000 個基因，對於基因改造小麥的持續生產而言，這是相當重要的一步，代表人類可以把更多和理想特徵相關的基因，插入小麥染色體的特定基因座上。

　　稻米是亞洲人的主食，一如小麥是歐洲、北美洲和西亞地區民眾的主食。小麥是全世界受到最廣泛消費的穀物，小麥的全球交易量超過其他所有作物的交易量總和。

這位中國農夫肩負著大把乾燥的小麥，幾千年來，他的祖先也是這樣。

參照條目 農業（約西元前1萬年）；動物馴養（約西元前1萬年）；稻米栽培（約西元前7000年）；綠色革命（西元1961年）。

農業
Agriculture

　　農業可謂一種應用生物學，讓一小群在陸地上生活、採集漿果和其他可食用植物的狩獵採集者，演化成馴化植物、栽種作物的農夫。農業和人類生活之間這種積極牽連，起源於不同時間和不同地點，發展程度也根據環境狀況而有所不同：根據考古證據，農業的起源可回溯至西元 1 萬 4500 年至 1 萬 2000 年前的冰河時期末期。在農業上，人類最早期的成功，和許多崛起於重要河谷的偉大古文明並存，每年氾濫一次的河水，不僅供水，也持續提供如同天然肥料的淤泥。這些地方包括位於美索不達米亞平原上，介於底格里斯河與幼發拉底河之間的農業起源地——肥沃月彎（Fertile Crescent）、埃及的尼羅河流域、印度的印度河流域及中國的黃河流域。

　　對於人類接受農業生活的原因及其結果，有許多不同的解釋：有些專家主張，這是為了滿足隨人口不斷增加而日漸沉重，採集或打獵已無法解決食物需求。或者，農業可能並非因應人類缺乏食物而興起，而是在有了穩定的食物來源後，特定地區的人口才明顯增加。兩種說法都能援引證據的支持。在美洲，作物開始發展之後，村莊才開始興起；在歐洲，村莊城鎮的興起似乎比農業發展來得早，或是與農業同時興起。

　　農業能夠發展成功，靠得不僅是大自然大發慈悲，提供了合宜的氣候條件，還得靠早期農夫懂得利用灌溉、輪作、肥料和馴化植物——對於具備可提升植物利用性的特徵，且正開發為作物的植物，進行特別選育——等方法。簡化採集野外過程所用的工具，也被犁以及可藉由動物拖拉來增加產量的工具取代。最先受到人類馴化的作物包括中東地區的黑麥、小麥和無花果；中國的稻米和小米；印度河河谷的小麥和一些豆科植物；美洲的玉米、馬鈴薯、番茄、胡椒、南瓜和豆類；以及歐洲的小麥和大麥。

1867 年，美國農夫成立全國農業保護互助會，目的在促進組織健全並推廣農業。左圖是 1873 年發行的海報，名為「農人的禮物」（*Gift for the Grangers*），藉由悠閒的田園寫照來促進組織發展。1870 年，美國有 70-80% 的人口從事農業；2008 年，美國農業人口數減少至 2-3%。

參照條目　動物馴養（約西元前1萬年）；稻米栽培（約西元前7000年）；人工選殖（選拔育種）（西元1760年）；綠色革命（西元1961年）。

動物馴養
Domestication of Animals

人類馴養動物一開始是從那些在野外行社會生活，在圈養環境下也能繁殖的物種開始，因此人類能夠藉由遺傳選育的方式，來增強動物身上對人類有利的特徵。依據動物種類的不同，這些人類希望選育的特徵可能包括：溫馴且容易控制、能夠產生更多肉品、羊毛或毛皮、適合曳引農具、運輸、控制害蟲、幫助人類工作、陪伴人類，或作為一種貨幣形式。

人類最熟悉的馴養動物——狗（Canis lupus familiaris），是灰狼（Canis lupis）之下的亞種，根據現存最古老的化石來推斷，兩者分化時間約在 3 萬 5000 年前。關於狗是人類最先馴養的動物一事，最早期的證據來自在伊朗一處山洞中所發現的，距今 1 萬 2000 年左右的狗頷骨。從埃及繪畫、亞述雕塑和羅馬鑲嵌畫中可以發現，即便在古代，被人類馴養的狗，已經有各種大小和體型。最早，是過著狩獵採集生活的人類馴化了狗，此後，狗的工作範圍從打獵擴展到趕牧、保護牲畜、拖拉重物、幫助軍警、輔助殘疾人士、作為食物來源，以及提供忠心的陪伴。如今美國犬業俱樂部（The American Kennel Club）列出 175 種狗的品種，其中多數品種僅有幾百年的歷史。

大約在 1 萬年前，在亞洲西南部，綿羊和山羊也成為人類馴養的動物。牠們活著時，糞便可做為作物肥料；死了之後，又可以是提供食物、皮革和羊毛的穩定來源。長久以來，馴養馬（Equus ferus caballus）的起源和演化一直是研究人員心中的謎團。牠們的野生祖先首次出現在地球上，約是 16 萬年前的事，而今已滅絕。根據考古和遺傳證據，包括在古柏台文化（Botai culture）地點附近發現的磨損馬齒，2012 年，研究人員做出結論，認為人類馴養馬的歷史可回溯到 6000 年前左右，地點在歐亞大草原西部（哈薩克）。被人類馴養之後，這些早期的馴養馬定期與野馬交配，是人類取得肉品和毛皮的來源，後來，馬還成了戰場、交通運輸，和運動場域裡不可或缺的角色。

所有的狗，都是由狼演化而來的物種，也是第一批被人類馴養的動物。狗成為人類的工作夥伴和忠心隨從，已有 1 萬 2000 年左右的時間。如今，功能犬的主要功能有陪伴犬、守衛犬、獵犬、牧犬和工作犬。

參照條目 農業（約西元前1萬年）；人工選殖（選拔育種）（西元1760年）；達爾文的天擇說（西元1859年）。

稻米栽培
Rice Cultivation

餵養亞洲。稻米是全世界最古老也最重要的經濟作物之一，是亞洲 33 億人口最大宗的熱量來源，占了亞洲人的熱量總攝取量的 35-80%。不過，稻米雖營養，但其營養成分尚不足以當作主食。全世界之所以有這麼多人吃米，一部分是因為稻米能夠生長在多樣化的環境裡──從氾濫平原到沙漠──而且，除了南極洲以外，稻米在各個大陸都能生長。

約在 1 萬 2000 年至 1 萬 6000 年前，在潮溼的熱帶及亞熱帶地區，史前人類開始收集稻穀來吃。野生栽植的原型稻，是野草的後代，隸屬黍草科（Poaceae，又稱禾本科 Graminae）。根據遺傳證據，近來有報告指出，人類栽培稻米這件事，最早出現在中國，時間大約發生在 8200 年至 1 萬 3500 年前，然後由中國拓展至印度，再到亞洲西部，西元前 300 年，隨著亞歷山大大帝的軍隊，稻米栽培的範圍擴大至希臘。最受歡迎的稻米栽培品種有梗稻（Oryza satliva japonica，又稱亞洲稻，是目前最常見的品種）及非洲栽培稻（Oryza glaberrima），兩者都是被人類馴化的品種，具有相同起源。

稻米的外殼可以保護稻粒──也就是稻的果實。種子經過碾壓除去粗糠（就是稻米的外殼）後，即為糙米。如果繼續碾壓，除去其餘的稻殼和穀粒，剩下的就是白米。糙米營養價值較高，含有蛋白質、礦物質和硫胺素（維生素 B1）；白米主要成分為碳水化合物，而且完全不含硫胺素。缺乏硫胺素會導致腳氣病（Beriberi），歷史上，腳氣病曾是亞洲族群的地方性流行病，這是因為亞洲人偏好吃儲存期限較長的精白米，和亞洲貧窮的歷史沒有關係。穀類作物當中，稻米的鈉和脂肪含量低，而且不含膽固醇，是一種健康的食物選項。

稻米是全世界最重要的作物，也是亞洲人最大宗的熱量來源。雖然稻米多栽種在氾濫平原上──如右圖的泰國氾濫平原，但沙漠中也能種稻。近來有證據指出，在亞洲、非洲和南美洲，人類馴化稻米其實有可能是各自獨立的三次事件。

參照
條目　小麥：生命之糧（約西元前1.1萬年）；農業（約西元前1萬年）；人工選殖（選拔育種）（西元1760年）。

宇宙學的誕生
Birth of Cosmology

在希臘文中，「kosmos」意指「宇宙」，因此現在我們使用「宇宙學」（cosmology）來指稱研究宇宙性質、起源和演進的科學。在古典學中，一個社會的宇宙學代表這個社會的世界觀，或這個社會如何思考方式人從何而來、人為何出現在此、以及人的去處。整個人類歷史中，人類文明透過創世故事、神話、宗教、哲學，打造並滋養了人類社會的宇宙觀，最近這段時間，科學也加入了這個行列。

一直以來，有關人類如何看待星辰，或者我們那些久遠的祖先一定是以哪種方式看待蒼芎之類的老生常談，不時出現在我們耳裡或眼前。雖然推測是一件有趣的事，但我們不可能知道史前人類到底是怎麼想的，因為就定義而言，史前時代是一段沒有記錄的時代。這也是為什麼最古老的考古遺物中，和天文主題有關者如此重要的原因：它們提供了一些實際的資料，讓我們可以藉著這些資料，試圖了解古代人如何看待宇宙。

有關人類文明如何看待宇宙這件事，已保留下來的最古老證據來自蘇美文明，這些證據就在一部分的蘇美星圖，或簡陋的天文工具零件之中，有些學者相信，這樣的歷史可以回溯至西元 5000 至 7000 年前。甚至從那個時代有限的資訊碎片中，都能看出蘇美人對太陽、月亮、主要行星和恆星運行的理解，有著一定的複雜程度。於是，蘇美人打造了史上第一個城邦，成為終年種植作物，不再游牧遷徙的族群，這件事說來或許也沒那麼令人意外。

蘇美人的宇宙觀可能是人類史上第一個將天體神格化的宇宙觀，後來的巴比倫人、希臘人、羅馬人，和其他宇宙學家也承襲了這樣的做法。蘇美人的宇宙觀還決斷地認為，宇宙並非以地球為中心，還有許多天堂和地球存在。這樣的觀念意外地和現代的宇宙觀產生共鳴，因為事實看來是這樣的：宇宙根本不存在所謂的中心，而且顯然有很多像地球這樣的星體存在。

右圖為重建過後的蘇美古星圖（planisphere of Nineveh），蘇美古星圖的年代可回溯至西元前 3300 年，一般認為，就目前的發現而言，這是最古老的天文工具和天文資料集之一。

 參照條目 埃及天文學（約西元前2500年）；以太陽為中心的宇宙（西元1534年）；望遠鏡（西元1608年）；牛頓的稜鏡（西元1672年）；哈伯望遠鏡（西元1990年）。

青銅
Bronze

青銅是第一種有時代以它為名的金屬，青銅時代約始於西元前 3300 年，地點在美索不達米亞。在此之前，當然也有其他為人類所用的金屬──尤其是銅──不過，在既有的製銅技術中加入小量的錫，就此改變了一切。青銅的硬度、耐用性和抗候性都更上一層樓。可惜的是，錫礦和銅礦通常不會一起出現，代表富含其中一種金屬的地區，必須透過交易的方式取得另一種。大約在西元前 2000 年，人類對康瓦耳（Cornwall，位於英國西南地區）出產的錫有大量需求，導致幾千哩之外，在許多位於地中海區域東部的考古地點，都能找到來自康瓦耳的錫。

對於這些早期的化學家和冶金學家，我們知道的並不多，不過，很顯然地，他們用手邊可得的材料來做實驗，於是出現了各式各樣的青銅合金──如添加鉛、砷、鎳、銻，甚至是像銀這樣珍貴的金屬。這些人肯定是拿出了極大的勇氣來進行這樣的合金製造，因為在當時，元素一旦相混，幾乎可以肯定再也看不到原來的元素了（重新純化這些金屬的技術要到幾個世紀以後才出現）。

因此，人類就此展開冶金路上的漫長冒險──這是一趟永無止盡的旅程。隨著時間，青銅本身就已不斷改進──希臘人在其中加入更多的鉛，就工作上而言，這樣青銅合金更容易處理，而加入鋅則可以得到各種類型的黃銅（brass）。現代的青銅通常含有鋁或矽，兩者都是古代人完全不知道的元素。

如果，你想要欣賞真正老派、幾千年前就受到人類認可的青銅，找一組爵士鼓仔細瞧瞧吧。幾百年來，青銅一直是製作打擊樂器和鐃鈸的優選金屬，錫的成分越高，樂器音色越低沉，不過，加入砷或銀對音色有何影響，目前還沒有相關記錄。

圖中這件歷史悠久的中國青銅器，是一組青銅器中的其中一件。這組青銅器當中，各件的音調、形狀都有所不同。澆鑄青銅樂器，使其達到如此明確的調律精準度，是一項嚴肅的技術挑戰。

參照條目 冶鐵（約西元前1300年）；羅馬混凝土（約西元126年）；柏賽麥煉鋼法（西元1855年）。

約西元前 **3000** 年

骰子
Dice

　　想像一個沒有隨機數（random number）的世界會是個怎樣的世界。1940 年代，統計隨機數的出現，對物理學家模擬熱核爆炸而言非常重要，而今，許多電腦網路採用隨機數來幫助分配網路流量，避免發生壅塞。進行政治民意調查的人員，要從潛在選民中選出無偏樣本時，也會使用隨機數。

　　擲骰子是人類史上最早用來產生隨機數的一種方法，一開始，人們用有蹄動物的踝骨來製作骰子。在古代文明中，人們相信神可以控制擲骰子的結果，因此，從選出統治者到分配遺產，需要做出關鍵決定的時刻就得請出骰子。即便是今日，上帝控制骰子這樣的隱喻仍很常見，一如天體物理學家史蒂芬‧霍金（Stephen Hawking）曾說：「上帝不只會玩骰子，有時候，祂還會把骰子扔到我們看不見的地方，藉此困擾我們。」

　　目前已知最古老的骰子，和一副有 5000 年歷史的雙陸棋組一起出土，地點在伊朗東南部，著名的焚燬之城（Burnt City）所在地。這座城市的文明發展可分為四個階段，後來受到大火肆虐，在西元前 2100 年左右成為廢城。在同樣的地點，考古學家還發現了目前已知歷史最久遠的假眼，它曾經安在一位古代女祭司或女性預言家的臉上，令人催眠似地向外凝視。幾世紀以來，擲骰子一直是學習機率時所使用的教材。就一個每面有不同數值，共有 n 面的骰子而言，這個骰子每被投擲一次，出現任何數值的機率為 1／n。如果要以特定序列擲出 i 個數值，機率為 $1／n^i$。舉個例子，以傳統骰子來說，要先擲出一個 4，接著再擲出一個 1，這樣的機率是 $1/6^2 = 1/36$。投擲兩個傳統骰子時，若要算出擲出任一個既定數值總和的機率，則是將（所有投擲出該總和的方法數）／所有的組合數，所以數值總和為 7 的機率比數值總和為 2 的機率大得多。

骰子原本是由動物的踝骨製作而成，是人類最早用來產生隨機數的一種方法。古代文明中，人們會把骰子當成預測未來的工具，他們相信是神影響擲骰子的結果。

參照條目　大數定律（西元1713年）；常態分布曲線（西元1733年）；拉普拉斯《機率分析論》（西元1812年）。

日晷
Sundial

「不要隱藏你的天賦，天賦就是拿來發揮的，陰影下的日晷要來何用？」——班傑明·法蘭克林（Benjamin Franklin）

幾個世紀以來，人們一直想要知道時間的本質。古希臘哲學中，很大部分和了解永恆種觀念有關，而時間，則是世界各地宗教及文化的中心主題。17 世紀的神祕主義詩人，安傑勒斯·司理修（Angelus Silesius），確實認為意志力可以造成時間停止流動：「時間是你創造出來的；時鐘在你腦中運轉。你停止思考的那一刻，時間也完全停止了。」

日晷是最古老的計時工具之一。或許，古代人注意到，早上時，自己投射在地上的影子很長，然後逐漸變短，到了傍晚，影子又再度拉長。就目前所知，最早期的日晷可回溯至西元前 3300 年左右，被人發現刻在愛爾蘭諾斯墓（Knowth Great Mound）的一塊石頭上。

原始的日晷可以是垂直於地面的一根棍子。在北半球，陰影會繞著棍子呈順時針方向旋轉，而陰影的位置則可以做為時間流逝的標記。如果讓棍子傾斜，使其指向北天極（Celestial North Pole），或約略指向北極星的位置，就能改善這種粗糙計時工具的準確度。經過這樣的調整之後，這根棍子的陰影就不會受到季節影響而有所改變。水平式日晷是最常見的一種日晷，有時用來當作花園的裝飾品。

陰影在這種日晷的水平面上並不會均勻地旋轉，因此每個小時的標記之間距離並不相等。有許多原因造成日晷可能沒有那麼精準，包括：地球繞太陽運轉的速度會變化、使用夏令時間（daylight savings time），以及現今的時鐘時間（clock time）在每個時區內通常都是一致的。在人類發明腕表之前，有時候人們會在口袋裡放上折疊式日晷，日晷上吸附著小型磁羅盤，用以判斷真正的北方在哪裡。

人們一直想要知道時間的本質。日晷是最古老的計時工具之一。

參照條目　埃及天文學（約西元前2500年）；時光旅行（西元1949年）；放射性碳定年法（西元1949年）；原子鐘（西元1955年）。

縫合術 Sutures

蓋倫（Galen of Pergamon，西元 129 — 199 年）
宰赫拉威（al-Zahrawi，西元 936 — 1013 年）
約瑟夫・李斯特（Joseph Lister，西元 1827 — 1912 年）

「在外科技術逐漸提升的年代」，外科醫生約翰・柯卡普（John Kirkup）寫道，「相較於更精密的手術，縫合傷口這種次要的技術很容易遭到貶低。的確，在抗菌和無菌程序建立之前，縫合術一直是許多災難的根源。即便是今日，所謂成功的手術，仰賴皮膚、腸道、骨頭、肌腱和其他組織能夠迅速、可靠地癒合，然而這不保證疾病可以痊癒，也不保證留下的傷疤就外觀而言是可接受的。」

如今，所謂的外科縫合術，通常是指以針和附在針上的一段長線，將傷口或外科手術切口的邊緣縫合起來。然而，在人類歷史中，縫合術存在好幾種形式。骨頭或金屬向來是製作手術針的材料，至於縫線，則是由絲或腸線（綿羊的腸子）之類的材料所製成。有時候，人們還會用大型螞蟻來夾合傷口，待螞蟻的大顎咬住血肉，關閉開放的傷口之後，便移除螞蟻的身體，只留下螞蟻的頭和夾合傷口的大顎。古埃及人利用亞麻布和動物的筋肌來縫合傷口，有關這種縫合術的報告，最早可回溯至西元前 3000 年。西元二世紀的希臘─羅馬醫生蓋倫以及阿拉伯的外科醫生宰赫拉威，則是使用動物性的縫線。英國的外科醫生李斯特研究了消毒腸線的方法，這種材質的縫線可以被身體逐漸吸收。1930 年代，一間主要的腸線製造商，光是一天就能用掉 2 萬 6000 隻綿羊的腸子。而今，許多縫線是以人體可吸收或不可吸收的合成聚合纖維所製成，或許還能將無針眼的手術針預先與縫線接合，如此一來便能減少身體組織在縫合過程中受到的創傷。還可以使用黏著劑來幫助傷口閉合。

根據用途的不同，縫線的寬度各有差異，有些縫線的直徑比人類的毛髮還細。19 世紀時，外科醫生通常偏好使用燒灼的方法來關閉傷口，這樣的過程通常很恐怖，但總比讓病人冒著因傷口感染而死的風險好。

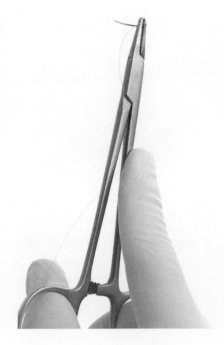

外科醫生戴著手套的手握著針鉗，針鉗上夾著一根無傷性的彎曲切割針，針上附著一條 4-0，人體不可吸收的單絲合成縫線。

 參照條目　帕雷的「理性外科」（西元1545年）；消毒劑（西元1865年）；雷射（西元1960年）。

埃及天文學
Egyptian Astronomy

　　吉薩金字塔群（The great pyramid of Giza）是象徵古埃及文明技術能力（以及勞力管理）的紀念碑，同時也證明了設計者的天文能力，在 4500 年前的埃及社會和宗教中，這些金字塔具有重要地位。

　　因為地球的自旋軸會緩慢地旋動（precess，自轉物體之自轉軸又繞著另一軸旋轉的現象），或說，地球會像陀螺一樣旋轉，所以，在西元前 2500 年時，地球的北極星並不是現在的北極星。當時的北天極附近，的確很像今日南天極附近的天空一樣，沒有明亮的星體。對埃及的法老、占星家和一般平民來說，夜晚的天空像是繞著一個漩渦般的黑洞旋轉，他們認為那是天堂的入口。在古埃及時代，這個入口的位置，約在北緯 30 度，所以人們在建造金字塔時，都是小心翼翼地對準北方，金字塔有個小小的通風井，從法老的主要墓室通往外界，這個通風井直接指向天堂入口的中心。如果希望在死後加入眾神的世界，何不直接從墓室大門出去呢？

　　這些金字塔建造當時，埃及已經發展出一套頗為精密的日曆系統，占星家也在其中扮演了重要角色。盛夏日出前，在空中第一次看見最明亮的那顆星——天狼星（Sirius，也就是埃及人所稱的索普岱特 Sopdet）——就是新年的開端。一年共 365 天，分為 12 個月，每月 30 天，年末有額外的五天供舉行祭儀或派對。這些占星家還在不同日期仔細地觀察、記錄星體位置，從中知道了每隔四年，一年的天數要多加一天——也就是我們所稱的閏日（leap day）——才能讓日曆和天體同步運行。許多亮星在黎明前的升起時刻也受到占星學家追蹤，以此來決定主要宗教節慶的日期，並預先提防尼羅河的年洪發生。

　　金字塔本身的形狀，甚至有可能代表著古埃及宇宙學觀點，一如在有些神話中，阿圖姆（Atum）這位創世神祇，就住在一座金字塔中，而這座金字塔則是跟著土地一起從始源之海（primordial ocean）中浮現出來。

吉薩金字塔群既是法老的陵墓，也是天文指標，指向位於北天極的天堂假想入口，同時還是世界上最大型的人造結構，存在時間將近 4000 年。

參照條目　宇宙學的誕生（約西元前5000年）；日晷（約西元前3000年）；以太陽為中心的宇宙（西元1543年）。

約西元前 **1850** 年

拱門 | Arch

在建築學中，拱門是一種跨越一定空間的彎曲結構，同時又可以支撐重量。拱門也成為一種暗喻，象徵由簡單部件交互作用之後形成的極端耐久性。羅馬哲學家塞內卡（Seneca）曾寫道：「人類社會就像一道拱門，社會不致崩塌的原因，在於零件之間互相施壓。」古印度有這麼一句諺語：「拱門屹立不搖。」

位於以色列，建於西元前1850年左右，以泥磚和了些碳酸鈣石灰岩所打造的亞實基倫門（Ashkelon gate），是現存最古老的拱形城門。美索不達米亞的磚造拱門歷史甚至更為久遠，不過古羅馬時代的拱門尤其受到注目，並且在各式各樣的結構中受到廣泛應用。

建築建構中，拱門可以將來自上方的重量疏散為支撐柱的水平及垂直分力。打造拱門時，通常會使用可以精確相接的楔形磚塊，又稱為「拱石」（voussoir）。相鄰的磚塊面以大致均勻的方式傳導載重。「拱心石」（keystone）則是指位在拱門最上端的中央拱石。建造拱形結構時，通常會用木製的支撐骨架，直到拱心石插入，拱形結構完成固定之後才會拆除骨架，拱心石一旦插入，拱形就具備自我支撐的能力。相較於早期的支撐結構，拱門的一項優勢在於：只要用便於運輸的拱石就能打造，而且跨越兩端的拱門可以形成很大的開口。拱門的另一個優勢則是將重力分散在整體結構中，並將其轉換為大致垂直於拱石底面的力道，然而，這代表拱門的底部承受了一些側向力，這些側向力必須和位於拱門底面的建築材料（如磚牆）產生抵銷。拱門所承受的力大部分轉換為拱石所承受的壓縮力——石頭、水泥和其他建築材料可以輕易抵擋這種力道。雖然拱門也可以有其他形狀，但羅馬人建造的拱門主要為半圓形。在羅馬的水道橋（aqeuduct）上，相鄰的拱形，側向力會互相抵銷。

拱門可以將來自上方的重量疏散為水平及垂直分力。打造拱門的常見材料是一種可以精確相接，也稱為拱石的楔形磚塊，如圖中這些古老的土耳其拱門。

參照條目　滑輪（約西元前230年）；齒輪（約西元50年）；羅馬混凝土（約西元126年）。

萊因德紙草書 Rhind Papyrus

阿梅斯（**Ahmes**，約西元前 1680 — 1620 年）
亞歷山大・萊因德（**Alexander Henry Rhind**，西元 1833 — 1863 年）

就目前所知而言，萊因德紙草書最為重要的古埃及數學資料。這份約 30 公分寬、5.5 公尺長的卷軸，是在尼羅河東岸底比斯的一處墓室中被人發現，由阿梅斯這位抄寫員以象形文字系統中的僧侶體（hieratic）書寫完成。有鑑於這種書寫體出現的時間大約在西元前 1650 年，阿梅斯也因此成了數學史中最早出現的人物！這份卷軸還包含了目前已知的最早期數學運算符號——加號，由兩條直線構成，看起來像一雙走向被加數的腳。

1858 年，來自蘇格蘭，既是律師也是埃及學家的萊因德因為健康緣故造訪埃及，並在路克索買下這份卷軸。1864 年，大英博物館獲得這份卷軸。

寫下這份卷軸的阿梅斯，「對於事情，以及各種事物、謎團……一切祕密的探究，給出了準確的計算。」卷軸中牽涉到的數學問題包括分數、等差數列、代數、金字塔幾何學，還有與測量、建築和會計相關的實用數學。其中，第 79 號問題最能引起我的興趣，乍看之下，這個問題的敘述方式令人費解。

如今，許多人認為第 79 號問題是個謎團，翻譯過來的意思應該是「七個家庭養了七隻貓。每隻貓殺死七隻老鼠。每隻老鼠吃了七穗麥穀。每穗麥穀可以產出七海克特（度量單位）的麥子。這些東西總數和是多少？」說來有趣，這廣為人知，包含七這個數字以及動物在內的數學謎題，似乎流傳了數千年之久！在斐波那契（Fibonacci）1202 年出版的《計算之書》（*Liber Abaci*），以及後來一首和七隻貓有關的英國古老童謠〈聖艾維斯〉（St. Ives），都可以看見類似的問題。

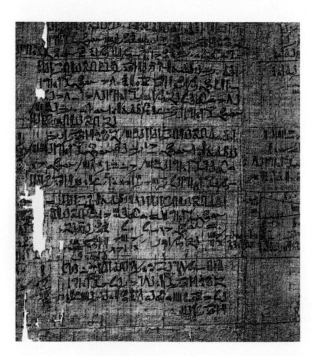

萊因德紙草書是最為重要的古埃及數學資料。左圖是這份卷軸的一部分，卷軸中牽涉到的數學問題包括分數、等差數列、代數、幾何學和會計。

參照條目　伊尚戈骨（約西元前1萬8000年）；畢氏定理和三角形（約西元前600年）；費波那契的《計算之書》（西元1202年）。

冶鐵
Iron Smelting

　　青銅時代確實被鐵器時代給取代了，因此，各位可能會認為在歷史上新出現的鐵，肯定更具優勢吧？其實不然——好的青銅質地更堅硬，抗腐蝕程度也比鐵器高出許多。然而，約西元前 1300 年，在地中海和近東地區發生的大型擾動和族群遷徙，可能阻斷了製造青銅器所需要的金屬交易活動。相較之下，鐵礦比較容易取得。不過，想要冶鐵，火爐的溫度還要提高，這通常需要對空氣增壓才能做到。因此，有時鐵的生產是有季節性的，還要搭配可利用季風和其他可靠風力的火爐。在西元前 1300 年之前，就已經有鐵製物品，但是這種物品並不普遍，而且，其中許多鐵製物品的原料根本不是來自地球——而是來自固態的鎳鐵隕石，在當時，這些鐵製物品肯定非常珍貴。

　　只要一有機會，鐵就會和氧發生反應，進而產生鐵銹（也就是氧化鐵），基本上，冶煉鐵礦則是這個過程的逆向反應。早期的冶鐵設備是一個以黏土或石頭搭成的火爐，爐上有一根供空氣進入爐內的管子，這種火爐叫做吹煉爐（bloomery）。這種冶鐵的過程非常費力，因為產生出來的塊料還要進一步加熱，並把塊料中的雜質團塊打掉後之後才能使用。儘管如此，製鐵的技術還是快速地傳播出去，而且，包括印度和撒哈拉以南非洲地區在內的好幾個地方，製鐵技術似乎是各自發展出來的。古代這種借風力來煉鐵的方法，經過演進，成為現代的高爐（blast furnace）——將鐵礦持續送入高爐頂端，與高溫的一氧化碳氣體接觸，藉此除去鐵礦中的氧氣——早在西元前一或二世紀，中國人就是這麼做的。

　　根據添加物的不同，鐵的性質會發生劇烈改變。小心翼翼地在冶鐵中加入一些木炭，就可以產生鋼——是一種全方位的優異金屬——不過，這項任務得要經驗老練的工匠才能完成：碳含量太少，會形成柔軟的熟鐵；碳含量太高則形成非常堅硬的金屬，因為過於硬脆而不適合大多數用途。如今，現代冶金術所製造各式的鐵合金和鋼鐵，數量多得幾乎數也數不完。

現代高爐產生熔鐵的規模，是古代工匠只能在夢想中達到的境界。不過，無論方式為何，冶鐵始終是一項非常耗費能量的過程。

參照條目　青銅（約西元前3300年）；柏賽麥煉鋼法（西元1855年）；塑膠（西元1856年）。

奧爾梅克羅盤 Olmec Compass

麥可·寇（**Michael D. Coe**，西元 1929 年—）
約翰·卡森（**John B. Carlson**，西元 1945 年—）

幾世紀以來，航海探險家一直以配備磁化指針的羅盤來判斷地球磁北極的所在。就目前所知，來自中部美洲（Mesomerica）的奧爾梅克羅盤，可能是史上最早的羅盤。奧爾梅克是前哥倫布時期的古文明，位於墨西哥南部至中部，存在時間大約是西元前 1400 年至西元前 400 年，因將火山岩雕刻成巨大的頭像藝術品為聞名。

美國天文學家卡森針對挖掘地點的相關地層進行放射性碳定年（Radiocarbon Dating），判斷這一片平整、打磨過的長方形赤鐵礦（hematite，也就是氧化鐵）的年代約為西元前 1400 — 1000 年前。卡森推測，奧爾梅克人以這樣的物體作為占星學和探地術（geomancy，類似風水的實踐術）的方向指標，並用它來確定下葬位置。奧爾梅克羅盤位在一塊打磨過的長條磁石上，磁石一端有溝槽，可能有瞄準器（sighting）的作用。西元二世紀之前，古代中國人發明了羅盤，到了十一世紀，羅盤成為航海的導航指引。

卡森在〈磁石羅盤：是誰率先發明了它，中國人或奧爾梅克人？〉（Lodestone Compass: Chinese or Olmec Primacy?）這篇文章中寫道：「有鑑於 M-160 這個物體特殊的形態（一根有著溝槽，形狀經過刻意雕塑打磨的長條石塊）和組成成分（一塊磁礦，漂浮平面上有著磁矩向量指標），再加上奧爾梅克人手藝精巧，具備處理鐵礦的先進知識和技術，我認為，來自早期形成時期（Early Formative period）的手工藝品 M-160，考慮其製造目的和用途，如果不稱之為一級羅盤（first-order compass），那我將其稱之為零級羅盤（zeroth-order compass）。至於其指標是作為占星之用（零級羅盤），或是探尋地磁的南北方位（一級羅盤），則是個完全開放性的討論議題。」

1960 年代末期，耶魯大學的考古學家麥可·寇在墨西哥維拉克魯斯州的聖羅倫索（San Lorenzo）發現了奧爾梅克羅盤，1973 年，卡森將其放在軟木墊上，再使其漂浮在水銀或水中進行測試。

就廣義而言，所謂磁石指的是自然呈現磁化狀態的礦物，如古代人用來製造磁性羅盤的磁礦碎片。左圖為美國國立自然史博物館（由史密森尼學會經營管理）寶石展示廳所展示的磁石。

參照
條目　安培的電磁定律（西元1825年）；法拉第的感應定律（西元1831年）；電報系統（西元1837年）；放射性碳定年法（西元1949年）。

畢氏定理和三角形
Pythagorean Theorem and Triangles

波達亞納（**Baudhayana**，約西元前 800 年）
畢達哥拉斯（**Pythagoras of Samos**，約西元前 580 — 500 年）

如今，一些小朋友有時是從美高梅公司 1939 年的電影《綠野仙蹤》（*The Wizard of Oz*）裡，那終於有了自己大腦，並背誦出畢氏定理的稻草人口中，頭一次聽到這個赫赫有名的定理。唉！可是稻草人卻完全背錯了這個有名的定理！

畢氏定理指的是：在任一個直角三角形中，斜邊 c 的平方等於其餘兩個較短邊 a 跟 b 的平方和——算式寫成 $a^2 + b^2 = c^2$。這是史上受過最多公開證明的定理，艾力沙·盧米斯（Elisha Scott Loomis）所著的《畢氏命題》（*Pythagorean Proposition*）中，包含 367 個證明畢氏定理的方式。

畢氏三角形（Pythagorean Triangle，PT）指的是三邊皆為整數的直角三角形。「3—4—5」畢氏三角形——即兩個短邊邊長分別是 3 和 4，斜邊邊長為 5 ——這是唯一一個由三個連續整數構成邊長的畢氏三角形，也是唯一一個邊長總和數值（12）恰為面積數值（6）兩倍的直角三角形。在「「3—4—5」之後，下一個由連續整數構成邊長的畢氏三角形是「21—20—29」。至於第 10 個這樣的三角形出現時，數字可就大得多了，它的邊長為「27304197 — 27304196 — 38613965」

1643 年，法國數學家皮耶·德·費瑪（Pierre de Fermat）想要找出一個斜邊 c 以及兩短邊總和（a＋b）都是平方數的畢氏三角形，令人吃驚的是，符合這些條件的三個最小數字是 4,565,486,027,761、1,061,652,293,520 以及 4,687,298,610,289。如果邊長是以「英尺」為單位的話，看來下一個這樣的三角形會大到邊長長度超過地日距離的程度！

雖然畢氏定理的公式誕生通常歸功於畢達哥拉斯，不過，有證據顯示，更早之前的幾個世紀，大約是西元前 800 年左右，在印度數學家波達亞納（Baudhayana）的著作《波達亞納繩法經》（*Baudhayana Sulba Sutra*）中，這個定理就已經有所發展，甚至更早之前的巴比倫人，就有可能已經知道所謂的畢氏三角形了。

波斯數學家納西爾丁·圖西（Nasr al-Din al-Tusi，西元 1201 — 1274 年）提出了歐幾里得（Euclid）版本的畢氏定理證明。圖西是一位著作豐富的數學家、天文學家、生物學家、化學家、哲學家、醫生及神學家。

參照條目　正多面體（約西元前350年）；黃金比例（西元1509年）；笛卡兒的《幾何學》（西元1637年）。

汙水系統
Sewage Systems

　　有鑑於汙水及受到汙水汙染的水源，會引起各式各樣的疾病，因此，一個有效的汙水系統，其發展過程是值得納入本書的內容。下列和汙水有關的疾病，在今日的美國仍有可能造成威脅，而且其中有許多會引起嚴重腹瀉：曲桿菌症（campylobacteriosis，在美國最常見的腹瀉症，由曲狀桿菌引起，這種細菌可以散布至血液中，而且免疫系統虛弱的民眾感染後會有生命危險）、隱孢子蟲病（cryptosporidiosis，由微小的寄生性隱孢子蟲所引起）、腹瀉性大腸桿菌（diarrheagenic E. coli，大腸桿菌的變種）、腦炎（encephalitis，一種由病毒引起的疾病，病媒蚊常在受汙水汙染的水中產卵）、病毒性腸胃炎（viral gastroenteritis，由包括輪狀病毒在內的多種病毒引起）、梨形鞭毛蟲症（giardiasis，由梨形鞭毛蟲這種單細胞寄生生物所引起）、A 型肝炎（hepatitis A，由病毒引起的肝炎）、鉤端螺旋體症（leptospirosis，由細菌引起），以及變性血紅素血症（methemoglobinemia，又稱為藍嬰症，當嬰兒喝下受化糞池汙染而含有大量硝酸鹽的井水時就會這種症狀）。

　　其他和汙水相關的疾病還包括脊髓灰質炎（poliomyelitis，由病毒引起），以及下列由細菌引起的疾病：沙門桿菌病（salmonellosis）、志賀桿病菌（shigellosis）、副傷寒（paratyphoid fever）、傷寒（typhoid fever）、耶氏菌症（yersiniosis）和霍亂（cholera）。

　　汙水系統的歷史可回溯至西元前 600 年左右，一般認為，馬克西姆下水道（Cloaca Maxima）——全球最著名的早期大型汙水系統之一——就在這時候開始建造。這古羅馬時代的汙水系統，建造目的是為了將沼澤水分和民生廢水排至台伯河（River Tiber）。然而，在古印度、史前中東、克里特和蘇格蘭，還有歷史更悠久的汙水排放系統。時至今日，汙水處理通常包含了各種過濾器，以及在受到管理的人類棲地上，透過微生物對廢棄物進行生物降解作用（biological degradation），接著再進行消毒，好在汙水排入環境之前先降低其中的微生物含量。可使用的消毒劑可能有氯、紫外光和臭氧。有時還會使用化學物質來減低水中氮和磷的含量。汙水系統出現之前，城市居民經常把排泄物扔在街道上。

左圖為赫斯史特德要塞的廁所，這裡是哈德良長城的據點，而哈德良長城則位於古羅馬的不列顛省。從隔壁水槽中流來的水可以沖走排泄物。

參照
條目　體內動物園（西元1683年）；塞默維斯的洗手方法（西元1847年）；消毒劑（西元1865年）；氯化水（西元1910年）。

亞里斯多德的《工具論》
Aristotle's Organon

亞里斯多德（**Aristotle**，西元前 384 — 322 年）

亞里斯多德是希臘哲學家及科學家，是柏拉圖的弟子，也是亞歷山大大帝的老師。《工具論》集合了亞里斯多德六篇和邏輯有關的文章，分別是：〈範疇篇〉（Categories）、〈前分析篇〉（Prior Analytics）、〈解釋篇〉（De Interpretatione）、〈後分析篇〉（Posterior Analytics）、〈辨謬篇〉（Sophistical Refutations）和〈論題篇〉（Topics），安卓尼庫斯（Andronicus of Rhodes）約在西元前 40 年決定了這六篇文章順序。雖然，柏拉圖（Plato，約西元前 428 — 348 年）和蘇格拉底（Socrates，約西元前 470 — 399 年）曾鑽研有關邏輯的主題，但把邏輯研究加以系統化的人是其實是亞里斯多德，這樣的研究方式在西方世界主導科學推理達 2000 年之久。

《工具論》一書的目的並非告訴讀者何為真，而是提供如何研究真相的方法，以及理解這個世界的方法。亞里斯多德的工具論中，三段論證（syllogism）是最主要的工具，好比「所有女人都會死；埃及豔后是女人；所以，埃及豔后也會死。」如果頭兩個前提為真，我們知道，結論一定為真。亞里斯多德還在殊相（particulars）和共相（universals）之間做出區別。埃及豔后是一個特殊名詞，女人和凡人是兩個普遍名詞，使用普遍名詞時，前面常是「全部」、「有些」或「沒有」。針對三段論證，亞里斯多德分析了許多可能類型，並指出哪些才是有效的推論。

亞里斯多德將他的分析擴展到包含模態邏輯（modal logic）——出現「可能」或「必然」的敘述句——在內的三段論證。現代的數學邏輯可將亞里斯多德的方法學當成起點，或將他的方法延伸至其他的句型結構中，包括表達更複雜關係的句構，或者牽涉到不只一個量詞的句構，如「沒有女人喜歡那些總會不喜歡某些女人的所有女人。」無論如何，亞里斯多德試圖以系統性的方式來發展邏輯思維的企圖，已被視為是人類最偉大的成就之一，促使和邏輯有密切關係的數學領有了早期發展，甚至連探究何謂真實的神學家，也受到了亞里斯多德的影響。

義大利文藝復興時期的藝術家拉斐爾，描繪手握著倫理學一書，位於柏拉圖身旁的亞里斯多德（右）。〈雅典學院〉（The School of Athens）這幅梵諦岡的濕壁畫，完成時間在西元 1510 — 1511 年間。

參照條目 歐幾里得的《幾何原本》（約西元前300年）；貝氏定理（西元1761年）；哥德爾定理（西元1931年）。

正多面體 Platonic Solids

柏拉圖（**Plato**，約西元前 428 — 348 年）

　　所謂正多面體（又稱柏拉圖多面體）是一個凸面的多面三維物體，每一面都是完全相同的正多邊形，這些多邊形有相同的邊長和角度。正多面體的每一個頂點都有相同數量的面。由六個完全一樣的正方形構成的立方體（cube），是最有名的正多面體。

　　古希臘人認為，並也證實了正多面體只有五種，分別為：正四面體（tetrahedron）、立方體、正八面體（octahedron）、正十二面體（dodecahedron）和正二十面體（icosahedron）。

　　大約在西元前 350 年，柏拉圖在《蒂邁歐篇》（*Timaeus*）裡描述了五種正多面體。除了為它們的美感和對稱性感到驚奇不已，柏拉圖還相信，這些形狀描繪了宇宙四種基本元素的結構。其中，正四面體代表火的形狀，或許是因為它有著尖銳的邊緣；正八面體是空氣的形狀；相較於其他正多面體，形狀顯得較為平滑的正二十面體代表水；土則是由看來強健穩固的立方體所構成。柏拉圖決意認為，上帝以正十二面體的構形來安排天堂中的星座。

　　畢達哥拉斯——著名的數學家及神祕主義者，和佛陀、孔子同時代，約西元前 550 年——可能知曉五種正多面體中的其中三種（立方體、四面體和十二面體）。在蘇格蘭，新石器時代（Neolithic）晚期人類居住的地方，出現由石頭製成，略呈圓形的正多面體，這至少比柏拉圖早了 1000 年。德國天文學家克卜勒建構了正多面體彼此套嵌的模型，試圖藉此描述行星繞行太陽運行的軌道。雖然，克卜勒的理論是錯的，但他是第一批堅持以幾何學來解釋天體現象的科學家之一。

傳統的十二面體由 12 個五邊形構成。左圖是保羅·奈倫德（Paul Nylander）的雙曲十二面體近似圖解，每一面都利用了一部分的球體線條。

參照條目　畢氏定理和三角形（約西元前600年）；歐幾里得的《幾何原本》（約西元前300年）；超立方體（西元1888年）。

歐幾里得的《幾何原本》
Euclid's Elements

歐幾里得（**Euclid of Alexandria**，約西元前 **325 — 270** 年）

　　幾何學家歐幾里得居住在希臘化時代的埃及，他的著作《幾何原本》（*Elements*）是數學史上最負盛名的教科書之一。他所陳述的平面幾何學，立論基礎完全衍生自五個簡單的公設，或者說，是五個基本條件。其中一項是：兩點間只有一條直線通過。假設有一點和一線，那麼另一項著名的公設是：和此直線平行，並通過此點的直線只有一條。19 世紀時，數學家終於探究了不再需要平行公設的非歐幾里得幾何學（Non-Euclidean Geometries）。歐幾里得以邏輯推理來證明數學理論，這種有條理的方法不僅奠定了幾何學的基礎，還使無數其他與邏輯和數學證明相關的領域得以有具體發展。

　　《幾何原本》共有 13 冊，內容涵蓋二維及三維幾何學、比例和數論。《幾何原本》是印刷術發明後首批受到印刷的書籍之一，而且有幾百年的時間，《幾何原本》都被納為大學課程的一部分。自 1482 年初版印行之後，《幾何原本》已經再版超過 1000 次。雖然書中各式各樣的結果未必都是由歐幾里得率先證得，但他清晰的條理和文風造就了這本重要性經久流傳的作品。數學歷史學家湯瑪士・希斯（Thomas Heath）稱《幾何原本》為「有史以來最偉大的數學教科書。」像伽利略和牛頓這樣的科學家，也深受此書影響。身為哲學家、邏輯學家的伯特蘭・羅素（Bertrand Russell）曾寫道：「11 歲時，我接觸了歐幾里德，哥哥是我的導師。這是我人生中最重要的事件之一，像初戀般令人目眩神迷。我沒想過世界上有如此美妙的事情。」詩人埃德娜・米萊（Edna St. Vincent Millay）寫過這樣一句：「只有歐幾里得見過赤裸之美。」

右圖為阿德拉（Adelard of Bath's）所譯的《幾何原本》封面，時間約為西元 1310 年。這本將阿拉伯語譯為拉丁語的譯本，是現存最古老的《幾何原本》拉丁語譯本。

參照條目 畢氏定理和三角形（約西元前600年）；亞里斯多德的《工具論》（約西元前350年）；笛卡兒的《幾何學》（西元1637年）；非歐幾里得幾何學（西元1829年）。

阿基米德浮力原理
Archimedes' Principle of Buoyancy

阿基米德（**Archimedes of Syracuse**，約西元前 287 — 212 年）

想像一下，廚房水槽裡浸著一個物體——好比一顆新鮮，沒有煮過的雞蛋——而你正要秤它的重量。假如你把雞蛋掛在秤子上來秤重，那麼你所秤得的水中雞蛋重量，會比你把雞蛋從水中取出所秤得的重量來得輕。水提供了一道向上力，這道向上力支撐著一部分雞蛋的重量。如果我們以密度較低的物體——好比一部分浸在水中的軟木塞材質方塊——來進行相同實驗，這道向上的力量會更明顯。

這道由水施加於軟木塞的力，稱為浮力。浮在水上的軟木塞，其所受到浮力大於其重量浮力和液體的密度及物體的體積有關，和物體的形狀或材質無關，因此，在我們的實驗中，雞蛋是圓是方都不重要。體積相等的雞蛋或木頭在水中所受到的浮力是相等的。

阿基米德是一位希臘數學家及發明家，因研究幾何學和流體靜力學而聞名於世，根據以他為名的阿基米德浮力原理，一個完全沒入或部分沒入液體之中的物體，其所受到的浮力，等於物體所排開的液體重。

再舉個例子：把一顆小鉛彈放入浴缸裡。鉛彈排開的水很少，且鉛彈的重量大於所排開的水重，所以鉛彈往下沉。一艘木造小船排開大量的水，而受到等同於這些水重的浮力支撐，所以漂浮在水面上。一艘在水面下漂浮的潛水艇，其所排開的海水體積，恰好等於潛水艇本身的重量。換言之，潛水艇的總重——包括人員重量、金屬船殼重量，以及密封其中的空氣重量——和其所排開的海水等重。

在水中悠遊的蛇頸龍（plesiosaurs，一種已經滅絕的爬蟲類），其體重等於牠所排開的海水重量。在蛇頸龍遺骸胃部區域發現的胃石（gastrolith stone）可能有助於牠們控制浮力和漂浮狀態。

參照條目 落體的加速度（西元1638年）；牛頓的運動定律和萬有引力定律（西元1687年）；白努利的流體力學定律（西元1738年）。

π

阿基米德（**Archimedes of Syracuse**，約西元前 287 — 212 年）

　　由希臘字母 π 所表示的圓周率，是圓周和直徑的比率，大約等於 3.14159。或許，古人觀察到馬車車輪每旋轉一圈，馬車向前行進的距離大約是車輪直徑的三倍——這是人們對圓周約是直徑三倍的早期認知。古代的巴比倫碑文指出，一個圓的周長和其內切六角形邊長和的比率是 1：0.96，暗指 π 值為 3.125。大約在西元前 250 年，希臘數學家阿基米德率先提出圓周率在數學上的嚴謹範圍——介於 223/71 及 22/7 之間。威爾斯籍的數學家威廉‧瓊斯（William Tones，西元 1675 — 1749 年）在 1706 年以 π 來代表圓周率，這很可能是因為在希臘文中，π 有「周圍」的意思。

　　在地球以及宇宙中任何可能存在的先進文明中，π 是數學領域中最有名的比率。π 值小數點後的位數永不歇止，也沒有任何人發現這些數字的排列存在著規律模式。一臺電腦能以多快的速度計算 π 值，是衡量電腦運算能力的一項有趣指標。如今，我們所知 π 值小數點後的位數，已經超過一兆位。

　　說起 π，我們總想到圓，十七世紀前的人們也是如此。然而，在十七世紀，π 從圓圈中解脫出來。當時人類發明了許多曲線，加以研究（如各種弧線、內擺線以及箕舌線），並發現可以它們的面積可以用 π 來表示。最後，π 似乎完全逃離了幾何學。如今，π 涉及無數領域之中，如數論、概率、複數及一系列簡單分數，像是 π /4 = 1 – 1/3 + 1/5 – 1/7……2006 年，退休的日本工程師原口證（Akira Haraguchi）創下世界紀錄，背出了 π 值小數點之後 10 萬位。

π 值約為 3.14，是圓周和直徑的比率。古人可能注意到馬車車輪每旋轉一圈，馬車向前行進的距離大約是車輪直徑的三倍。

參照條目　黃金比例（西元1509年）；歐拉數e（西元1727年）；超越數（西元1844年）。

埃拉托斯塞尼測量地球
Eratosthenes Measures the Earth

埃拉托斯塞尼（**Eratosthenes of Cyrene**，約西元前 276 — 194 年）

作家道格拉斯・哈伯（Douglas Hubbard）曾這麼說：「人類第一位測量學導師，做過一件那時代多數人認為不可能的事。這位名喚埃拉托斯塞尼的古希臘人，創下史上第一次測量地球周長的紀錄……他並未使用精準的測量儀器，當然也沒有雷射和衛星可用……」然而，埃拉托斯塞尼知道，在位於埃及南部的賽尼（Syene，如今的亞斯文），有一口特殊的井。一年當中會有那麼一天，正午豔陽徹底照亮這口井的底部，表示太陽就在正上方。他還知道，與此同時，亞歷山大城的物體會投射出陰影，這使埃拉托斯塞尼推測地球是圓的，而不是平的。他認為，太陽的光芒彼此平行，而他知道，陰影投射的角度是圓的 1/50。因此，他判斷地球的周長一定是賽印和亞歷山大這兩座城市相隔距離的 50 倍左右。對埃拉托斯塞尼這項計算的準確度進行評估，結果各不相同，那是因為他用的古代單位和現代單位之間需要轉換，而且還有其他因素存在。不過，我們通常認為，他的測量和地球真實周長之間的差距僅有百分之幾。想當然爾，比起那時代其他各種估計值，埃拉托斯塞尼的估算值更為準確。如今，我們知道地球的赤道周長大約是 4.075 萬公里。說來好玩，要不是哥倫布忽略埃拉托斯塞尼的估算結果，因此低估了地球周長，那麼他當初那往西航行抵達亞洲的計畫，可能被視為不可能的任務。

埃拉托斯塞尼生於基里尼（Cyrene，現位於利比亞境內），後來成了亞歷山大圖書館的館長。他還因為建立了科學年表（scientific chronology，一種企圖以適當比例的時間間隔將事件發生日期固定下來的系統）、發展一種可以找出質數（只能被 1 和本身整除的數字，如 13）的簡單演算法而聞名。到了晚年，埃拉托斯塞尼失去視力，絕食而死。

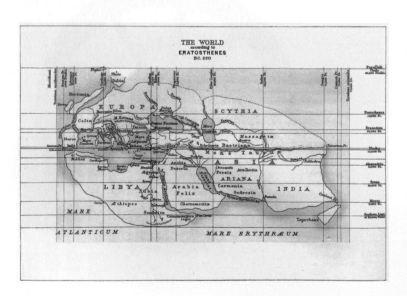

埃拉托斯塞尼的世界地圖（1895 年的復原版本）。埃拉托斯塞尼測量了地球周長，卻沒有離開埃及一步。古代和中世紀的歐洲學者雖然不知道美洲的存在，但他們通常認為世界是球形的。

參照條目　日晷（約西元前3000年）；望遠鏡（西元1608）；測量太陽系（西元1672年）。

埃氏質數篩選法 Sieve of Eratosthenes

埃拉托斯塞尼（**Eratosthenes of Cyrene**，約西元前 **276 — 194** 年）

所謂質數，是一個大於 1，而且只能被 1 和自己本身整除的數字，如 5 和 13。14 = 7 x 2，所以 14 不是質數。兩千多年來，數學家一直對質數深深著迷。大約在西元前 300 年前，歐幾里得告訴我們，世界上沒有所謂「最大質數」，而且質數有無限多個。不過，我們如何判斷一個數字是不是質數？西元前 240 年前左右，希臘數學家埃拉托斯塞尼發展了史上第一種檢驗質數的方法，如今我們稱之為埃氏質數篩選法，特別的是，這種篩選法可以在特定的整數範圍內找出所有質數（埃拉托斯塞尼實在是多才多藝，既在著名的亞歷山大圖書館擔任館長，又是史上第一位對地球直徑提出合理估計值的人）。

法國神學家、數學家馬蘭·梅森（Marin Mersenne，西元 1588 — 1648 年）也為質數神魂顛倒，他試圖找出一個可以尋得所有質數的公式。雖然他並未找到這樣的公式，但他對 $2^p - 1$（p 為整數）這種梅森數的研究，仍使今日的我們感到興致昂然。p 為質數的梅森數，是最容易證明為質數的質數類型，所以梅森數通常是人類能想到的最大質數。2008 年，人類發現著名的第 45 個梅森數（$2^{43,112,609} - 1$），這個數值總共有 1297 萬 8189 個位數！

如今，質數在公開金鑰密碼演算法中占有重要地位，藉此來發送安全訊息，更重要的是，對純粹數學家而言，歷史上許多令人好奇的未解猜想，其核心皆直指質數，包括涉及質數分布的黎曼假設，以及有著權威地位，說明每一個比 2 大的整數偶數，都可以寫成兩個質數和的哥德巴赫猜想（Goldbach Conjecture）。

右圖是波蘭藝術家安德烈亞斯·高斯柯斯（Andreas Guskos）將無數個質數連結在一起，並將其應用在各種物體表面的紋理上，所創造出的當代藝術。作品名為《埃拉托斯塞尼》，用以紀念史上第一位發展出質數檢驗方法的數學家。

參照條目 伊尚戈骨（約西元前1.8萬年）；黎曼假設（西元1859年）；證明質數定理（西元1896年）；公鑰密碼學（西元1977年）。

滑輪 Pulley

阿基米德（**Archimedes of Syracuse**，約西元前 **287 — 212** 年）

滑輪是一種機械裝置，通常由一個輪子和一根輪軸組成。輪子上繞著一條繩子，如此一來滑輪就能改變作用力的方向。好比要幫助某人或某種機具抬舉、拖拉重物時，透過滑輪減少所需的作用力，可以使重物更容易移動。

滑輪出現的時間可能在史前時代，當時有某個人將繩子繞過一根水平的樹枝上，藉此抬起重物。肯德爾‧哈芬（Kendall Haven）這位作家曾寫道：「西元前 3000 年前，在埃及和敘利亞，存在著由凹槽輪（這樣繩子就不會鬆脫）構成的滑輪。希臘數學家、發明家阿基米德在西元前 230 年左右發明了複滑輪，因此大受讚譽……由好幾個輪子和好幾條繩索組成而成的構造，用來升舉單一個重物……增加一個人的起重力。現代的滑車系統就是複滑輪的應用實例。」

抬舉重物時，滑輪既可以減少所需繩索的直徑和強度，又能減少所需的作用力，看起來幾乎就是種魔術。事實上，根據古老傳說，以及希臘歷史學家普魯塔克（Plutarch）的著作，阿基米德可能就是用了複滑輪，幫助他以最節省的勞力來移動沉重的船隻。當然，這並未違背自然界任何一條法則。所謂「功」（work），其定義為作用力乘以物體移動的距離。在功不變的狀況下，使用滑輪可以讓一個人出較小的力，卻能讓物體移動更長的距離。在實際應用上，滑輪越多，滑動摩擦會增加，因此，一

個由滑輪組成的系統，滑輪超過一定數量時，功效可能會下降。在執行運作，估計使用滑輪系統需要多少力時，工程師通常會假設：相較於要抬舉的重物，滑輪和繩索的重量非常小。回顧滑車系統發展史，在並非時時有機械可用的帆船上，尤其容易看到滑車系統。

左圖是一艘復古小艇上的滑輪系統近照。滑輪系統中，繩索繞過凹輪，如此一來，滑輪可以改變作用力的方向，使移動重物變得更輕鬆。

參照條目 Gears (c. 50)；落體的加速度（西元1638年）；牛頓的運動定律和萬有引力定律（西元1687年）。

安提基瑟拉儀 Antikythera Mechanism

瓦勒瑞歐斯‧史戴斯（**Valerios Stais**，西元 **1857–1923** 年）

　　安提基瑟拉儀是一種古老的齒輪聯動運算裝置，用來計算天體位置，科學家為此大感驚奇已經有 100 多年的時間。1902 年左右，考古學家史戴斯在希臘安提基瑟拉島外海找到一艘失事沉船時，發現了安提基瑟拉儀，一般認為，這是在西元前 150 — 100 年打造的機械。記者喬‧馬爾尚（Jo Marchant）寫道：「從沉船中打撈起來，等待後續運往雅典的寶物中，有一塊形狀不甚整齊的石頭，一開始沒人注意到它，直到它破了開來，露出裡面的青銅齒輪、指針，和極小的希臘碑文……這是一個精密的機械裝置，由精準切割的刻度盤、指針，以及至少三十個互相連動的齒輪所組成。直到中世紀的歐洲的天文鐘出現，歷史上有超過一千年的時間，未曾出現任何複雜程度可與安提基瑟拉儀媲美的物品。」

　　安提基瑟拉儀的正面有一個刻度盤，上面可能至少有三根指針，一根指示日期，其他兩根則指出太陽和月亮的位置。這項裝置也有可能被用來追溯古代奧運會的日期、預測日蝕發生時間，並指出其他的行星運動。

　　特別令物理學家感到高興的是，安提基瑟拉儀上和月球有關的部分，使用了一系列特殊的青銅齒輪，其中兩個齒輪以一個略為偏移的軸相接，藉此指示月亮的位置和相位。如今，我們從克卜勒的行星運動定律可以知道，月球在地球軌道上運行時，速度並不一致（如靠近地球時，月球運行速度比較快），即便古希臘人並不知道地球軌道實際上是橢圓形的，但安提基瑟拉儀還是展示了這種速度上的差別。此外，相較於遠離太陽，地球在靠近太陽時，運行速度比較快。馬爾尚寫道：「只要轉動盒子上的把手，就可以讓時間快轉或倒轉，觀看今天、明天、下週二，或一百年後的宇宙狀態。擁有這個裝置的人，一定覺得自己就是天堂的主人。」

安提基瑟拉儀是一種古老的齒輪聯動運算裝置，用來計算天體的位置。透過 X 光透視片可以得知安提基瑟拉儀內部的結構，右圖照片由李恩‧范德‧韋爾加（Rien van de Weijgaert）提供。

參照條目 克卜勒的行星運動定律（西元1609年）；計算尺（西元1621年）；ENIAC（西元1946年）。

齒輪 Gears

希羅（Hero〔Heron〕of Alexandria，約西元 10 — 70 年）

　　互相嚙合的轉動齒輪在科技史上扮演著關鍵角色。不只因為齒輪機構對提升施加的扭力或扭矩而言很重要，還因為齒輪在改變力的速度和方向上也很有用。製陶轉盤是史上最古老的機械之一，和這種轉盤有關的原始齒輪，存在歷史可能有數千年之久。在西元前四世紀，亞里斯多德曾描寫過利用摩擦力在光滑表面之間傳遞運動（motion）的輪子。打造時間約在西元前 125 年左右的安提基瑟拉儀，利用齒輪來計算天體位置。有關齒輪的最早文字記載之一，約在西元 50 年出自希羅之手。隨著時間推移，齒輪在磨臼、時鐘、自行車、汽車、洗衣機和鑽孔機上扮演著關鍵角色。因為齒輪在放大作用力一事上如此有用，早期的工程師利用齒輪來抬舉沉重的建築材料。齒輪組因為有改變速度的性質，所以被應用於古代以馬力或水力驅動的紡織機上。這種動力提供的轉速通常不足，因此還會使用一組木製齒輪來提升紡織機的生產速度。

　　兩個齒輪互相嚙合時，齒輪（s_1，s_2）的轉速比就是輪齒數量（n_1，n_2）反比，即 $s_1 / s_2 = n_2 / n_1$。因此，小齒輪轉速比大齒輪快。扭矩的關係則是相反，大齒輪承受較大的扭矩，扭矩越高轉速越慢。這樣的關係非常有用，以電動起子為例，馬達高速運轉時可以輸出小量扭矩，但我們希望降低輸出轉速並同時增加扭矩。

　　正齒輪（spur gear）是一種最簡單的齒輪，具有直齒輪齒（straight-cut teeth）。螺旋齒輪（helical gear）的輪齒呈一定角度排列，具有轉動更順暢、安靜的優點，通常可以承受更大的扭矩。

在歷史上，齒輪扮演著重要角色。齒輪機構可以增加作用力或力矩，而且在改變力的速度和方向上也很有用。

參照條目　滑輪（約西元前230年）；能量守恆（西元1843年）；蒸氣渦輪（西元1890年）。

羅馬混凝土 Roman Concrete

老普林尼（**Pliny the Elder**，西元 **23 — 79** 年）

人類文明中隨處可見混凝土，沒有混凝土，就不可能有現代的建築物。不過，和混凝土相關的化學複雜程度驚人，取決於鋁和矽這兩種會和氧原子形成強烈鍵結網絡的元素。地殼中含有豐富的鋁和矽，各式各樣的礦物質和人造陶器就是以這兩種元素為基礎。混凝土還需要鈣離子，以及與水合反應，才能幫助所有東西結合在一起，雖然「水合鈣矽酸鋁」（hydrated calcium aluminosilicate）這樣的化學名稱，準確地描述了混凝土的化學組成，不過唸起來實在拗口。

古代世界中，羅馬擁有品質最優良的混凝土，其中有些仍見於今日的宏偉建築物，如大名鼎鼎的萬神殿（Pantheon），建造時間約在西元 126 年，至今仍擁有全世界最大型且未加強化的混凝土圓頂。然而，羅馬文明實際上可謂「科學性不足」，有鑑於羅馬帝國的強大和持久，基礎研究竟少得可憐。羅馬人對數學、未來性的實驗或抽象理論沒什麼耐心，卻始終樂於改善文明、軍事工程的實用性。正因如此，羅馬人針對不同用途，發展了各式各樣的混凝土。這些防水混合物的品質很好，且根據自然哲學家老普林尼的看法，這其中的關鍵成分是維蘇威火山（Mount Vesuvius）的火山灰沉積物（即pozzolan）。老普林尼對那個地區非常熟悉，簡直熟過頭了，最後，他在維蘇威火山著名的第 79 次噴發事件，也就是摧毀龐貝城的那次噴發事件中喪生。

最近幾年，分析化學家已經知道羅馬在沿海地區所用的混凝土的真正配方，其製造過程所耗費的能源，比發展於十九世紀、為現代所用的英國卜特蘭水泥（Portland cement）還少。就烘烤一開始的石灰岩混合物所需的燃料、最終產品所需的固化時間，以及在海水中的耐久性而言，羅馬混凝土的配方具備許多優點。經過將近兩千年之後，羅馬混凝土可能再度回歸。

位於羅馬，有兩千年歷史的萬神殿仍擁有當今世上最大型，且未加強化的混凝土圓頂。

參照條目 青銅（約西元前3300年）；拱門（約西元前1850年）；聚乙烯（西元1933年）；橡膠（西元1839年）。

零 Zero

婆羅摩笈多（**Brahmagupta**，約西元 598 — 668 年）
婆什迦拉（**Bhaskara**，約西元 600 — 680 年）
筏馱摩那（**Mahavira**，約西元 800 — 870 年）

　　起初，古巴比倫人並沒有代表「零」的符號，這使得他們的標記法產生了不確定性，就像今天如果沒有零的存在，我們無法區分 12、102 和 1002 一樣。巴比倫的文書抄寫員只在零應該出現的位置留白，但這樣會很難與位在數字中間或位在數字最後的空格做區分。最後，巴比倫人確實發明了一個符號，來標記位於數字之間的空格，不過，他們可能沒有「零也是一個實際數」的觀念。

　　大約在西元 650 年，印度數學已經很常使用數字，一塊在德里南部瓜里奧（Gwalior）出土的石碑上頭，記載著 270 和 50 這兩個數字。石碑上的數字，歷史可回溯至西元 876 年，看起來和現代數字極為相似，只不過零的字體比較小，位置也比較高。印度數學家，如婆羅摩笈多、婆什迦拉和筏馱摩那在數學運算中使用了零。舉例來說，婆羅摩笈多解釋過，一個數字減掉其本身，就會得到零，他還注意到，任何數字只要乘上零結果就是零。巴赫沙利手稿（Bakhshali Manuscript）可能是史上第一份文件證據，指出「將零運用在數學目的」上的事實，但其年代已不可考。

　　西元 665 年左右，中美洲的馬雅文明也發展出零這個數字，不過這項成就似乎沒有影響到其他地區的人們。另一方面，印度所發展的「零的概念」，則擴及到阿拉伯、歐洲和中國，並且改變了世界。

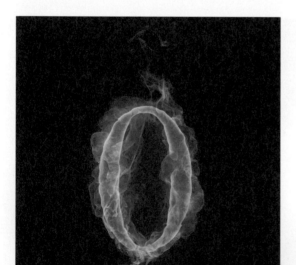

　　荷欣·亞謝姆（Hossein Arsham）寫道：「十三世紀時，十進位系統引入了零的概念，這是數字系統發展過程中意義最重大的成就，使大數計算變得容易。倘若沒有零的概念……商業、天文、物理、化學和工業的模型運算根本連想都不用想。少了這個符號是羅馬數字系統最嚴重的一個缺點。」

零的概念引燃了一場火勢，最終使得人類可以更輕易地計算大數，並使得商業至物理領域的計算變得更有效率。

參照條目　萊因德紙草書（約西元前1650年）；阿爾花拉子模的代數（西元830年）；費波那契的《計算之書》（西元1202年）。

阿爾花拉子模的代數
Al-Khwarizmi's Algebra

阿爾花拉子模（**Abu Jafar Muhammad ibn Musa al-Khwarizmi**，約西元 780 — 850 年）

　　阿爾花拉子模是一位波斯的數學家、天文學家，一生多數時間待在巴格達，他寫了一本有關代數的著作——《還原與對消計算概要》（*Kitab al-mukhtasar fi hisab al-jabr wa'l-muqabala*），是史上第一本為線性和二次方程式提供系統性解答的書籍，有時，人們簡稱這本書為《代數》。他與丟番圖（Diophantus）同享「代數之父」的盛名。阿爾花拉子模這本書的拉丁文譯本，將十進位制數字系統引入歐洲。說來有趣，「algebra」源自於「al-jabr」一字，是阿爾花拉子模在著作中用來解二次方程式時所用的兩種運算方法其中之一。

　　對阿爾花拉子模而言，透過「al-jabr」運算法在等式兩邊加上相同的數字，可以藉此消除負項。以 $x^2 = 50x - 5x^2$ 為例，我們可以在等號兩邊都加上 $5x^2$，進而將等式簡化為 $6x^2 = 50x$。「Al-muqabala」運算法則是把相同類型的數放在等號的同一邊，如把 $x^2 + 15 = x + 5$ 簡化為 $x^2 + 10 = x$。

　　這本書幫助讀者解決了 $x^2 + 10x = 39$、$x^2 + 210 = 10x$，以及 $3x + 4 = x^2$ 等類型的方程式，不過，就更為整體的面向而言，阿爾花拉子模相信，只要能把困難的數學問題分解成一系列較小的步驟，就可以得到解答。阿爾花拉子模希望這本書能發揮實用價值，在處理金錢、遺產、訴訟、交易和挖掘渠道等方面，可以對人們產生幫助。書中還包含了例題和解答。

　　阿爾花拉子模大半輩子都在巴格達的智慧宮（House of Wisdom）中工作，智慧宮是一座圖書館、一處翻譯機構，也是一個供人學習的場所，是伊斯蘭黃金時代主要的智識中心。可惜啊，蒙古人在 1258 年摧毀了智慧宮，據傳，當時被扔進底格里斯河的書籍，多到墨水暈開而染黑河水的地步。

為了紀念阿爾花拉子模，蘇聯在 1983 年發行了這張郵票。這位波斯的數學家、天文學家的代數著作，為各式各樣的方程式提供了系統性解答。

 參照條目　費波那契的《計算之書》（西元1202年）；現代微積分的發展（西元1665年）；代數基本定理（西元1797年）。

火藥
Gunpowder

　　火藥可能是煉金術士在試圖讓金屬變質，或是延長人類壽命時所發明的產物，而不是武器工程師從炸藥中找出來的物質。一本來自中國，西元 1044 年的軍事手冊，列出了許多不同的火藥配方，這表示在宋朝中葉，火藥已經得到豐富的研究和發展。不過，目前已知有關火藥的最早記載，來自九世紀中葉的道家文本，文字中強調了火藥危險的可燃性質。硫在煉金術中有重要地位，而且當時的任何一間實驗室肯定都是以木炭作為燃料。作為氧化劑之用的硝酸鉀，則是火藥的第三個關鍵成分，存在於自然界本來就有的硝石（niter，又稱 saltpeter）之中，或以結晶體的方式沉積在洞穴內蝙蝠糞便周遭。史上第一個將這些成分的粉末混在一起，並使其接觸到火焰的人，立刻就知道自己有了重大發現。不過，從結果看來，延長人類壽命不是火藥的強項。

　　有關這項新武器的知識在中國擴散，並向中國邊界之外蔓延。十三世紀，蒙古人入侵中國，這項消息因此傳得更遠，從印度到歐洲都知道火藥的存在。隨著時間過去，中國人持續增加火藥中硝酸鉀的含量，製造威力越來越強大的炸藥。在好幾份中國的軍事手稿中，可以看見砲彈、爆裂箭和各式各樣警報彈的早期設計。敘利亞化學家哈珊・拉瑪（Hasan al-Rammah）《論馬術與戰爭策略》（*Treatise on Horsemanship and Stratagems of War*，約於西元 1280 年出版）中，詳列了 107 種不同的炸藥成分，他稱硝酸鉀為「中國雪」。歐洲軍隊很快採用了火藥：1326 年，英國學者華特・德米勒梅（Walter de Milemete）在手稿中繪製了史上第一份火器圖解──這是一種有「鐵壺」（pot-de-fer，即 iron pot）之稱的簡單金屬砲，砲管當中會射出巨大的箭。此後，無論好壞，火藥皆與我們同在。

西元 1274 年，蒙古侵略日本，20 多年後，在一份受託繪製當時場景的畫卷上，可以看見會爆炸的火藥炸彈。

參照條目 冶鐵（約西元前1300年）；內燃式引擎（西元1908年）；小男孩原子彈（西元1945年）。

費波那契的《計算之書》
Fibonacci's Liber Abaci

費波那契（**Fibonacci**，又名 **Leonardo of Pisa**，約西元 1175 — 1250 年）

卡爾·波耶（Carl Boyer）這麼形容費波那契：「毫無疑問地，他是中世紀基督教世界中最具有原創性，也最有能力的數學家。」費波那契是一位義大利富商，在埃及、敘利亞和巴巴利（即阿爾及利亞）之間穿梭往來，於 1202 年出版了《計算之書》（*Liber Abaci*），將印度—阿拉的數字和十進位系統引入西歐。這套如今已為全球所用的系統，戰勝了費波那契那時代常見，繁瑣至極的羅馬數字。在《計算之書》中，費波那契提到：「印度人使用九個數字——9、8、7、6、5、4、3、2、1——以及 0 這個符號，在阿拉伯語中，0 稱為「zephirum」，可以以代表任何數字，如下所證。」

在歐洲，《計算之書》並非第一本描述印度—阿拉伯數字系統的書籍，即便《計算之書》出版之後，十進位系統並未在歐洲普及。儘管如此，因為《計算之書》鎖定的讀者群是學者和商人，所以仍被視為是對歐洲思想產生強烈影響的書籍。

《計算之書》介紹給西歐世界的，還有一項著名的數列：1、1、2、3、5、8、13……，也就是如今所稱的費波那契數列。注意了，數列中最前面兩個數字以外，數列中每一個連續數字，都是前兩個數字的和。在數學原理和自然界中，這種數列出現的頻率相當驚人。

難道造物主是一位數學家？肯定是了，因為透過數學，我們似乎可以對宇宙產生可靠的理解。大自然就是一位數學家。要了解向日葵種子的排列方式，也可以透過費波那契數列。向日葵的頭狀花序和其他花朵的一樣，有許多呈螺旋線排列，互相交錯的種子——一條螺旋線往順時針方向，另一條往逆時針方向。這樣的頭狀花序裡，螺旋線的數量，以及花瓣的數量，經常都是費波那契數。

向日葵的頭狀花序裡有許多呈螺旋線排列，互相交錯的的種子——一條螺旋線往順時針方向，另一條往逆時針方向。這樣的頭狀花序裡，螺旋線的數量，以及花瓣的數量，經常都是費波那契數。

參照條目 零（約西元前650年）；黃金比例（西元1509年）；帕斯卡三角形（西元1654年）。

眼鏡 Eyeglasses

薩爾維諾・阿瑪多（**Salvino D'Armate of Florence**，西元 1258 — 1312 年）
吉安巴蒂斯塔・德拉波爾塔（**Giambattista della Porta**，西元 1535 — 1615 年）
愛德華・史卡利特（**Edward Scarlett**，西元 1677 — 1743 年）

　　歷史學家洛伊絲・馬格納（Lois N. Magner）寫道：「使用眼鏡這回事，肯定在我們面對人類的局限和責任的態度上，引起了深遠影響。眼鏡不只讓學者和抄寫員得以繼續他們的工作，還使人們習慣了這樣的觀念：運用人類的發明，可以超越某些身體上的限制。」

　　如今，眼鏡（eyeglass 和 spectacle）這樣的名詞，通常是指安置在鏡框裡的鏡片，用以矯正視力問題。歷史上有各種形式的眼鏡，包括夾鼻眼鏡（pince-nez，僅夾住鼻樑，沒有耳架）、單片眼鏡（monocle，放在某一眼前方的圓形鏡片），以及長柄眼鏡（lorgnette，帶有把手的眼鏡）。

　　西元 1000 年，「閱讀石」（reading stone）——把玻璃球的晶體或碎片放在要閱讀的材料上，藉此放大字體——是很常見的物品。到了馬可波羅前往中國旅行的時候，中國人才開始使用眼鏡，那時大約是 1270 年，甚至在更早之前，阿拉伯人可能就已經會使用眼鏡。1284 年，阿瑪多這位義大利人，可能是歐洲最有名的眼鏡發明家。最早期的眼鏡以凸面鏡來矯正遠視（hyperopia）和老花眼（presbyopia，和年齡有關的遠視）。義大利學者德拉波爾塔，曾在《自然魔術》（*Natural Magick*，1558 年）發表一份早期文獻，指出可以用凹透鏡來矯正近視（myopia，即看遠處物體覺得模糊，看近的物體則顯得清晰）。凸透鏡則是用來看清楚靠近眼睛的文字。

　　眼鏡曾是非常昂貴的物品，以致於被當作珍貴財產而納入遺囑中。大約在 1727 年，英國配鏡師史卡利特發展出眼鏡的現代形式：堅固的鏡臂作為支撐，鏡臂末端呈勾狀可以勾住耳朵。美國科學家班傑明・富蘭克林（Benjamin Franklin）在 1784 年發明了雙焦眼鏡，對付他的近視和老花眼。時至今日，許多眼鏡的鏡片採用 CR-39 這種塑膠鏡片，因為這種鏡片具備良好的光學性質，而且可以耐久使用。一般而言，鏡片是用來改變光線聚焦的位置，好讓光線可以正確地相交於視網膜上，也就是眼睛後方的感光組織。

長柄眼鏡是一副帶有把手的眼鏡，是英國眼鏡設計師喬治・亞當斯（George Adams）在十八世紀的發明。有些人不需要眼鏡來幫助自己看得更清晰，但會帶上一副長柄眼鏡當作時尚配件。

參照條目 望遠鏡（西元1608年）；《顯微圖譜》（西元1665年）；雷射（西元1960年）。

早期微積分 Early Calculus

馬德哈瓦（**Mādhavan of Sangamagrāmam**，約西元 1350 — 1425 年）
尼拉卡莎 · 薩默亞士（**Nīlakantha Somayaji**，西元 1444 — 1544 年）

　　整個中世紀時期，印度的天文學研究，是以阿耶波多（Aryabhata）以及其他數學家、天文學家的早期發現和著作為初始基礎，最後擴展至創立了專門研究和教學團隊，好比數學家馬德哈瓦在 14 世紀成立了教授天文學、數學的喀拉拉學院（Kerala school）。

　　馬德哈瓦和後來的克拉拉數學家，如薩默亞士，先是以幾何學和三角學為基礎，再藉著新發展出來，以組合函數建立複數曲線和幾何圖形模型的新技術，發展估計行星運動的數學方法。這些幾何圖形有拋物線、雙曲線和橢圓形。他們對橢圓形的研究，證實了橢圓形尤其適合應用在天文學，因為橢圓形可以證明阿耶波多早期的猜想是正確的：橢圓形的軌道可以描述行星的運行軌跡。這種從喀拉拉學院發展出來，著重在一系列函數的嶄新數學方法，就是微積分的早期版本，歐洲要到了 200 多年之後，才由艾薩克 · 牛頓（Isaac Newton）等科學家發展出微積分。

　　薩默亞士的著作《論阿耶波多曆數書》（*Aryabhatiyabhasya*）約在 1500 年出版，書中進一步證明了一個正在旋轉的地球，以及一個部分日心（heliocentric，即以太陽為中心）的太陽系，可以提供一種更為精準的方法來擬合行星軌道。在他所建立的模型中，水星、金星、火星、木星和土星繞著太陽轉，但是太陽繞著地球轉。十六世紀的丹麥天文學家第谷 · 布拉赫（Tycho Brahe）採用了相似的模型，且薩默亞士的模型中，有些方面也和波蘭天文學家尼古拉 · 哥白尼（Nicolaus Copernicus）於 1543 年提出的完全日心宇宙論（fully heliocentric cosmology）是一致的。

　　喀拉拉學院的貢獻，或者還有印度數學家和天文學家的整體貢獻，在過去並未受到西方世界的重視。現在看來，他們應被視為「巨人的肩膀」，是他們為哥白尼、牛頓和其他科學家的後續發現提供了支撐。

在印度南部喀拉拉學院，計算行星軌道的數學家，活躍於十四至十六世紀，他們將日心模型套用於太陽系。喀拉拉學院天文學家所用的幾何學，由現代印度物理學家進行重建，右圖是其中的一些圖例。

參照條目　以太陽為中心的宇宙（西元1543年）；克卜勒的行星運動定律（西元1609年）；現代微積分的發展（西元1665年）。

黃金比例 Golden Ratio

帕西奧利（**Fra Luca Bartolomeo de Pacioli**，西元 1445 — 1517 年）

　　達文西的密友，義大利數學家帕西奧利在 1509 年出版了《神聖比例》（*Divina Proportione*）一書，是本討論一種特定數字的專門著作。如今，我們泛稱這個數字為「黃金比例」。黃金比例的代表符號是 Φ，在數學領域和自然界裡，黃金比例出現的頻率高得驚人。想要了解這種比例，最簡單的方法就是把一條直線分成不等的兩段，讓整條直線除以長段的比值，等於長段除以短段的比值，即 (a + b)/b = b/a = 1.61803……

　　如果矩形的邊長為黃金比例，那麼這個矩形就是「黃金矩形」。將黃金矩形分割成一個正方形和一個黃金矩形是有可能的，接下來，我們可以再把較小的黃金矩形分割成一個更小的正方形和更小的黃金矩形，我們可以無止盡地繼續這麼做下去，分割出再更小的正方形和黃金矩形。

　　如果，我們在原本的黃金矩形上畫出一條對角線，連接右上角和左下角，接著在被分割出來的次一個黃金矩形內畫一條連接右下角和左上角的對角線，接下來所有被分割出來的黃金矩形都會收斂於這兩條對角線的交點。此外，對角線彼此間也是黃金比例，有時，這個讓所有黃金矩形趨之收斂的點，又稱為「上帝之眼」（Eye of God）。

　　只有黃金矩形是從中切割出一個正方形後，剩餘的矩形將始終相似於原本矩形的矩形。如果將對角線的頂點連接起來，會得到一條近似「包圍」上帝之眼的對數螺線（logarithmic spiral）。對數螺線無所不在——貝殼、動物頭角、耳蝸——在自然界，任何一處需要以經濟且規律的方式填滿空間的地方，都能看見對數螺線。螺旋是一種強壯的構型，而且使用最少的建構材料。需要擴大時，螺旋會改變大小，但從不會改變形狀。

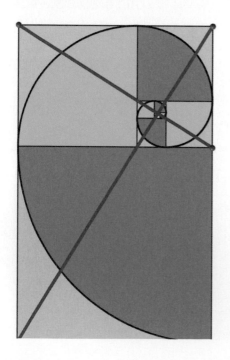

左圖為黃金比例的藝術描繪。所有後續分割出來的黃金矩形，都會朝兩條對角線的交點收斂。

參照條目　射影幾何學（西元1639年）；歐拉數e（西元1727年）；超越數（西元1844年）。

《人體的構造》
De Humani Corporis Fabrica

卡爾卡（**Jan Stephan van Calcar**，西元 1499 — 1546 年）
安德雷亞斯・維薩里（**Andreas Vesalius**，西元 1514 — 1564 年）

　　「1543 年，維薩里的著作《人體的構造》出版，象徵著現代科學的開端」，醫學歷史學家桑達士（J. B. de C. M. Saunders）和查爾斯・奧馬利（Charles O'Malley）如此寫道，「毫無疑問地，這是醫學科學界最偉大的單一貢獻，不過，更重要的是，這是一項精美的創意藝術作品，將版式、排印和圖解做了完美融合。」

　　來自布魯塞爾，身為醫生和解剖學家的維薩里將解剖作為主要的教學工具，他並指出，在此之前，源自加倫（Galen）和亞里斯多德等許多偉大思想家的人體觀念，顯然是錯誤的。舉例來說，維薩里反駁了加倫提出的觀念，認為血液並非透過看不見的孔洞而從心臟的一邊流向另一邊。維薩里還指出，肝臟有兩個主要葉片。維薩里對加倫提出的挑戰，使他成為眾矢之的，有位誹謗者甚至認為自加倫研究人體以來，人體一定發生了改變，藉此解釋維薩里所觀察到的不同現象！事實上，加倫的觀察幾乎全部源自於動物解剖，使得他對人體認知產生重大錯誤。

　　身為醫學院學生，維薩里不顧野犬和惡臭的威脅，亟欲解剖來自墓地的腐屍或接受吊刑後的罪犯屍體，直到這些屍體完全分解才甘願作罷。他在解剖時，這些標本在他房裡的時間甚至多達數週。

　　維薩里的著作《人體的構造》，是一本具有開創性的解剖書籍，幫忙繪圖的可能是卡爾卡，或是義大利著名畫家提香（Titian）的其他弟子。這本書以前所未見的方式揭示了人腦的內部結構。科學作家羅伯・阿德勒（Robert Adler）寫道：「藉著《人體的構造》一書，維薩里成功地終結人們對古代知識盲目崇拜的刻板風氣，並且藉此證明新一代的科學家有開拓進取的能力，發現古人根本想像不到的事情。維薩里和其他幾位文藝復興時期的偉人，如哥白尼及伽利略，共同打造了今日這個由科學驅策的先進世界。」

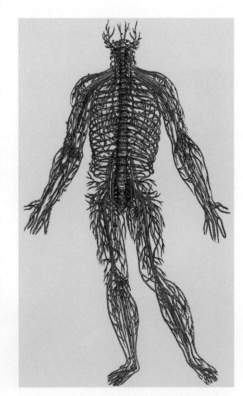

右圖為維薩里《人體的構造》一書中所描繪的脊神經。

 參照條目　帕雷的「理性外科」（西元1545年）；循環系統（西元1628年）；莫爾加尼「受難器官的呼喊」（西元1761年）。

以太陽為中心的宇宙
Sun-Centered Universe

尼古拉·哥白尼（**Nicolaus Copernicus**，西元 1473 — 1543 年）

德國博學家歌德（Johann Wolfgang von Goethe）在 1808 年寫道：「對人類精神層面發揮的效應而言，人類所有的發明和見解，沒有一項沒有比得過哥白尼的學說。當被要求放棄身為宇宙中心的巨大特權時，幾乎沒有人知道這個世界是圓而完整的。或許，人類從沒面對過比這更大的挑戰——因為承認這件事之後，許多事物便消失在薄霧煙塵之中！我們的伊甸園，我們那純真、虔誠和詩意的世界，我們從感官接收而來證據，我們那堅定不移，富有想像力的宗教信仰，全都變成什麼樣子了？」

哥白尼是史上第一個提出廣泛性日心理論的人，他的理論暗示著：地球不是宇宙中心。哥白尼的著作《天體運行論》（*De revolutionibus orbium coelestium*）出版於 1543 年，也就是他過世的那一年，書中提出地球繞著太陽轉的理論。來自波蘭的哥白尼，是數學家也是醫生，還是古典學學者——研究天文是他閒暇時的興趣——不過，就在天文學的領域裡，哥白尼改變了這個世界。他的理論立基於許多假設之上：地球的中心並非宇宙的中心；相較於地球與恆星之間的距離，地球與太陽之間的距離是很短的；恆星看似每天都在旋轉，那是因為地球自轉的關係；以及，明顯的行星逆行情況（在某些時候，從地球觀看行星，會發現行星似乎短暫停止不動，而後朝反方向行進），是因地球運行所導致的。雖然，哥白尼提出行星有圓形軌道，以及行星本輪（epicycle）的觀念是不正確的，但他的研究啟發了其他天文學家，如研究行星軌道，並在後來發現它們具有橢圓性質的克卜勒。

說來有趣，許多年過去，直到 1616 年，羅馬天主教會才宣布哥白尼的日心理論是錯的，而且「完全違反聖經。」

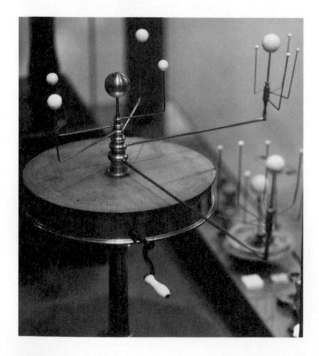

太陽系儀是一種機械裝置，以日心模型來表現行星和衛星的位置及運動。右圖是製儀師班傑明·馬丁（Benjamin Martin，西元 1704 — 1779 年）於 1766 年打造的太陽系儀，約翰·溫索普（John Winthrop，西元 1714 — 1779 年）就是用它在哈佛大學教授天文學。這座太陽系儀在哈佛科學中心的普特南藝廊（Putnam Gallery）展出。

參照條目　埃及天文學（約西元前2500年）；望遠鏡（西元1608年）；克卜勒的行星運動定律（西元1609年）；測量太陽系（西元1672年）；哈伯望遠鏡（西元1990年）。

帕雷的「理性外科」
Paré's "Rational Surgery"

安布魯瓦茲・帕雷（Ambroise Paré，西元 1510 — 1590 年）

來自法國的外科醫生帕雷，是歐洲文藝復興時期最受敬重的外科醫生之一。傑佛瑞・凱因斯（Geoffrey Keynes）寫道：「帕雷憑藉自身的個性和獨立思考能力，從陰魂不散的教條中解放了外科手術。在他的時代，沒有任何一位來自其他國家的執業醫生能和他相提並論，他的影響遍及歐洲各處。在他的『作品集』中，他用自身的技術和人道觀念留下外科史上無人能夠超越的豐功偉業。」對於照顧病人，帕雷奉守的謙卑信條是：「我替病人敷藥包紮，是上帝治癒了他們。」

帕雷那時代的醫生，通常認為施行外科手術是有損尊嚴的作為，劃開人體這種事情就留給名望不夠高尚的「理髮師暨外科醫師」（barber-surgeons）。然而，帕雷提升了外科醫生的地位，並將他的外科知識撰寫成書，為了方便知識傳播，他書寫時用的是法文，而不是傳統拉丁文。

當時，人們認為槍傷傷口有毒，通常會倒入沸油藉此燒合傷口，帕雷就是在替病人治療槍傷傷口時，得到了第一個重要的醫學發現。某天，帕雷手邊的油用完了，只得拿含有松脂（turpentine）的油膏湊合著用。隔天，他發現接受沸油療法的士兵傷口腫脹，陷入極度痛苦之中；然而，以較為舒緩的油膏療法加以治療的病人，則是相對舒適地休息著，傷口幾乎沒有感染的跡象。此後，帕雷發誓再也不用沸油來處理病人傷口。

1545 年，帕雷在自己的著作《傷口療法》（Method of Treating Wounds）中推廣處理傷口的方式，使人道的「理性」外科得以發展。帕雷另一項重要的醫學貢獻，則是提倡以血管結紮術（用線拴紮血管）取代用烙鐵燒合殘肢傷口的傳統方法，藉此防止病人在截肢過程中產生出血的問題。帕雷還促進了產科的發展，他採取的方法可以確保胎兒在分娩過程中更加安全。

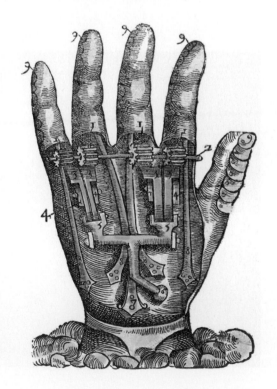

右圖的人工手出自帕雷 1564 年在巴黎出版的著作《外科器械及結構插圖》（Instrumenta chyrurgiae et icones anathomicae）。

參照條目　縫合術（約西元前3000年）；消毒劑（西元1865年）；心臟移植（西元1967年）。

虛數 Imaginary Numbers

拉斐爾‧邦貝利（**Rafael Bombelli**，西元 1526 — 1572 年）

平方值為負數的數值，稱為虛數。偉大的數學家葛福瑞‧萊布尼茲（Gottfried Leibniz）認為虛數是：「美好的神靈隱蔽所，幾乎雙棲於存在與不存在之間。」因為任何實數的平方都是正數，有好幾個世紀的時間，許多數學家認為負數不可能有平方根。雖然不少數學家略略意識到虛數的存在，但虛數的歷史到了 16 世紀的歐洲才開始發展。義大利工程師邦貝利，在當代因排乾沼澤而聞名，在今日則是因為他 1572 年出版的《代數》（*Algebra*）一書而成為眾所周知的人物。書中提出這樣的見解：$\sqrt{-1}$是方程式 $x^2 + 1 = 0$ 的有效解。他寫道：「許多人批評這是個瘋狂的想法。」包括笛卡兒在內，許多數學家對於「相信」虛數這件事有所遲疑，笛卡兒給了虛數「imaginary number」的稱號，其實是出於羞辱的目的。

18 世紀，萊昂哈德‧歐拉（Leonhard Euler）取用拉丁文「imaginarius」字首的 i，作為代表$\sqrt{-1}$的符號，至今，我們仍沿用歐拉的方法。不使用虛數，現代物理學不可能取得重大進展。在各種運算，包括與交流電、相對論、訊號處理、流體力學和量子力學有關的有效計算上，虛數都助了物理學家一臂之力。甚至在華麗的碎形藝術（fractal artwork）——以增加放大倍數來展現豐富細節——虛數也發揮了作用。

從弦論到量子論，對物理學的研究越深，越接近純粹的數學研究。甚至，有些人可能會說，數學就像使電腦運作的微軟作業系統一樣，使現實世界得以運行。薛丁格的波動方程式——以波動函數和概率來描述基本的現實和事件——可視為一種讓我們得以存在其上的漸逝物質（evanescent substrate），而虛數是其基礎。

尤斯‧列斯（Jos Leys）以增加放大倍數來展現豐富細節的方式，打造了這個華麗的碎形藝術作品，虛數在他的創造過程中發揮作用。早期的數學家十分懷疑虛數的實用性，因此羞辱那些暗指虛數確實存在的人。

參照條目　歐拉數e（西元1727年）；黎曼假設（西元1859年）；碎形（西元1975年）。

西元 **1608** 年

望遠鏡 Telescope

漢斯・李普希（**Hans Lippershey**，西元 **1570 — 1619** 年）
伽利略・伽利萊（**Galileo Galilei**，西元 **1564 — 1642** 年）

　　物理學家布萊恩・葛林（Brian Greene）這麼寫過：「望遠鏡的發明以及其後續的改進，再加上伽利略的使用，象徵現代科學方法的誕生，並為我們得以徹底重新評估人類在宇宙中的地位一事，打造了基礎。透過望遠鏡這種技術設備，我們得以確知宇宙遠比我們肉眼所見的更為遼闊。」計算機科學家克里斯多福・蘭頓（Chris Langton）同意葛林的說法，並指出：「沒有什麼東西比得上望遠鏡。沒有其他設備像望遠鏡一樣，使我們的世界觀展開徹頭徹尾的重建工程，迫使我們接受地球（以及人類）只是一個更大型宇宙中的一部分。」

　　1608 年，德國—荷蘭製鏡師李普希可能是史上第一個發明望遠鏡的人，一年後，義大利天文學家伽利略打造了放大倍數約為三倍的望遠鏡，後續又打造了其他放大倍數達三十倍的望遠鏡。雖然早期望遠鏡的設計目的是利用可見光來觀察遠處的物體，不過現代的望遠鏡已是一系列能利用電磁光譜其他區段的設備。折射望遠鏡（refracting telescope）使用透鏡來成像；反射望遠鏡（reflecting telescope）透過面鏡的排列來達到成像目的；折反射望遠鏡（catadioptric telescope）則是同時使用了透鏡和面鏡。

　　望遠鏡帶來許多重要的天文發現，說來有趣，這些發現絕大部分是出乎意料的。天體物理學家肯尼斯・蘭（Kenneth Lang）在《科學》（Science）期刊上寫道：「伽利略把他新造的小望遠鏡對準天空，天文學家因此開始用這新奇玩意兒來探索肉眼無法看見的宇宙。這種對未見宇宙的探索，帶來許多意料之外的重要發現：木星有四個大型衛星、天王星的存在、第一顆小行星穀神星（Ceres）、螺旋星系（spiral nebulae）有較大的退行速度、銀河的電波發射、宇宙 X 射線的來源、伽瑪射線爆發（gamma-ray burst）、電波脈衝星（radio pulsar）、有重力輻射的脈衝雙星系統（binary pulsar），以及宇宙微波背景輻射（Cosmic Microwave Background radiation）。在一個更為遼闊、未經發現並有待探索的宇宙中，這些可觀察的現象只是其中一部分，而我們通常是在出乎意料的情況下得到這些觀察。」

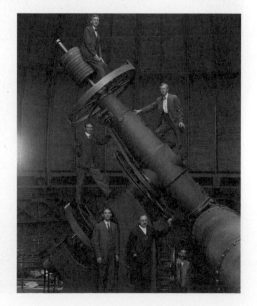

1913 年，匹茲堡大學一架直徑 30 吋的折射望遠鏡完工前，天文台員工跨坐其上，最上方的人員坐在用來平衡望遠鏡的平衡錘上。

參照條目　以太陽為中心的宇宙（西元1543年）；牛頓的稜鏡（西元1672年）；哈伯望遠鏡（西元1990年）。

克卜勒的行星運動定律
Kepler's Laws of Planetary Motion

約翰尼斯・克卜勒（**Johannes Kepler**，西元 1571 — 1630 年）

「雖然，如今克卜勒主要是因為提出了有關行星運動的三大定律而為世人所銘記，」天文學家歐文・金格里奇（Owen Gingerich）寫道，「但他對宇宙的和諧性有更廣闊的研究，這三項定律不過是其中的一部分而已……他（在天文學領域）留下一個具有一致性，且按照自然規律運行，相較以往，精準度將近提升 100 倍的日心系統。」

克卜勒這位德國天文學家、神學家暨宇宙學家，因針對地球和太陽周圍其他行星提出了描述其橢圓軌道的定律而聞名。為了闡述他的定律，克卜勒得先拋棄當時普遍流行的觀念：即宇宙和行星軌道是「完美的」圓形曲線。克卜勒首次陳述他的定律時，背後並沒有實際的理論支持。這些定律只是一種簡練的方式，用來描述從實驗數據中推知的軌道路徑。大約 70 年後，牛頓才證明克卜勒提出的定律，是牛頓萬有引力定律（Newton's law of universal gravitation）的結果。

克卜勒的第一定律（軌道定律，西元 1609 年）指出，太陽系所有行星的運行軌道皆為橢圓形，太陽坐落在橢圓形的其中一個焦點上。他的第二定律（等面積速率定律，西元 1618 年）指出，當行星遠離太陽時，移動速率較其靠近太陽時為慢。以一條假想直線連結行星和太陽，在相同時間間隔內，這條直線會掃過相同面積。根據這兩項定律，如今我們可以輕易地計算出行星的軌道和位置，且得到符合觀測值的結果。

克卜勒的第三定律（週期定律，西元 1618 年）指出，任何繞太陽公轉的行星，其公轉週期的平方與其橢圓形軌道半長軸的立方成正比。因此，距離太陽較遠的行星，公轉週期年非常長。克卜勒定律算是人類最早期建立的定律之一，在統一天文學和物理學的同時，克卜勒定律也促使後來的科學家以簡單公式表達事物狀態。

左圖為太陽系的藝術呈現。克卜勒是德國的天文學家、神學暨宇宙學家，因針對地球和太陽周圍其他行星提出了描述其橢圓軌道的定律而聞名。

參照條目 安提基瑟拉儀（約西元前125年）；以太陽為中心的宇宙（西元1543年）；望遠鏡（西元1608年）；牛頓的運動定律和萬有引力定律（西元1687年）。

對數 Logarithms

約翰・納皮爾（**John Napier**，西元 1550 — 1617 年）

蘇格蘭數學家納皮爾因在其 1614 年出版的《論奇妙的對數規律》（*A Description of the Marvelous Rule of Logarithms*）一書中，提出對數觀念並加以推廣而聞名。有了對數之後，許多困難的計算得以實現，科學和工程領域因而有了無數進步。電子計算機普及之前，測量學和航海學經常使用對數和對數表。納皮爾還發明了納皮爾算籌（Napier's bones）：在木棍上刻出排列成不同樣式的乘法表，藉以幫助計算。

x 的對數（以 b 為底）可以表示為 $\log_b(x)$，答案等於 $x = b^y$ 這個等式中的指數 y。舉例來說，$3^5 = 3 \times 3 \times 3 \times 3 \times 3 = 243$，我們可以說 243 的對數（以 3 為底）等於 5，或者用 $\log_3(243) = 5$ 來表示；再舉一例，$\log_{10}(100) = 2$。為了實用，可以將 8 × 16 這樣的乘式改寫為 $2^3 \times 2^4 = 2^7$，藉此將計算簡化為指數相加（3 + 4 = 7）。計算機發明之前，為了計算兩數相乘，工程師通常要在對數表中找出兩數的對數，將對數相加後，再從對數表中尋找兩數乘積。這麼做通常會比手算來得快，這也是計算尺（slide rule）的基本原理。

如今，科學界許多量值和級別都是以其他量值的對數來表示。好比化學的 pH 值、測量聽力所用的單位貝耳（bel），以及用來測量地震強度的芮氏地震規模（Richter scale），都涉及了以 10 為底的對數尺度。說來有趣，對數的發明只比牛頓的時代早了一點，其對科學界的影響，就像電腦對 20 世紀的影響。

對數的發明人納皮爾，創造了右圖這種稱為納皮爾算籌的計算裝置，可旋轉的算籌將乘法運算簡化為一系列的簡單加法。

參照條目　計算尺（西元1621年）；歐拉數e（西元1727年）；ENIAC（西元1946年）。

科學方法 Scientific Method

亞里斯多德（**Aristotle**，西元前 384 ― 322 年）
法蘭西斯・培根（**Francis Bacon**，西元 1561 ― 1626 年）
伽利略・伽利萊（**Galileo Galilei**，西元 1564 ― 1642 年）
克洛德・貝爾納（**Claude Bernard**，西元 1813 ― 1878 年）
路易斯・巴斯德（**Louis Pasteur**，西元 1822 ― 1895 年）

　　科學方法的形成和微細調整已發展許久，其根基是許多早期傑出學者的貢獻，包括提出演繹推理（logical deduction）的亞里斯多德。演繹推理是一種「由上而下」（top-down）的方法：先有理論或假說，然後加以測試；有現代科學方法之父之稱，在 1620 年撰寫《科學新方法》（*Novum Organum Scientiarum*）一書的培根，則提出以歸納推論（inductive reasoning）做為科學推理的基礎，歸納推論是一種「由下而上」：由具體的觀察結果導出通論或假說。伽利略提倡實驗，而不是形而上的解釋。19 世紀中，巴斯德設計實驗反駁自然發生論（spontaneous generation）時，巧妙地運用了科學方法。

　　1865 年，可謂史上最偉大的科學家之一的貝爾納，撰寫了充滿個人風格的《實驗醫學概論》（*An Introduction to the Study of Experimental Medicine*）一書，闡明自己的思想和實驗。在這本經典名著裡，他檢視科學家將知識傳遞給社會的重要性；嚴格分析一個好的科學理論該有什麼內容；比起盡信過去的專家說法和資料來源，他認為觀察更為重要；他還檢視了歸納推理和演繹推理，以及因果關係。

　　有一些非科學家的人士，在想到「理論」時——好比演化論——經常以貶抑的方式使用這兩個字，並認定或暗指理論的內容是未經證實的想法，或只是猜測、推想的結果。相反地，科學家所指的「理論」，是一種經過檢驗和證實，可以針對自然事件進行解釋或預測的解釋方式、模型，或通則。科學方法遵循一系列的步驟，是一種用來研究現象或獲取新知識的方法。理論的基礎是對特定觀察現象提出假說，透過一連串的步驟，檢驗假說並客觀地評估檢驗結果，然後選擇接受、棄卻或修改假說。相較於假說，理論更為廣泛、普遍，並且受到實驗證據的支持，而實驗證據的基礎則是來自許多可以接受獨立檢驗的假說。

《科學新方法》一書中，培根提出了一種以歸納推理為基礎，用來探索事物的科學方法。概括而言，這種方法建基於增加資料收集量，而這種方法的目的在於改善亞里斯多德的演繹推理法，演繹推理是一種從概論中推理出特定事實的方法。

參照條目　推翻自然發生論（西元1668年）；達爾文的天擇說（西元1859年）；隨機對照試驗（西元1948年）；安慰劑效應（西元1955年）。

西元 1621 年

計算尺 Slide Rule

威廉・奧特雷德（**William Oughtred**，西元 1574 — 1660 年）

1970 年代前上高中的人，可能會憶起計算尺曾有一度看似像打字機那般普遍。幾秒之內，工程師可以乘、除、開平方，並進行更多運算。這種有著滑片的尺，最早的版本是英國數學家、聖公會牧師奧特雷德在 1621 年，以蘇格蘭數學家納皮爾的對數為基礎所發明的工具。一開始，奧特雷德可能沒有意識到他這項發明的價值，因為他並沒有馬上將之公諸於世。有些報導指出，是一名學生竊據了奧特雷德的點子，然後出版了一本有關計算尺的小冊子，強調計算尺的便攜性，極力讚揚這是「適合騎馬或走路時使用」的工具。學生的欺騙行為激怒了奧特雷德。

1850 年，19 歲的法國砲兵中衛修改了計算尺的原始設計，和普魯士人打仗時，法國軍隊用修改過後的計算尺來計算彈道。第二次世界大戰期間，美國的轟炸員經常使用特製的計算尺。

計算尺大師克利夫・史鐸（Cliff Stoll）這麼寫道：「想想看，多少工程成就的存在都要感謝這兩根互相摩擦的木棍：帝國大廈、胡佛水壩、金門大橋的弧度、液動態自動變速箱、電晶體收音機，還有波音 707 客機。」德國 V-2 火箭的設計者華納・馮・布朗（Wernher Von Braun）和阿爾伯特・愛因斯坦（Albert Einstein）一樣，都很信任德國 Nestler 公司製造的計算尺。阿波羅太空任務期間，Pickett 公司製造的計算尺也登上太空船，以防電腦發生故障！

20 世紀期間，全球共生產了 4000 萬把計算尺。從工業革命到現代，有鑑於計算尺在這段期間扮演的關鍵角色，它值得在本書占有篇幅。來自奧特雷德協會（Oughtred Society）的文獻提到：「在這 350 年間，地球上所出現的各種主要建築物，幾乎全靠它來進行設計計算。」

從工業革命到現代，計算尺扮演著重要角色。20 世紀期間，全球共生產了 4000 萬把計算尺，受到工程師的廣泛應用。

 參照條目　伊尚戈骨（約西元前1.8萬年）；安提基瑟拉儀（約西元前125年）；對數（西元1614年）；ENIAC（西元1946年）。

循環系統 Circulatory System

普拉薩格拉斯（**Praxagoras**，西元前 340 — 280 年）
伊本・納菲斯（**Ibn al-Nafis**，西元 1213 — 1288 年）
希羅尼穆斯・法布里修斯（**Hieronymus Fabricius**，西元 1537 — 1619 年）
威廉・哈維（**William Harvey**，西元 1578 — 1657 年）
馬切羅・馬爾比基（**Marcello Malpighi**，西元 1628 — 1694 年）

科學作家阿德勒曾這麼寫過：「在今天看來，全身血液如何循環的基礎學理，似乎不太重要……國小的孩子就知道心臟透過動脈，將含氧血液送到全身，減氧血液則由靜脈送回心臟，而且最細的動脈和靜脈之間由細小的微血管連結。然而……從古代直到十七世紀過完四分之一為止，這段期間，心臟的和血管的功能完全是個謎。」

英國醫生哈維是史上第一位正確並詳盡描述血液如何在全身循環的人。他在 1628 年出版《心血運動論》（*De motu cordis et sanguinis*，更完整的書名是：動物心臟及血液之運動），透過對活體動物的研究，找出了血液正確的流動路線，他夾住心臟附近的各種血管（或切開血管），觀察血液流動的方向。哈維還對受試者皮膚附近的靜脈施加壓力，藉著觀察手臂何處腫脹、哪裡變得充血或蒼白來記錄血流方向。過去的醫生認為血液由肝臟製造，並持續被人體吸收，哈維則持相反意見，他認為血液必定在體內循環。他還知道靜脈中有瓣膜存在，這是哈維的老師——法布里修斯的發現，瓣膜可以促進血液往心臟單向流動。

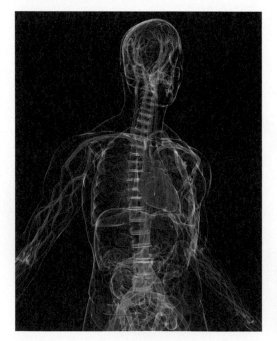

哈維透過越來越細的動脈和靜脈追蹤血液流向，但他沒有顯微鏡，因此只能推測動脈和靜脈之間必定是相連的。哈維死後僅過了幾年，義大利醫生馬爾比基利用顯微鏡，發現動脈和靜脈間以微血管相接。

在哈維之前，已經有許多和血液循環有關的研究。好比希臘醫生普拉薩格拉斯就討論過動脈和靜脈，不過，他認為動脈負責攜帶空氣。1242 年，阿拉伯的穆斯林醫生納菲斯說明了心肺之間的血液流動方式。

哈維正確並詳盡地描述血液如何在全身循環，包括含氧血離開心臟以及減氧血回到心臟的路徑。

參照條目　莫爾加尼「受難器官的呼喊」（西元1761年）；輸血（西元1829年）；心臟移植（西元1967年）。

西元 1637 年

笛卡兒的《幾何學》
Descartes' *La Geometrie*

勒內‧笛卡兒（**Rene Descartes**，西元 1596 — 1650 年）

1637 年，法國哲學家、數學家笛卡兒的著作《幾何學》出版，說明如何利用代數分析幾何形狀和圖形。笛卡兒的著作影響了解析幾何（analyticalgeometry）的演進，解析幾何是一種以座標系統來表示位置的數學領域，數學家可以代數來分析這些位置。《幾何學》一書也說明了解決數學問題的方法，討論如何利用實數來表示平面上的點，以及透過公式來呈現曲線的形式和類別。

有趣的是，《幾何學》中其實並未使用所謂的「笛卡兒」坐標軸（Cartesian coordinate axe）或其他坐標系統。這本書主要著重在幾何形狀和代數之間互相表示的方法。笛卡兒相信，數學證明過程中的代數步驟，應該通常可以對應一種幾何表現（geometrical representation）。

揚‧古爾柏格（Jan Gullberg）這麼寫道：「《幾何學》是最早期的數學教科書，現代數學系學生可以閱讀，又不致受到許多過時的註釋所阻礙……《幾何學》和牛頓的《原理》（Principia）一樣，是十七世紀最具影響力的科學文本之一。」據卡爾‧波耶的說法，笛卡兒希望透過代數步驟來「解放」使用圖形的幾何學，並以幾何解釋（geometric interpretation）為代數運算賦予意義。

大體而言，笛卡兒將代數和幾何整合為一的提議足具開創性。茱蒂絲‧格拉賓納（Judith Grabiner）這麼寫過：「就像西方哲學史被視為柏拉圖思想的一系列注釋一樣，過去 350 年來，數學的發展也可以視作是笛卡兒幾何學的一系列注釋……並象徵著笛卡兒解題方式的成功。」

博耶做出的結論：「笛卡兒或許是那時代數學能力最優異的思想家，但他其實並不能算是個數學家。」他的一生受科學、哲學和宗教所圍繞，幾何學只是其中一個面向。

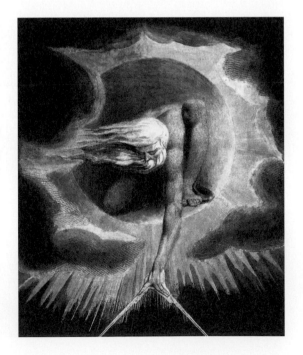

〈古代的日子〉（西元 1794 年）是威廉‧布萊克（William Blake）的水彩蝕刻作品。中世紀的歐洲學者常認為幾何學及自然界的定律，是和神靈有關的。經過幾個世紀的時間，以圓規和直尺為主要工具的幾何學，變得更加抽象，更具分析性。

參照條目　畢氏定理和三角形（約西元前600年）；歐幾里得的《幾何原本》（約西元前300年）。

落體的加速度
Acceleration of Falling Objects

伽利略・伽利萊（**Galileo Galilei**，西元 1564 — 1642 年）

「要欣賞伽利略各種發現的所有本質」，伯納德・科恩（I. Bernard Cohen）寫道，「我們必須先了解抽象思考的重要性，伽利略以抽象思考為工具，幾經琢磨，抽象思考最終成為比望遠鏡更具革命性的科學工具。」據傳，伽利略讓兩顆不同重量的球自比薩斜塔落下，目的是為了證明兩者會同時落地。儘管伽利略可能並未真的做了這項實驗，但他確實做了一些對當代人理解運動定律有深遠影響的實驗。亞里斯多德曾教授這樣的觀念：相較於重量較輕的物體，重量較重的物體落下速度較快。伽利略認為這只是因為物體有不同的空氣阻力所致，為了支持自己的說法，他做了許多讓球滾下傾斜平面的實驗。將這些實驗的結果加以外推，伽利略證明了一件事：沒有空氣阻力的條件下，所有往下掉的物體都有相同的加速度。說得更精準一點，伽利略所指的是：一個起始速度為零，而後持續加速掉落的物體，其所行進的距離和掉落的時間平方成正比。

伽利略還提出了慣性原理：除非受到其他作用力，否則物體的運動會保持相同的速度和方向。亞里斯多德認為物體只有受到外力作用時，才能一直保持運動狀態，這是錯誤的。後來，牛頓將伽利略的慣性原理納入自己的運動定律之中。除非受到外力，否則一個運動中的物體在「自然狀態」下是不會停止運動的，倘若各位不是很能明白這句話，那麼可以想像以下這個實驗：在一張上了油好好保養，以致於光滑程度無窮大而沒有摩擦力的桌面上推動一枚錢幣，此時，錢幣會在這假想的表面上永無止盡地滑動。

想像球體，或任何不同質量的物體，從相同高度同時落下的情景。

參照條目　阿基米德浮力原理（約西元前250年）；牛頓的運動定律和萬有引力定律（西元1687年）；能量守恆（西元1843年）。

射影幾何學 Projective Geometry

萊昂・阿伯提（**Leon Battista Alberti**，西元 1404 — 1472 年）
吉拉德・笛沙格（**Gerard Desargues**，西元 1591 — 1661 年）
尚—維克托・彭賽列（**Jean-Victor Poncelet**，西元 1788 — 1867 年）

　　一般而言，射影幾何學所指的是形狀及其映射（mapping）——或映像（image），也就是形狀投射在物體表面的結果——之間的關係。通常，射影可視為物體投射出的陰影。

　　史上第一批以射影幾何為題進行實驗的人物當中，包含了義大利建築師阿伯提，他對藝術的透視觀點很感興趣。整體而言，文藝復興時期的藝術家和建築師相當關注在二維圖畫中呈現三維物體的方法。有時，阿伯提會在自己和風景之間放置一塊玻璃，然後閉上一隻眼睛，在玻璃上標記某些似乎代表物體映像的點，結果，他畫出來的二維圖畫忠實地呈現了三維風景。

　　法國數學家笛沙格是第一位將射影幾何學形式化的專業數學家，他這麼做是為了尋求拓展歐幾里得幾何學的方法。1636 年，笛沙格的著作《以一通用法則實踐透視法之範例》（*Exemple de l'une des manieres universelles du S.G.D.L. touchant la pratique de la perspective*）出版，在書中，他以幾何方法建構物體的透視映像。笛沙格還檢驗了經過透視映射後保留下來的形狀有哪些性質，也成為畫家和雕刻師會使用的方法。

　　笛沙格最重要的著作《圓錐與平面相交結果之初探》（*Brouillon project d'une atteinte aux evenements des rencontres d'un cone avec un plan*），於 1639 年出版，以射影幾何學來探討圓錐截痕（conic section）理論。1882 年，彭賽列這位法國的數學家、工程師發表了一篇論文，重新燃起人們對射影幾何學的興趣。

　　在射影幾何學中，點、線、面等元素的射影通常仍維持原狀。然而，長度、比例和角度可能會因為射影而有所改變。在射影幾何學中，歐幾里得幾何中的平行線，其射影會在無限遠處相交。

右圖為文藝復興時期的荷蘭建築師、工程師——德弗里斯（Hans Vredeman de Vries 西元 1527 —約 1607 年）的作品。他在自己的藝術作品上進行透視法則的實驗。歐洲文藝復興時期的透視法則滋養了射影幾何學的興起。

 參照條目 歐幾里得的《幾何原本》（約西元前300年）；笛卡兒的《幾何學》（西元1637年）；超立方體（西元1888年）。

帕斯卡三角形 Pascal's Triangle

布萊茲·帕斯卡（**Blaise Pascal**，西元 1623 — 1662 年）
奧瑪·開儼（**Omar Khayyam**，西元 1048 — 1131 年）

　　帕斯卡三角形式數學史上最有名的整數模式（integer pattern）之一。1654 年，帕斯卡成了史上替這個級數撰寫論文的第一人，然而早在西元 1100 年，波斯詩人和數學家開儼，甚至更早期的印度和中國數學家，就已經知道這個模型。右圖上方列出了帕斯卡三角形的前七列。

　　帕斯卡三角形中的每一個數字，都是上方兩個三角形的數字和。一直以來，數學家對帕斯卡三角形的探討包括：帕斯卡三角形在機率理論中扮演的角色、將帕斯卡三角形以 $(x + y)^n$ 這樣的二項式展開，以及將帕斯卡三角形應用在各種數論。數學家唐納德·克努斯（Donald Knuth，西元 1938 —）曾指出，帕斯卡三角形的關聯和模型如此之多，以致於當有人說自己找到新的恆等式時，除了他自己，不會再有太多人為此感到興奮。儘管如此，優異的研究仍帶來了有關帕斯卡三角形的無數驚喜，包括對角線的特殊幾何模式（geometric pattern）、多種六角形性質具備了完全平方數（perfect square）模式，以及將帕斯卡三角形及其模式拓展至負整數和更高的維度。

　　在帕斯卡三角形中，以點替代偶數，以空隙替代奇數，會得到碎形圖樣：大小不同的三角形構成複雜精細的重複樣式。這些碎形可能具有重要的實用性，提供材料科學家一種模型，幫助他們創造出具有嶄新性質的新結構。舉個例子，1986 年，研究人員創造出一種微米尺度，幾乎和帕斯卡三角形一模一樣的奇特墊片，奇數的部分以空洞取代，其中最小的三角形面積約為 1.38 平方微米，科學家研究這種超導墊片在磁場中所表現出來的許多非凡性質。

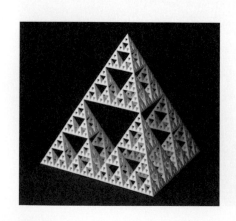

左圖：喬治·哈特（George W. Hart）利用選擇性雷射燒結（selective laser sintering）這種物理工法，打造了帕斯卡金字塔的尼龍模型；上圖：紅色三角形中的數字永遠為偶數（6、8、120、496、2016……），並包含所有的完全數（perfect number）。

參照條目　常態分布曲線（西元1733年）；細胞自動機（西元1952年）；碎形（西元1975年）。

馮格里克的靜電發電機
Von Guericke's Electrostatic Generator

奧托・馮格里克（Otto von Guericke，西元 1602 — 1686 年）
羅伯特・傑米森・凡德格拉夫（Robert Jemison Van de Graaff，西元 1901 — 1967 年）

神經生理學家阿諾・崔哈布（Arnold Trehub）寫道：「過去 2000 年來，人類最重要的發明，必須是一項有發展性的發明，帶來最廣泛和最重要的結果。在我看來，它就是馮格里克的靜電發電機。」儘管 1660 年時，人類已經知道電象（electrical phenomena）的存在，但馮格里克的發明似乎史上第一台第一台發電機的先驅。他的靜電發電機是一個可以旋轉，並用手摩擦的硫製球體（歷史學家並不清楚這樣的裝置是否能夠持續旋轉，如果可以的話，那就更容易把馮格里克的發明定義為一種機器）。

整體而言，靜電發電機產生靜電的方式，是將機械功（mechanical work）轉換為電能。到了 19 世紀末，在物質結構的研究範疇中，靜電發電機扮演了重要角色。1929 年，美國物理學家凡德格拉夫設計並製造了所謂的凡德格拉夫發電機（Van de Graaff generator，VG），這種發電機在核子物理研究中受到廣泛應用。作家威廉・古斯泰爾（William Gurstelle）寫過這麼一段話：「最大、最明亮、最狂暴，以及最猛烈的放電現象，並非來自韋氏發電機（見萊頓瓶，Leyden Jar）……也不是來自特斯拉線圈（Tesla coils），而是來自一對像禮堂一樣高的圓柱形機器……也就是所謂的凡德格拉夫發電機，它能產生瀑布般的火花、電素（electrical effluvia）和強烈的電場……」

凡德格拉夫發電機利用電源供應器使移動的皮帶帶電，目的是累積高電壓，負責累積電壓的通常是一顆中空的金屬球。在粒子加速器中使用凡德格拉夫發電機時，電壓差可以使離子（帶電的粒子）加速。凡德格拉夫發電機產生可以加以精準控制的電壓，使其成為原子彈設計期間，進行核子反應研究所用的工具。

多年來，靜電加速器已被應用於癌症治療、半導體製造（透過離子植入）、電子顯微鏡的電子束、食物滅菌，以及核子物理實驗中的質子（proton）加速。

右圖：全世界最大型的空氣絕緣式凡德格拉夫發電機，這是凡德格拉夫的原創設計，目的是幫助早期的原子能實驗得以進行，如今它仍在波士頓科學博物館（Boston Museum of Science）中繼續運行。

參照條目　庫侖的靜電定律（西元1785年）；電池（西元1800年）；電子（西元1897年）；小男孩原子彈（西元1945年）。

現代微積分的發展
Development of Modern Calculus

艾薩克·牛頓（**Isaac Newton**，西元 1642 — 1727 年）
葛福瑞·萊布尼茲（**Gottfried Wilhelm Leibniz**，西元 1646 — 1716 年）

　　英國數學家牛頓和德國數學家萊布尼茲，因為常被認為是微積分的發明人而受到讚揚。不過，許多較早期的數學家都探究了速率和極限的觀念。古埃及人就已開始發展計算金字塔體積，和求得圓形面積近似值的方法。

　　十七世紀，牛頓和萊布尼茲皆為切線、變率、極小值、極大值和無窮小（難以想像的極小數量，幾近於零但不是零）傷透腦筋。兩人都了解微分（differentiation，在曲線的一點上找出切線——即一條剛好與曲線上該點碰觸的直線）和積分（integration，曲線下方的面積）是互逆的。牛頓的發現（西元 1665 — 1666 年）始於他對無窮級數的興趣，然而，就發表自己的發現這件事而言，牛頓手腳慢了點。萊布尼茲分別在 1684 和 1686 年發表了他的微分法和積分法。萊布尼茲說道：「花費時間像奴隸一樣計算，對優秀的人而言是一件不值得的事……我發明的新計算法……透過一種分析方式，無需費心想像，就能提供真相。」牛頓對此大為光火。到底是誰發明了微積分？爭議多年的結果，就是耽擱了微積分的發展。牛頓是第一個將微積分應用在物理上的人，而萊布尼茲開發了現代微積分書籍中可見的標記方式。

　　如今，微積分已然入侵各種科學領域。在生物學、物理學、化學、經濟學、社會學、工程學，以及各種量值——如速度和溫度——會改變的領域中，微積分扮演重要性無可估量的角色。微積分可以幫助我們的事情有：解釋彩虹的結構、教導我們如何在股票市場中賺更多錢、引領太空梭、進行天氣預報、預測人口成長、設計建築物，以及分析疾病傳播。微積分引發一場革命，改變我們看待世界的方式。

威廉·布萊克的作品〈牛頓〉（西元 1795 年）。布萊克既是詩人，也是一位藝術家，在他的畫筆下，牛頓成了幾何之神，眼睛凝視著地上的工程圖，腦中思索著數學和宇宙。

參照條目 早期微積分（約西元1500年）；牛頓的運動定律和萬有引力定律（西元1687年）；傅立葉級數（西元1807年）；拉普拉斯《機率分析論》（西元1812年）。

《顯微圖譜》 *Micrographia*

馬切羅・馬爾比基（**Marcello Malpighi**，西元 1628 — 1694 年）
安東尼・菲力普斯・范・雷文霍克（**Anton Philips van Leeuwenhoek**，西元 1632 — 1723 年）
羅伯特・虎克（**Robert Hooke**，西元 1635 — 1703 年）
喬治亞・帕帕尼可羅（**Georgios Nicholas Papanikolaou**，西元 1883 — 1962 年）

雖然，大約自 16 世紀末起，顯微鏡就已出現，但英國科學家虎克使用複式顯微鏡（compound microscope，指鏡頭不只一個的顯微鏡）一事，是顯微鏡史上特別值得注意的里程碑。他所使用的顯微鏡，在光學和機械兩個方面，可說是現代顯微鏡的重要先驅。光學顯微鏡有兩個鏡頭，總放大倍數是目鏡放大倍數和物鏡放大倍數的乘積，物鏡的位置比較靠近要觀察的標本。

虎克於 1665 年出版的著作《顯微圖譜》（*Micrographia*），對於從植物到跳蚤等各種標本進行驚人的細微觀察和生物推測，是這本書的特色。書中還討論了行星、光波理論，以及化石的起源，同時引起了大眾和科學界對顯微鏡的本領產生興趣。

虎克是史上第一個觀察生物細胞的人，並創造了「cell」這個單字，以此描述所有生物的基本構成單位。他之所以會發明「cell」一詞，是因為他所觀察的植物細胞，使他聯想到修道士居住的的小房間。對於虎克這番偉業，科學歷史學家理查・威斯特佛（Richard Westfall）寫道：「虎克的《顯微圖譜》是十七世紀的科學傑作之一，呈現大量的觀察結果，觀察的對象囊括礦物、動物到植物。」

1673 年，荷蘭生物學家雷文霍克觀察一滴來自池塘的水，在其中發現生物，開啟了利用顯微鏡進行醫學研究的可能性。後來，他發表了紅血球、細菌、精細胞（spermatozoa）、肌肉組織的圖片，義大利醫生馬爾比基則是用顯微鏡觀察到了微血管。多年來，顯微鏡已成為研究疾病成因——如淋巴腺鼠疫（bubonic plague）、瘧疾和睡眠病——不可或缺的工具，同時也在細胞研究——如偵測癌前及惡性子宮頸細胞的子宮頸抹片檢查（由希臘醫生帕帕尼可羅發明）——的領域中扮演要角。子宮頸抹片檢查約在 1943 年開始普及，在此之前，子宮頸癌是美國女性的主要死因。

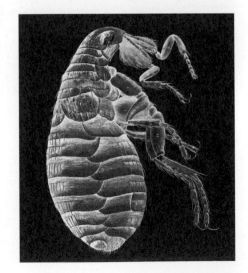

右圖為虎克《顯微圖譜》（西元 1665 年）中的跳蚤。

參照條目 眼鏡（西元1284年）；發現精子（西元1678年）；體內動物園（西元1683年）；細胞分裂（西元1855年）；病菌說（西元1862年）。

推翻自然發生論
Refuting Spontaneous Generation

亞里斯多德（**Aristotle**，西元前 **384 ─ 322** 年）
弗朗切斯科・瑞迪（**Francesco Redi**，西元 **1626 ─ 1697** 年）
拉扎羅・斯帕蘭札尼（**Lazzaro Spallanzani**，西元 **1729 ─ 1799** 年）
路易斯・巴斯德（**Louis Pasteur**，西元 **1822 ─ 1895** 年）

　　亞里斯多德的《動物誌》（*The History of Animals*），成書時間距今超過 2000 年，他在書中宣稱，有一些生物由相似的生物而生；另有一些生物，如昆蟲，則是自腐爛的土壤或植物組織中自然發生的。每年春天，古人觀察到尼羅河水漫過河岸，留下泥濘土壤，以及乾季時未曾出現的蛙類。從莎士比亞的劇作〈埃及豔后〉（Antony and Cleopatra）中，我們知道鱷魚和蛇是在尼羅河土壤中形成的動物。有些生物可以從無生命物質中崛起的觀念，亞里斯多德稱之為「自然發生」，直到十七世紀，這項觀念未曾受到質疑。畢竟，腐肉生蛆是人們經常觀察到的現象。

　　1668 年，義大利醫生、詩人瑞迪設計了一項實驗，探究自然發生論的真實性，以及蛆是否真的由腐肉而生。瑞迪在三個廣口瓶裡放了肉，讓瓶子靜置幾天，其中一個瓶子沒蓋蓋子，蒼蠅得以接近這塊肉，然後在上面產卵。另一個瓶子瓶口密封，瓶中沒有蒼蠅或蛆的蹤影。第三個廣口瓶則是以紗網蓋著，防止蒼蠅進入放了肉的瓶子裡，不過，蒼蠅可以在紗網上產卵，而卵孵化後就變成蛆。

　　一個世紀後，義大利神父、生物學家斯帕蘭札尼把密封容器中的肉汁煮沸，然後讓空氣散逸。他並未在肉汁中看見任何生物生長的跡象，有關自然發生論的問題仍在：空氣是否是自然發生的必要元素？

　　西元 1859 年，法國科學院出資贊助一項比賽，目的是找出可以確定證明或推翻自然發生論的最佳實驗。獲獎的巴斯德把煮沸過的肉汁倒入瓶口向下彎曲的細頸玻璃瓶中，空氣仍可以自由進入玻璃瓶，但空氣中的微生物則無法進入。結果，玻璃瓶中的肉湯仍維持沒有生物生長的跡象，一般認為，自然發生論從此之後便被放逐於歷史洪流之中。

巴斯德是一位法國微生物學家、化學家，在病原菌引起的疾病、疫苗、發酵和滅菌等領域有許多重大發現。

參照條目　達爾文的天擇說（西元1859年）；病菌說（西元1862年）；米勒─尤列實驗（西元1952年）。

測量太陽系 Measuring the Solar System

喬凡尼‧多美尼科‧卡西尼（**Giovanni Domenico Cassini**，西元 1625 — 1712 年）

　　1672 年，天文學家卡西尼設計了測量太陽系大小的實驗，在此之前，世界上流傳著一些頗為古怪的理論。西元前 280 年，阿里斯塔克斯（Aristarchus of Samos）認為，太陽和地球之間距離，僅是地球和月球之間距離的 20 倍。有些和卡西尼差不多時代的科學家則認為，恆星距離地球只有幾百萬哩之遙。在巴黎，卡西尼派遣天文學家讓‧里歇爾（Jean Richer）前往位於南美洲東北海岸的開宴城（Cayenne）。兩人同時測量火星相對於遙遠恆星的角位置（angular position），利用簡單的幾何方法，再加上巴黎和開宴之間的距離是已知的，藉此得知地球和火星之間的距離。知道這項數值後，卡西尼引用克卜勒第三定律來計算火星和太陽之間的距離（見「克卜勒的行星運動定律」）。利用片段的資訊，卡西尼判斷地球和太陽之間的距離約為 8700 萬哩（1.4 億公里），僅比實際的地日距離平均值少了 7%。作家肯德爾‧哈芬（Kendall Haven）這麼寫道：「卡西尼所發現的這些距離數值，說明了宇宙比任何人所能想像的還要上大幾百萬倍。」別忘了，要對太陽進行直接測量是很困難的，除非你甘願冒著失明的風險。

　　卡西尼還因許多其他發現而聞名。舉例來說，他發現木星有四顆衛星，還發現土星環的主要環縫，為了紀念卡西尼，如今這個環縫就稱為卡西尼縫。說來有趣，卡西尼是最早正確推測出光速有限的科學家之一，不過對於這個理論，他並未發表相關證據。根據哈芬的說法，這是因為「他有著虔誠的宗教信仰，他相信光代表上帝。因此光是完美、無窮的，不會受限於有限的行進速度。」

　　自卡西尼之後，我們對太陽系的觀念不斷成長，如發現了天王星（西元 1781 年）、海王星（西元 1846 年）、冥王星（西元 1930 年）和鬩神星（Eris，西元 2005 年）。

卡西尼計算地球到火星之間的距離，接著算出地球和太陽之間的距離。右圖比較了火星和地球的大小，火星半徑大約是地球半徑的一半。

 參照條目　埃拉托塞尼測量地球（約西元前240年）；以太陽為中心的宇宙（西元1534年）；克卜勒的行星運動定律（西元1609年）；麥克生—莫雷實驗（西元1887年）。

牛頓的稜鏡 Newton's Prism

艾薩克・牛頓（**Isaac Newton**，西元 1642 — 1727 年）

「現代人對光和顏色的了解，始於牛頓」，教育家麥可・多馬（Michael Douma）如此寫道，「以及他在 1672 年發表的一系列實驗。牛頓是史上第一個了解彩虹的人——他用稜鏡折射光線，解析光線的構成顏色：紅、橙、黃、綠和紫。」

1660 年代末，牛頓進行光和顏色的實驗時，許多當代人認為光線是由光和黑暗混合而成，是稜鏡給了光顏色。儘管世人普遍這麼認為，牛頓深信，白光並非如亞里斯多德所相信的是一種單一實體，而是混合了許多不同顏色的光線在內。英國物理學家虎克批評牛頓對光線特性的研究，牛頓因此大為光火的程度，似乎和虎克的評論有些不成比例：等到 1703 年虎克過世之後，牛頓才發表

他的鉅著《光學》（*Opticks*）。如此一來，牛頓就能對光這個主題下最後定論，並且完全避免和虎克爭論此事。1704 年，《光學》終於出版，牛頓在書中進一步解釋他對顏色，以及光線繞射（diffraction）的研究。

實驗中，牛頓使用三角形的玻璃稜鏡。光線從稜鏡的一邊進入，受玻璃折射，變成許多不同顏色的光線（因為色光的分散程度是隨著顏色波長的函數而變化）。稜鏡之所以能使光線分散成色光，是因為空氣中的光線進入玻璃材質的稜鏡之後，行進速度發生改變。色光被分離出來之後，牛頓用第二

個稜鏡使色光折射，再度形成白光。這項實驗證明了，稜鏡並非如許多人所想的那樣，替光線添加了顏色。牛頓還讓紅光連續通過兩個稜鏡，發現紅的程度並未改變，這是進一步的證據，說明稜鏡不會製造顏色，只是把光束裡原有的顏色分離出來。

利用稜鏡，牛頓證明了白光並非如亞里斯多德所相信的是一種單一實體，而是混合了許多不同顏色的光線。

參照條目 光的波動性質（西元1801年）；電磁頻譜（西元1864年）；白熾燈泡（西元1878年）。

發現精子 Discovery of Sperm

安東尼‧菲力普斯‧范‧雷文霍克（**Anton Philips van Leeuwenhoek**，西元 1632 — 1723 年）
尼可拉斯‧哈索克（**Nicolaas Hartsoeker**，西元 1656 — 1725 年）

1678 年，荷蘭科學家雷文霍克向皇家學會報告自己發現了人類精子一事，他表示，人類精子就像無數個會蠕動的蟲子。雷文霍克寫道：「我所研究的物質，並非來自罪惡的自瀆，是夫妻歡愛後的殘餘物。倘若閣下認為這些觀察可能使學識淵博的人士感到厭惡，在下懇求您將其視之為私人觀察，以您認為合適的方式將其出版或銷毀。」最後，雷文霍克認為這些在精液中游動的微小生物和受孕有關。其他科學家則相信，精子只是一種寄生蟲，和人類的生殖過程沒有關係。

1677 年，雷文霍克和他的學生尤漢‧漢姆（Johan Ham），利用有 300 倍放大率的顯微鏡檢視精細胞（spermatozoa），他稱精細胞為為「微小動物」（animalcule），這暗示著雷文霍克對先成論（preformation）的信念，先成論認為每個精細胞的頭部裡，都有一個完全成型的小小人類。1674 年，荷蘭顯微鏡學家哈索克聲稱自己看到了精細胞，不過，一開始他對自己的觀察不甚肯定，認為那些蠕動的細胞是寄生蟲。他最著名的繪圖作品，可以看出精子的頭部裡塞著個小人，這也說明了他相信先成論。哈索克並未表示自己真的看到了那個小人，但有其他研究學者這麼說！有些人說，精子裡的小人體內可能有更小的精子，是一種無窮迴歸的概念。當然，當研究人員開始指出在雞這類生物的發育過程中，器官是如何逐漸出現的時候，事實變得很明顯：動物不是一開始就有了最後的樣子。

一般而言，「sperm」指的是雄性生殖細胞，「spermatozoan」則是專指具備移動能力，有一根鞭狀尾巴的精細胞。如今我們知道，人類的精細胞有 23 個染色體（攜帶遺傳資訊的絲狀構造），加入卵子 23 個染色體的過程，就是所謂的受精作用。

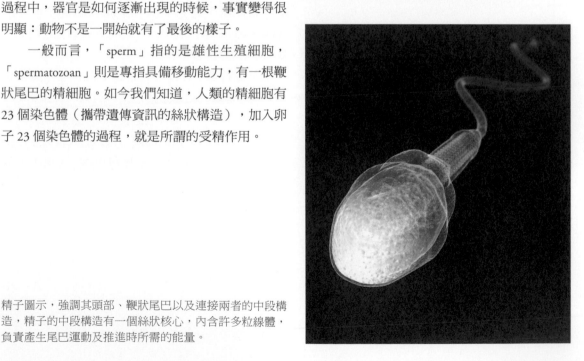

精子圖示，強調其頭部、鞭狀尾巴以及連接兩者的中段構造，精子的中段構造有一個絲狀核心，內含許多粒線體，負責產生尾巴運動及推進時所需的能量。

參照條目　《顯微圖譜》（西元1665年）；染色體遺傳學說（西元1902年）；避孕丸（西元1955）。

體內動物園 Zoo Within Us

安東尼‧菲力普斯‧范‧雷文霍克（**Anton Philips van Leeuwenhoek**，西元 1632 — 1723 年）

　　即便是一副健康的身體，仍然含有一個由各式各樣微生物組成，能夠影響人體健康的動物園。這由細菌，真菌和病毒組成的多元生態系，若能保持適當平衡並發揮功能，就能治癒各種疾病，包括炎症性腸病（inflammatory bowel disease）到病毒性的皮膚疾病。有趣的是，我們體內所含的微小微生物（多數位於腸道），數量至少是人體細胞的十倍，使得人體就像一個「超級生物」（superorganism），各種生物交互作用，共同影響著我們的健康。對於人體內這座微生物動物園，最早期的發現出現在 1683 年，荷蘭微生物學家雷文霍克利用自製的顯微鏡研究齒斑碎屑，他驚訝地發現，觀察的標本中「有活動力十足的微小動物」。

　　對人體有益及有害的微生物，通常出沒在皮膚、口腔、腸道、陰道、鼻腔，以及人體其他各種腔室之內。人類腸道細菌的種類超過 500 種，研究人員因此靈機一動，認為這群微生物組成了「虛擬器官」（virtual organ）。我們腸道中的生物可使食物發酵以幫助消化、為人體製造維生素，並阻止有害的微生物生長。嬰兒出生後，這些細菌很快地拓殖到嬰兒腸道中。研究人員正在研究不同細菌族群在腸道疾病（如潰瘍性結腸炎）、腫瘤形成，以及肥胖問題中可能扮演的角色，研究人員還指出微生物多樣性之於囊腫纖化症（cystic fibrosis，一種造成肺部損傷的遺傳疾病）病程進展的重要性，並持續

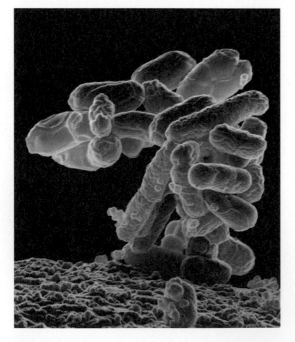

研究這座微生物動物園在溼疹（eczema）、乾癬（psoriasis）、帕金森氏症、糖尿病及各種自體免疫疾病中可能扮演的角色。

　　利用腸蟲療法（helminthic therapy），醫生和病人做起實驗，刻意讓腸道感染腸蟲（鉤蟲及鞭蟲之類的寄生蟲），在某些案例中，這麼做或許能幫助調整人體免疫系統的功能，有利於改善炎症性腸病、多發性硬化症（multiple sclerosis）、氣喘，以及某些皮膚疾病。

左圖為大腸桿菌菌落在電子顯微鏡下的模樣。嬰兒出生後一或兩天內，大腸桿菌通常就會拓殖到他們的腸道裡。

參照條目　汙水系統（約西元前600年）；《顯微圖譜》（西元1665年）；發現精子（西元1683年）；病菌說（西元1862年）；消毒劑（西元1865年）。

牛頓帶來的啟發 Newton as Inspiration

艾薩克・牛頓（Isaac Newton，西元 1642 — 1727 年）

　　化學家威廉・克羅伯（William H. Cropper）這麼寫道：「牛頓是物理界前所未見，最偉大的創意天才。其他可爭取這項榮耀的候選人（愛因斯坦、馬克士威、波茲曼、吉布斯和費曼），沒有人能比得上牛頓身為理論家、實驗家和數學家的綜合成就……如果能夠來場時空之旅，回到 17 世紀和牛頓碰面，你可能會發現他就像是個表演者，先是激怒每一位觀眾，然後走上臺像天使一般歌唱……」

　　相較於其他科學家，牛頓或許啟發了更多科學家跟隨他相信：我們可以用數學來了解宇宙。新聞工作者詹姆士・格里克（James Gleick）寫道：「艾薩克・牛頓出生於一個黑暗、朦朧且神奇的世界……至少曾有一度轉向了瘋狂的邊緣……然而，相較於任何前人和後人，他發現更多人類知識的實質核心。他是現代世界的首席建築師……他讓知識變成一種物質：能夠加以量化、萃取。他建立的原理被稱為牛頓定律。」

　　作家李察・寇取（Richard Koch）和克里斯・史密斯（Chris Smith）提到：「13 至 15 世紀之間的某一段時間，歐洲的科學和技術發展遙遙領先世界其他地區，接下來的 200 年更是鞏固了歐洲這般領導地位。接著，在 1687 年，艾薩克・牛頓——在哥白尼、克卜勒和其他的人啟發之下——發表了他那輝煌的洞見：宇宙受到少數幾項物理、力學和數學定律的支配。這樣的見解帶來極大的信心，讓我們知道萬物都是合理的，萬物互相融合，以及萬物都能以科學的方式加以改善。」

　　受到牛頓的啟發，天體物理學家史蒂芬・霍金（Stephen Hawking）寫下這麼一段話：「宇宙是一個難以理解的謎，這樣的觀點我並不同意……這種觀點對伽利略在將近 400 年前發起，牛頓繼而進行的科學革命來說並不公平……現在我們知道，是數學定律支配著我們平常經歷的萬事萬物。」

右圖為牛頓的出生地——英格蘭的伍爾索普莊園（Woolsthorpe Manor），以及一顆古老的蘋果樹。牛頓在這裡進行了許多著名的光線、光學實驗。傳說中，牛頓在這裡看見一顆蘋果落地，他的萬有引力定律，一部分就是受到這件事的啟發。

參照條目　現代微積分的發展（西元1665年）；牛頓的稜鏡（西元1672年）；牛頓的運動定律和萬有引力定律（西元1687年）；愛因斯坦帶來的啟發（西元1921年）。

牛頓的運動定律和萬有引力定律
Newton's Laws of Motion and Gravitation

艾薩克・牛頓（Isaac Newton，西元 1642 — 1727 年）

「上帝以數字、重量和測量創造了一切」，此話源自英國，身兼數學家、物理學家、天文學家的牛頓。他發明了微積分；證明白光由色光組成，解釋彩虹的成因；打造了史上第一架反射式望遠鏡；發明了二項式定理（binomial theorem）；引入了極座標系（polar coordinates），並指出造成物體掉落的力，和驅動行星運動及潮汐往復的力，是同一種力。

牛頓的運動定律（Laws of Motion）涉及作用力與物體運動之間的關係；他的萬有引力定律（Law of Universal Gravitation）指出，物體間有一彼此吸引，會隨物體質量乘積而變化，並與物體距離平方呈反比的力。牛頓的第一運動定律——慣性定律（Law of Inertia）指出，除非受到作用力影響，否則物體不會改變運動狀態，即靜者恆靜，動者則以相同的速度和方向持續運動，除非受到淨力作用於物體上。根據牛頓的第二運動定律，當有淨力作用在物體上，物體動量（momentum，即質量與速度的乘積）改變的速率會和作用力成正比。牛頓的第三運動定律則是，一個物體對另一個物體施加作用力時，第二個物體也會施加一個強度相等，方向相反的反作用力於第一個物體上，舉例來說，放在桌上的湯匙對桌子施加的向下力，會等於桌子對湯匙施加的向上力。

一般認為，牛頓終其一生都受到躁鬱症所苦。他總是怨恨自己的母親和繼父，青少年時期的牛頓曾揚言要將他們活活燒死在屋子裡。牛頓同時是一位以聖經為主題的論文作家，論文內容包括聖經預言。很少有人注意到牛頓花在研究聖經、神學和煉金術的時間比花在科學上的還多，而且他的宗教寫作多過於科學寫作。無論如何，這位英國的數學家、物理學家仍有可能是史上最具影響力的科學家。

外太空的物體也受到萬有引力影響。右圖以藝術描繪的方式呈現物體碰撞的大型場面，物體的大小可能相當於冥王星，在附近的恆星——織女星周遭形成塵環。

參照條目 克卜勒的行星運動定律（西元1609年）；落體的加速度（西元1638年）；現代微積分的發展（西元1665年）；牛頓的稜鏡（西元1672年）；牛頓帶來的啟發（西元1687年）；廣義相對論（西元1915年）；重力透鏡（西元1979年）。

大數定律 Law of Large Numbers

雅各布・白努利（**Jacob Bernoulli**，西元 1654 — 1705 年）

1713 年，瑞士數學家白努利在其身後才出版的《猜度數》（*Ars Conjectandi*）一書中，證明了他的大數定律（簡稱 LLN）。大數定律是一種有關機率的理論，描述隨機變數的長期穩定性。舉例來說，一項實驗中（如擲銅板實驗），觀測數量夠大時，結果（如銅板出現正面）出現的比例會接近該結果的機率，如 0.5。說得更正式一點，即就一系列獨立同分布（Independent and identically distributed），且具有有窮母體平均數和變異數的隨機變數而言，其觀測平均值會接近理論上的母體平均數。

各位可以想像自己正在投擲一個標準的六面骰子。我們預期多次投擲骰子後得到的平均數是 3.5，假設前三次投擲的結果分別是 1、2 和 6，平均值為 3。隨著投擲次數增加，平均值最後會趨向預期的 3.5。賭場經營者喜歡大數定律的原因是，他們可以依賴這種長期的穩定結果來做出相對因應。保險公司也依賴大數定律來面對發生損失的變化情形，並制定因應計畫。

在《猜度數》一書中，白努利以一個裝滿黑白球（各別數量未知）的缸子為例，估計從中取出白球的比例。他從缸中取球，並在每一次取球後進行「隨機」更換，他根據取出白球的比例來估計缸中白球的比例，這麼做了一定次數之後，可以獲得準確的估計值。白努利寫道：「所有事件的觀測若能永久持續下去（因此，最終的機率將會趨向完美的確定狀態），我們可以知道世上所有事件會以固定比率發生……即便是最為意外的事件，我們必能認知那是……必然的命運。」

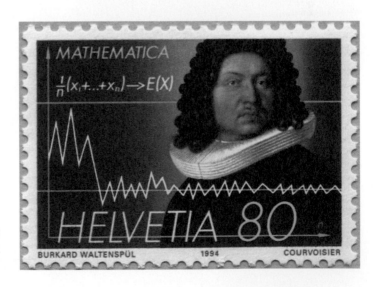

右圖為瑞士在 1994 年發行的白努利紀念郵票。郵票上有和大數定律相關的曲線及公式。

參照條目　骰子（約西元前3000年）；常態分布曲線（西元1733年）；貝氏定理（西元1761年）；拉普拉斯《機率分析論》（西元1812年）。

歐拉數 *e* **Euler's Number, *e***

李昂哈德・保羅・歐拉（**Leonhard Paul Euler**，西元 1707 — 1783 年）

　　英國科學作家大衛・達林（David Darling）如此描述歐拉數：「它可能是數學界最重要的數字。儘管外行人對 π 較為熟悉，但在更高等的數學主題中，*e* 的重要性遠大於 π，而且 *e* 無所不在。」

　　歐拉數 *e* 約為 2.71828，其計算方式有很多種。舉例來說，當 n 無限增加時，*e* 可視為（1 + 1/n）這個式子的極限值。雖然，白努利和萊布尼茲等數學家已意識到這個常數的存在，但來自瑞士的歐拉，才是第一位對此進行廣泛研究的數學家，1727 年，他成為以 *e* 來表示這個常數的第一人。1737 年，歐拉指出，*e* 是一個無理數（irrational），也就是說，*e* 無法以兩個整數的比值來呈現。1748 年，他算出 *e* 小數點後的 18 位，如今，我們所知的 e 小數點後位數，已經超過 1000 億位。

　　e 可以廣泛應用於各種領域，如一條兩端有支撐的繩索，計算其懸鏈形的公式會用到 *e*；計算複利時會用到 *e*；各種和機率、統計相關的應用也會用到 e。人類史上所發現的最驚人的數學關係之一：$e^{i\pi}$ + 1 = 0，也和 *e* 有關。這個式子裡包含了數學界中最重要的五個符號：1、0、π、*e*，以及 i（即 -1 的平方根）。哈佛大學的數學家班傑明・皮爾斯（Benjamin Pierce）說道：「我們無法了解這個公式，我們不知道它的含意，但我們已經證明了它的存在，因此，我們知道這是必然的事實。」好幾項針對數學家進行調查的研究顯示，許多數學家認為這是數學界最美妙的一項公式。凱斯納和紐曼指出：「我們只能複製這個等式，並不停地探索其應用。對神祕主義者、科學家和數學家而言，它具有相同的吸引力。」

聖路易斯拱門的形狀是一個倒反的懸鏈形。懸鏈形可用 y = (a/2) ($e^{x/a}$ + $e^{-x/a}$) 的公式來表達。聖路易斯拱門是全球最高的紀念碑，高度有 192 公尺。

參照條目　π（約西元前250年）；虛數（西元1572年）；超越數（西元1844年）。

常態分布曲線
Normal Distribution Curve

亞伯拉罕・棣美弗（**Abraham de Moivre**，西元 1667 — 1754 年）
喬漢・卡爾・弗德里希・高斯（**Johann Carl Friedrich Gauss**，西元 1777 — 1855 年）
皮耶—西蒙・拉普拉斯（**Pierre-Simon Laplace**，西元 1749 — 1827 年）

1733 年，法國數學家棣美弗寫了一篇名為〈二項式 (a + b)ⁿ 展開後各項何的近似〉（Approximatio ad Summam Terminorum Binomii (a + b)ⁿ in Seriem expansi）的文章，成為描述常態分布曲線——或稱誤差定律（law of errors）——的第一人。棣美弗一生貧困，在咖啡館裡下棋賺點外快。

常態分布——為了紀念在多年後研究這個曲線的高斯，所以又稱高斯分布——是一種重要的連續性機率分布，可應用在無數需要進行觀測的領域，包括族群統計、衛生統計、天文量測、遺傳、智力、保險統計，以及任何實驗數據和觀測特性之間存在變異的領域。事實上，早在 18 世紀，數學家已開始認知到：大量不同的測量結果，往往會顯現出相似的分散或分布形式。

常態分布的定義有兩個關鍵參數，即平均值和標準差，可以將資料分散或變化的情形加以量化。常態分布的圖形，通常稱為鐘形曲線，因為看起來就像一個兩邊對稱的鐘形，數值較為集中在曲線的中間，而非兩側。棣美弗在研究二項分布的近似時探究了常態分布，這種分布模式會出現在像是投擲硬幣這樣的實驗當中。1738 年，拉普拉斯利用常態分布來研究測量誤差。高斯則在 1809 年以此研究天文數據。

人類學家法蘭西斯・高爾頓爵士（Sir Francis Galton）如此描述常態分布：「就我所知，鮮少有任何事物能像『誤差定律』以如此奇妙的形式表達我們對宇宙秩序的想像，令人印象深刻，要是希臘人知曉這項定律，必定會將之擬人化、神格化。在最狂亂的混沌當中，它平靜謙和地自持著。」

德國的馬克鈔票上印有高斯肖像，以及常態分布的曲線和公式。

參照條目　帕斯卡三角形（西元1654年）；大數定律（西元1713年）；拉普拉斯《機率分析論》（西元1812年）。

林奈氏物種分類
Linnaean Classification of Species

亞里斯多德（**Aristotle**，西元前 384 — 322 年）
泰奧弗拉斯托斯（**Theophrastus**，西元前 372 — 287 年）
卡爾‧林奈（**Carl Linnaeus**，西元 1707 — 1778 年）
查爾斯‧達爾文（**Charles Darwin**，西元 1809 — 1882 年）

Mountain lion、puma、panther 和 catamont 有什麼共通處？在美國，這些只是美洲山獅（Felis concolor）十幾個俗名中的其中四個。走近大自然時，我們一般會以俗名來指稱植物和鳥類，不過俗名可能會造成誤解。好比 Crayfish（螯蝦）、starfish（海星）、silverfish（衣魚）和 jellyfish（水母）是四種沒有親緣關係的生物，而且都不是魚。

物種的分類可回溯至古代。亞里斯多德依據生殖方式來把動物分門別類，泰奧弗拉斯托斯則以用途和栽培方式作為植物的分類依據。來自瑞典，既是植物學家又是醫生的林奈在其著作《自然分類》（*Systema Naturae*）的第一版中，提出了一種全新的分類學（是一種為動植物命名及分類的科學）方法。首先，他以拉丁文為動植物命名，以二名法（屬名及種名）為基礎，為每種生物設

計獨特的學名，這個命名系統一直沿用至今。以犬屬（Canis）為例，其下包括了親緣關係相近的狗、狼、郊狼和豺狼，每一種都有獨特的種名（species name）。再者，林奈發展了一套多階層的分類系統，較高階的分類階層包含後續低階層中的類群。具有親緣關係的屬（genus）可組成科（family）——

Clariss. LINNÆI. M.D.
METHODUS plantarum SEXUALIS
in SISTEMATE NATURÆ
descripta

G.D. EHRET. Palatheidelb. fecit & edidit
Lugd. bat: 1736.

如犬屬和和狐屬（Vulpes）皆包含於犬科（Canidae）之內。根據林奈的分類方法，包括所有類群在內的階層是界（kingdom），他認定的界有兩個：動物界與植物界。

林奈根據外型特徵，以及假定的親緣關聯來對生物進行分類，這是因為當時普遍流行的聖經解釋認為，世上動植物此時的模樣，和造物主造物時並無二致。一個世紀後，達爾文提出說服力十足的證據，指出兩種現存的動物或植物之間，可能有共同祖先；或者，已滅絕的物種可能是現存物種的祖先。現代的分類系統建基於譜系分類學（phylogenetic systematics）之上，涵蓋了現存物種與已滅絕物種之間的關係。

德國植物學家格奧爾格‧狄奧尼修斯‧埃雷特（西元 1708 — 1770 年）以植物繪圖聞名，右圖為他的作品〈植物性別告示板〉（A signboard of Methodus plantarum sexualis，西元 1736 年），描繪林奈提出 24 綱植物性別系統。

參照條目　化石紀錄與演化（西元1836年）；達爾文的天擇說（西元1859年）；生命分域說（西元1990年）。

白努利的流體力學定律
Bernoulli's Law of Fluid Dynamics

丹尼爾·白努利（**Daniel Bernoulli**，西元 1700 — 1782 年）

　　想像一下，水穩定地流過水管，水管將水送上建築物的屋頂，再送到地面上的草地。過程中，液壓將會隨著水管而變化。身為數學家和物理學家的白努利，發現了和壓力、流速，以及管中流體所在高度有關的定律。如今，我們將白努利定律寫成：$v^2/2 + gz + p/\rho = C$。其中 v 代表流體的流速；g 為重力造成的加速度；z 流體中某一點的高度；p 是壓力；ρ 為流體的密度，C 為一常數。白努利之前的科學家已經了解，物體所在高度增加時，一個運動中的物體，其動能會轉換為位能。白努利意識到，同樣地，運動中的流體動能也會改變，導致壓力發生變化。

　　這個公式的假設前提為：穩定的流體（非亂流）在封閉的管道中流動，且流體必須是不可壓縮的。因為大部分的液態流體僅有輕微的壓縮性質，所以通常而言，白努利定律是一種有用的近似法。此外，流體不應為黏稠狀態，也就是說，流體內部不應存在摩擦力。雖然沒有任何真正的流體可以符合以上所有條件，但一般而言，對於遠離管壁或容器內壁，在自由流動區內的流體來說，白努利關係式是非常準確的，而且對於氣體和輕液體特別有用。

　　白努利定律通常引用了上述這個等式中的一部分參數，即壓力減少，流速會同時提升。設計文托利喉（venturi throat）時就會用到白努利定律，文托利喉是化油器氣體通道中縮隘的部分，造成壓力降低，進而使燃油蒸氣被抽出化油器浮子室（carburetor bowl）之外。在管徑較小的區域，流體的流速增加，壓力減少，因白努利定律的關係，產生了一部分的真空。

　　白努利的公式在空氣動力學的領域中有許多實際應用，在研究翼面——如機翼、槳葉和方向舵——上方的流體流動時，都會考慮到這個公式。

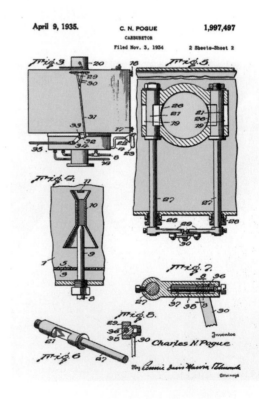

許多引擎化油器都設置了具有狹窄喉區的文托利管，可以加速氣體流動並減少壓力，透過白努利定律將燃油吸出。在這份 1935 年的化油器專利文件中，文托利喉的標號為 10。

參照條目　阿基米德浮力原理（約西元前250年）；布朗運動（西元1827年）；萊特兄弟的飛機（西元1903年）。

人工選殖（選拔育種）
Artificial Selection (Selective Breeding)

阿布・萊伊漢・比魯尼（西元 973 — 1048 年）
羅伯特・貝克韋爾（西元 1725—1795 年）
查爾斯・達爾文（西元 1809—882 年）

　　選殖（selecting breeding）是達爾文用來使天擇說概念化的基礎，他還特別引用了選殖專家貝克韋爾在這個領域的開創性研究工作。達爾文注意到，許多家畜或植物之所以發展起來，都是人類刻意挑選具有特殊珍貴特徵的個體，使其繁殖後所得到的結果。

　　選殖是達爾文發明的詞彙，西元 11 世紀，從波斯博學家・比魯尼的記敘中可以發現：生活在 2000 年前的羅馬人就已經開始進行選殖。然而，拜英國農業革命的領導者貝克韋爾之力，選殖才奠定了科學基礎。貝克韋爾是佃農之子，早年在歐洲大陸上到處遷徙，學習農業技術。1760 年，貝克韋爾接管農地，利用他創新的繁殖技術、灌溉、水淹等技術，將草地轉變為供牛隻吃草的牧地，並未牧地施肥。接著，他將注意力轉移到家畜身上，透過選殖的方法，孕育出新賴斯特綿羊（New Leichester sheep lineage）品種。這種綿羊體型大，體態健壯，長而具有亮澤的羊毛被大量輸出到北美洲和澳洲。如今，貝克韋爾令後人欽佩不已的並非是他所孕育出的品種，而是他所用的選殖方法。

　　成為選殖對象的物種得具備人類喜好的特徵，透過雜交產生擁有這些特徵的個體。對植物進行選殖通常是為了得到產量高、生長速率快、抗病、耐惡劣氣候的品種。以雞而言，選殖特徵可能包含雞蛋的品質、大小，雞肉的品質，以及生產出能夠成功繁殖的後代。在水產養殖的運用，包括魚類和貝類，選殖也發揮了最大潛力，選殖特徵包括了提高生長率和存活率、肉的品質、抗病，至於貝類，選殖特徵還包括殼的大小和顏色。

左圖為一頭帶著鼻環，受人牽引進入蘇格蘭農業展場的冠軍公牛，或許，牠正料想自己的冠軍記錄又將再添一筆。

參照條目　小麥：生命之糧Wheat（約西元前1.1萬年）；農業（約西元前1萬年）；稻米栽培（約西元前7000年）；達爾文的天擇說（西元1859年）。

貝氏定理 Bayes' Theorem

湯瑪士・貝葉斯（**Thomas Bayes**，約西元 1702 — 1761 年）

英國數學家、長老派教會牧師貝葉斯所創立的貝氏定理，在科學界扮演十分重要的角色，並且可由計算條件機率（conditional probability）的簡單數學公式加以表達。所謂條件機率，是指在事件 B 發生的條件下，事件 A 的發生機率，寫作 $P(A|B) = [P(B|A) \times P(A)]/P(B)$。$P(A)$ 稱為事件 A 的先驗機率（prior probability），是在未考慮事件 B 的狀況下，事件 A 的機率；$P(B|A)$ 是在事件 A 發生的條件下，事件 B 的條件機率；$P(B)$ 是事件 B 的先驗機率。

想像我們有兩個箱子。一號箱子裡有 10 顆高爾夫球和 30 顆撞球；二號箱子則是兩種球各有 20 顆。你隨機選了一個箱子，取出一顆球。我們假設每顆球被取出的機率是相等的。最後，你取出的是一顆撞球，這時候，有多大的可能你原本選的是一號箱子？換句話說，就你手上有一顆撞球的前提而言，你選擇一號箱子的機率是多少？

事件 A 是你選了一號箱，事件 B 是你取出一顆撞球，我們想要計算的是 $P(A|B)$，$P(A) = 0.5$，也就是 50%；$P(B)$ 是取出一顆撞球的機率，不去管任何跟箱子有關的資訊，計算方法是先將從一號箱子取出撞球的機率乘以選擇一號箱子的機率，再將從二號箱子取出撞球的機率乘以選擇二號箱子的機率，然後將兩者相加。從一號箱子取出撞球的機率是 0.75；從二號箱子取出撞球的機率是 0.5，整體而言，取出一顆撞球的機率是 $0.75 \times 0.5 + 0.5 \times 0.5 = 0.625$。$P(B|A)$ 是你選了一號箱，並從中取出一顆撞球，這樣的機率是 0.75，透過貝氏定理的公式，我們可以計算出你選擇了一號箱的機率，也就是 $P(A|B) = [0.75 \times 0.5]/0.625 = 0.6$。

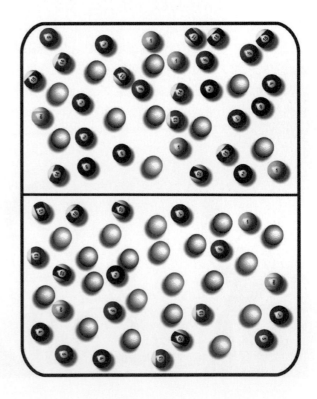

一號箱子（上）和二號箱子（下）如右圖所示。你隨機選擇一個箱子，結果取出一顆撞球，你一開始選擇上面那個箱子的機率有多大？

參照條目　亞里斯多德的《工具論》（約西元前350年）；大數定律（西元1713年）；拉普拉斯《機率分析論》（西元1812年）。

癌症病因 Causes of Cancer

伯納迪諾・拉馬齊尼（**Bernardino Ramazzini**，西元 1633 — 1714 年）
約翰・希爾（**John Hill**，西元 1707 — 1775 年）
波希瓦・帕特爵士（**Sir Percivall Pott**，西元 1714 — 1788 年）
亨里希・威漢・加非德・馮・瓦德爾—赫茲（**Heinrich Wilhelm Gottfried von Waldeyer-Hartz**，西元 1836 — 1921 年）
山極勝三郎（**Katsusaburo Yamagiwa**，西元 1863 — 1930 年）

　　新聞工作者約翰・布魯姆（John Bloom）寫道：「如果體細胞代表伯拉圖理想國的自體和諧——每個細胞和其他細胞之間按照的精準比例各司其職——那麼癌細胞代表的就是打算發動政變的游擊隊員。」癌症是一群疾病的總稱，病因是細胞生長失去控制，有時候這些細胞會轉移到身體其他部位。癌症是細胞遺傳物質失常所致，造成細胞遺傳物質失常的可能原因有很多，包括致癌物（例如菸草煙霧、陽光或病毒），以及 DNA 複製時隨機發生的錯誤。

　　可能和癌症有關的最早期病例記錄，出現在一份時間約為西元前 1600 年的埃及古文獻，其中記載了八個胸部腫瘤的病例，當時採用的治療方法，是以一種稱為「火椎」的發熱裝置來燒灼腫瘤。

　　1713 年，義大利醫生拉馬齊尼指出，相較於已婚婦女，修女幾乎不會罹患子宮頸癌，他據此推測，性交可能會提高罹癌風險。1761 年，英國醫生希爾所發表的，可能是史上第一篇描述鼻煙和鼻癌兩者關係的論文，在此之前，他驚訝地發現自己的鼻癌病人，全都是鼻煙使用者。他認為，用一種較為普遍的方式來說：環境中的物質可能會促使癌症發生。1775 年，另一位英國醫生帕特認為，煙囪清掃工因為接觸到煤煙，所以陰囊癌發生率高，他的記錄中甚至有一位還在當煙囪清掃工學徒，也得了陰囊癌的年輕男孩。最後，1915 年，日本研究學者山極勝三郎證明，經常以煤焦油塗抹兔子的皮膚，的確會誘發癌症。

　　值得一提的是，1860 年代，德國解剖學家瓦德爾—赫茲把各種癌細胞分類，還指出癌症是由單一個細胞開始衍生，並可能會經由血液和淋巴系統擴散。如今我們知道，和癌症有關的遺傳變異，可能會使腫瘤抑制基因（tumor suppressor gene）失去活性，而這些基因在正常狀況下能夠抑制細胞的失控分裂。

左圖為荷蘭的卡拉・雅各比（Clara Jacobi）女士在 1689 年切除頸部腫瘤的前後對照圖。

參照條目　細胞分裂（西元1855年）；海拉細胞（西元1951年）；表觀遺傳學（西元1983年）；端粒酶（西元1984年）。

莫爾加尼「受難器官的呼喊」
Morgagni's "Cries of Suffering Organs"

安德雷亞斯・維薩里（Andreas Vesalius，西元 1514 — 1564 年）
加布里埃里・法羅皮奧（Gabriele Falloppio，西元 1523 — 1562 年）
喬凡尼・巴蒂斯塔・莫爾加尼（Giovanni Battista Morgagni，西元 1682 — 1771 年）
瑪力・弗朗索瓦・哈維爾・比夏（Marie Francois Xavier Bichat，西元 1771 — 1802 年）
魯道夫・路德維希・卡爾・魏爾修（Rudolf Ludwig Karl Virchow，西元 1821 — 1902 年）

「從感冒到癌症，疾病的症狀是因為器官和組織發生改變而起，這種觀念似乎是種老生常談」，作家約翰・賽門斯（John G. Simmons）如此寫道，「不過，疾病的臨床史和屍體解剖時所發現的結構性變化，兩者之間有系統性的關聯——這曾經是個非常新穎的觀念。」1761 年，義大利解剖學家莫爾加尼出版他的鉅著《疾病的位置與病因》（*De sedibus et causis morborum per anatomen indagatis*），因此得到了現代解剖學之父的稱號，他透過檢查身體、器官和組織來進行疾病診斷。對莫爾加尼來說，疾病的症狀如同是「受難器官的呼喊。」

雖然維薩里和法羅皮奧等其他研究人員，也進行了廣泛的解剖研究，但莫爾加尼的研究工作之所以引人注目，是因為他對罹病的器官和身體部位做了精確的系統性檢查。《疾病的位置與病因》出版時，莫爾加尼已高齡 79 歲，書中約記載了 650 起解剖案例。在臨床實踐當中，莫爾加尼仔細觀察病人的病情，然後試圖透過驗屍找出潛在病因。莫爾加尼進行研究的過程中，其實推翻了和疾病有關的體液學說（humoral theory），體液學說認為體液失衡是疾病的根源。《疾病的位置與病因》鑑別了肝硬化（hepatic cirrhosis，一種慢性的退化疾病，正常肝細胞在受傷後被瘢傷組織所取代）、梅毒性腦損害、胃癌、潰瘍和心臟瓣膜問題等疾病的病理學，他還觀察到，腦部的某一側受到損傷造成中風，導致病人身體的另一側癱瘓。

莫爾加尼如此沉浸在自己的研究工作中，以致於到了老年他才發現「我已在書本和屍體中度過一生。」後來，法國解剖學家比夏藉由鑑別多種身體組織，以及疾病對組織造成的影響，對病理學領域做出一番貢獻。19 世紀，德國病理學家魏爾修的貢獻則是在細胞病理學領域，他還是認定白血病會影響血球細胞的史上第一人。

右圖為莫爾加尼《疾病的位置與病因》一書的卷頭插畫和扉頁。

參照條目　《人體的構造》（西元1543年）；大腦功能分區（西元1861年）；腦側化（西元1964年）。

黑洞 Black Holes

約翰‧米歇爾（John Michell，西元 1724 — 1793 年）
卡爾‧史瓦西（Karl Schwarzschild，西元 1873–1916 年）
約翰‧阿奇博德‧惠勒（John Archibald Wheeler，西元 1911–2008 年）
史蒂芬‧霍金斯（Stephen William Hawking，西元 1942–2018 年）

　　天文學家可能不相信地獄的存在，不過他們多數認為，在太空中那些貪婪的黑色地帶前面，應該放置一塊這樣的標牌：「所有進來這裡人啊，放棄希望吧」，這是義大利詩人但丁在〈神曲〉（Divine Comedy）一詩中，描述地獄入口時所用的警告文字，再者，天體物理學家霍金也認為，對於接近黑洞的太空旅行者而言，這是非常適切的訊息。

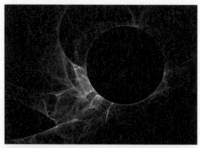

　　許多星系的中心，確實存在著這樣的宇宙地獄。這些星系的黑洞其實是坍塌的物體，而這些物體的質量是太陽的幾百萬倍，甚至幾十億倍，全擠在一個不比我們太陽系大上的空間裡。根據經典的黑洞理論，黑洞周邊的重力場如此之大，以致於沒有任何東西能夠逃過黑洞那強而有力的捕捉，即便光線也一樣。任何人要是掉入黑洞，將會陷入密度極高，體積極小的中心區……那兒就是時間的盡頭。若是考慮到量子理論，一般認為黑洞會發出一種稱為「霍金輻射」（Hawking radiation，見「註釋與延伸閱讀」）的輻射形式。

　　黑洞可以任何大小形式存在。讓我先為各位建立一點相關的歷史背景，1915 年，距離愛因斯坦發表廣義相對論才過了幾週，德國天文學家史瓦西對現今所稱的史瓦西半徑（Schwarzschild radius），或事件視界（event horizon）進行精確計算。這個半徑定義了一個繞行特定質量物體的球體。在經典的黑洞理論中，黑洞這個球體內部，其重力場強大到任何光線、物質或訊號都無法逃脫。就一個質量相當於太陽的黑洞而言，其史瓦西半徑長度只有幾公里。一個事件視界跟胡桃一樣大的黑洞，其質量相當於地球質量。一個物體的質量能大到使光線無法逃脫，這樣的觀念首次出現在 1783 年，由地質學家米歇爾提出。至於「黑洞」一詞，則是理論物理學家惠勒在 1967 年所創。

上圖：黑洞和霍金輻射刺激斯洛維尼亞藝術家特雅‧克拉謝克（Teja Krašek）創作出許多相關的印象派作品；下圖：這幅藝術繪圖描繪黑洞附近空間彎曲的現象。

參照
條目

以太陽為中心的宇宙（西元1543年）；望遠鏡（西元1608年）；主星序（西元1910年）；廣義相對論（西元1915年）；中子星（西元1933年）、恆星核合成（西元1946年）；重力透鏡（西元1979年）；重力波（西元2016年）。

西元 **1785** 年

庫侖的靜電定律
Coulomb's Law of Electrostatics

夏爾—奧古斯丁・庫侖（Charles-Augustin Coulomb，西元 1736 — 1806 年）

「烏雲冒出的火花，我們稱之為電，」19 世紀的散文作家湯瑪斯・卡萊爾（Thomas Carlyle）如此寫道，「但，電是什麼？它的成分為何？」人類為了解電荷而踏出的早期步伐，始於法國物理學家庫侖，這位傑出的物理學家對電、磁和力學領域皆有貢獻。他的靜電定律指出，兩個電荷之間的吸引力或排斥力，與兩者電量乘積成正比，與兩者之間的距離（r）平方成反比。同性電荷互相排斥，異性電荷互相吸引。

如今，透過實驗證明，在多種距離之下——從小至 10^{-16} 公尺（原子核半徑的十分之一），到大至 10^6 公尺——庫侖定律都是有效的。庫侖定律只有在帶電粒子靜止時才是準確的，因為電荷移動時會產生磁場，導致作用在電荷上的力發生改變。

雖然，在庫侖之前的其他學者已提出平方反比定律（$1/r^2$ law），但我們將這樣的關係稱為庫侖定律，用以紀念他從扭力測量所提供的證據中得出的獨立結果。換句話說，庫侖為直到 1758 年仍只能算是個良好推測的平方反比定律，提供了有力的量化結果。

庫侖的扭力天平中有個版本的構造包含一顆金屬球、一顆非金屬球，兩者附著在一根絕緣桿的兩端，懸吊著的絕緣桿中段綁著一段不具導電性的細線或纖維。為了測量靜電力，庫侖讓金屬球帶電。將帶有相同電荷的另一顆球靠近帶電的金屬球，使扭力天平上的金屬球受到排斥，這樣的排斥力導致細線開始扭轉，如果，我們測量出讓細線以相同的旋轉角度進行扭轉需要多大的力，就可以估計帶電金屬球受到排斥力有多大。換句話說，細線的作用就像一個非常靈敏的彈簧，提供和扭轉角度成正比的力。

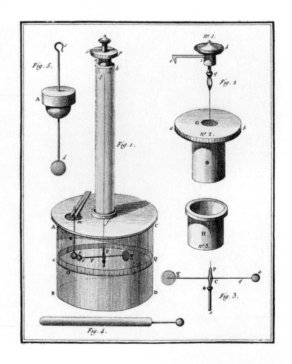

庫侖《電、磁備忘錄》（*Memoires sur l'electricite et le magnetisme*，西元 1785 — 1789 年）中出現的扭力天平。

參照條目　馮格里克的靜電發電機（西元1660年）；電池（西元1800年）；馬克士威方程組（西元1861年）；電子（西元1897年）。

代數基本定理
Fundamental Theorem of Algebra

喬漢・卡爾・弗德里希・高斯（Johann Carl Friedrich Gauss，西元 1777 — 1855 年）

　　代數基本定理（Fundamental Theorem of Algebra，簡稱 FTA）可以多種形式加以描述，其中之一就是：任一個 n ≧ 1，有實數或複數係數的 n 次多項式，會有 n 個實數或複數根。換句話說，一個 $P(x_i) = 0$ 的 n 次多項式，有 n 個 x i 值（有些可能會重複）。附帶說明，P(x) 的 n 次多項式等式可寫做：$P(x) = a_n x^n n + a_{n-1} x^{n-1} + \cdots\cdots + a_1 x + a_0 = 0$，且 a_n 不等於 0。

　　以二次多項式 $f(x) = x^2 - 4$ 為例。作圖時，這個式子呈現的是一條拋物線，最小值為 f(x) = -4。這個多項式有兩個不同的實數根（x = 2 以及 x= -2），在圖上就是拋物線與 x 軸相交的兩個點。

　　這項定理之所以引人注目，一部分是因為歷史上實在有太多人想要證明它。1797 年，人類發現這項定理，一般認為，德國數學家高斯是首位證明 FTA 的人。高斯在 1799 年發表的博士論文中提出 FTA 的初次證明，著重在以實數為係數的多項式，也提出他對為何反對其他前人的試證方法。就今日的觀點而言，高斯的證明稱不上完全嚴謹，因為他必須依賴某些曲線的連續性，不過，相較於之前所有試證，高斯的方法已有了明顯改進。

　　高斯認為 FTA 非常重要，這一點從他反覆回到這個問題上就能看出。他生前最後一篇論文發表於 1849 年，其中提出了第四版的 FTA 證明，這時距離他發表博士論文整整過了 50 年。值得一提的是，1806 年，尚—羅貝爾・阿爾岡（Jean-Robert Argand，西元 1768 — 1822 年）針對以複數為係數的多項式提出了嚴謹證明。FTA 出現在數學的許多領域中，且有跨越領域，從抽象代數、複分析到拓撲學的各種證明方式。

左圖為葛瑞格・富勒（Greg Fowler）以圖解的方式呈現 $z^3 - 1 = 0$ 的三個根，它們分別為 1、− 0.5 + 0.86603i、− 0.5 − 0.86603 i。這三個根是以牛頓法演繹而來，位在圖中三個大型牛眼圖案的中心。

參照條目　阿爾花拉子模的代數（西元830年）；現代微積分的發展（西元1665年）；碎形（西元1975年）。

天花疫苗 Smallpox Vaccine

愛德華・詹納（**Edward Anthony Jenner**，西元 1749 — 1823 年）

「天花是一種讓人類害怕了好幾千年的疾病，」醫學歷史家羅伯特・穆爾卡（Robert Mulcahy）如此寫道，「18 世紀期間，光是在歐洲，天花每年就奪走近 40 萬條人命，更讓幾十萬人帶著疤痕和毀容的面貌活下去。天花病毒可像野火一般肆虐整座城鎮，染上天花的病人除了發高燒，身上還會很快地出現大量疹子。半數的天花病人會在染病幾週內死亡——而且，沒有方法可以治療天花。」

天花是一種病毒引起的傳染病，人類自出現以來就一直受到天花蹂躪，甚至在古埃及木乃伊（約西元前 1100 年）的臉上，也曾發現天花留下的皮膚病灶。就在歐洲人將天花帶進新世界（New World）的同時，天花也成為加速阿茲堤克和印加帝國沒落的工具。

英國醫生詹納多年來一直聽到這樣的故事：感染過牛痘（cowpox）的擠牛奶女工不會罹患天花。牛痘是一種和天花相似的疾病，會對牛隻造成影響，但對人沒有致命危險。1796 年，詹納從擠牛奶女工的牛痘皮膚病灶上取出一些物質，將其轉移到他在一名八歲男童皮膚上劃開的兩道傷口裡，之後男童輕微發燒，身體不太舒服，但很快就完全康復了。1798 年，詹納在自己的著作《探究牛痘預防接種的原因及效果》（*An Inquiry into the Causes and Effects of the Variolae Vaccinae*）中，提出額外的相關發現。他稱這種治療過程為「接種」（vaccination）——源自拉丁文 vacca，也就是牛的意思——然後開始將牛痘疫苗樣本送給任何有需要的人。

詹納並非發明接種方法的第一人，然而，他的研究工作被視為是人類史上首次嘗試以科學方法來控制傳染病的作為。在醫生史戴方・利得（Stefan Riedel）筆下，詹納「努力不懈地推動並致力於接種研究，改變了醫療的實踐方式。」最後，全世界都採用了接種這樣的方法，到了 1979 年，地球上其實已經沒有天花病毒存在，人們自此無須定期接受接種。

右圖為英國諷刺作家詹姆斯・葛瑞（James Gillray）1802 年的諷刺畫作品，描繪了早期圍繞在詹納接種理論周圍的各種爭議，可以看到有牛從畫中人物身上冒了出來。

參照條目 病菌說（西元1862年）；發現病毒（西元1892年）；抗體的結構（西元1959年）。

電池 Battery

路易吉‧賈法尼（Luigi Galvani，西元 1737 — 1798 年）
亞歷山卓‧伏打（Alessandro Volta，西元 1745 — 1827 年）
加斯頓‧普蘭特（Gaston Plante，西元 1834 — 1889 年）

在物理、化學和工業發展史上，電池扮演著重要性無以估量的角色。隨著功率和精密程度的進化，電池推動了電力應用（electrical application）的重要發展，從電報通訊系統，再到機械、相機、電腦和手機，電池無所不在。

1780 年左右，生理學家賈法尼以青蛙腿進行實驗時發現，和金屬接觸的青蛙腿會抽搐。科學記者麥可‧季倫（Michael Guillen）如此寫道：「造成轟動的公開演說期間，賈法尼把銅鉤掛在鐵絲上，向民眾展示數十條掛在銅鉤上的青蛙腿如何不受控地抽動，這些青蛙腿就像掛在曬衣繩上的溼衣服。賈法尼的理論讓傳統科學感到難堪，不過，那一串肌肉收縮的青蛙腿歌舞隊所展現的奇觀，是賈法尼在世界各地演講時都能座無虛席的保證。」賈法尼認為是「動物電」（animal electricity）導致青蛙腿抽動，然而，他的朋友義大利物理學家伏打認為，這種現象跟賈法尼用潮濕物質所連結的不同金屬比較有關係。1800 年，伏打發明了傳統上所認為的第一顆電池：他將好幾對銅片和鋅片交替堆疊起來，彼此之間用浸在鹽水裡的布隔開。用金屬線把這個伏打堆（voltaic pile）的頂端和底部連結起來的時候，電流開始流動。為了確定有電流流動，伏打用自己的舌頭去接觸伏打堆的兩端，感受到微微的刺痛感。

「電池其實就像一個罐子，罐子裡裝滿可以產生電子的化學物質」馬歇爾‧布萊恩（Marshall Brain）和查爾斯‧布蘭特（Charles Bryant）兩位作家如此寫道。如果金屬線連接了正負兩極，那麼經由化學反應產生的電子就能在兩極之間流動。

1859 年，物理學家普蘭特發明了可以充電的電池，藉著強迫電流「逆流」，來替鉛酸電池充電。1880 年代，科學家成功發明了商業化的乾電池，以糊狀的電解質取代液態的電解液（電解質內含自由離子，所以可以導電）。

隨著電池的進化，電池推動了電力應用（electrical application）的重要發展，從電報通訊系統，再到機械、相機、電腦和手機，電池無所不在。

參照
條目　馮格里克的靜電發電機（西元1660年）；輸電網路（西元1878年）；電子（西元1897年）。

高壓蒸氣引擎
High-Pressure Steam Engine

理查・崔維克（**Richard Trevithick**，西元 1771 — 1833 年）

　　歷史上有一段時間，人力是世上唯一的動力。接著，我們學會了駕馭馬和牛；再來，我們搞懂了如何利用水來驅動水車。不過，這些動力都有極限，無法靠它們打造出火車頭，或者是像鐵達尼號那樣的遊輪。而且，就算你能打造以水為動力的發電廠或工廠，廠房設置地點也會受到嚴重限制。這個世界需要更好的動力來源。

　　蒸氣引擎是人類邁入工業時代的轉折點。史上第一具蒸氣引擎出現在 1800 年，由英國工程師崔維克打造。到了 1850 年，工程師逐漸改善蒸氣引擎，考利斯蒸氣引擎（Corliss steam engine became）成為滿足大型固定動力需求的尖端科技。蒸氣引擎效率高、可靠，而且又大又重，是非常適合替工廠提供動力的引擎。舊金山纜車系統就是使用這種類型的蒸氣引擎。

　　1876 年，替費城的百年博覽會提供動力的蒸氣引擎就是一例：這具雙缸蒸氣引擎可以產生 1400 匹馬力（100 萬瓦特），引擎活塞的直徑超過一公尺，在缸內移動距離有三公尺，帶動直徑九公尺的飛輪旋轉。鐵達尼號所使用的是下一代的蒸氣引擎，由多個氣缸從連續擴張的同一道蒸氣中擷取能量。

　　任何一具高壓蒸氣引擎，最關鍵的元素就是鍋爐，鍋爐中的沸水可以產生蒸氣壓。問題是，高壓環境下，鍋爐有爆炸的可能。史上最可怕的鍋爐爆炸事件，其中一起就發生在 1865 年，受難的一艘名為蘇丹那的蒸氣動力船。這艘船上有四個鍋爐，其中一個鍋爐開始滲漏，工作人員倉促地為修了一番。船上大約載了 2000 人，根據推測，這番倉促維修未能成功，引發巨大的鍋爐爆炸事件，總共奪走約 1800 條人命。如今，工程師改用蒸氣渦輪來取代鍋爐，在每座工廠幾乎都能見到蒸氣渦輪。

1876 年，美國總統尤里西斯・葛蘭特（Ulysses S. Grant）和巴西皇帝佩德羅二世，在費城百年博覽會慶祝活動中啟動了考利斯蒸氣引擎。

參照條目 卡諾引擎（西元1824年）；蒸氣渦輪（西元1890年）；內燃式引擎（西元1908年）。

光的波動性質 Wave Nature of Light

克里斯提安・惠更斯（**Christiaan Huygens**，西元 1629 — 1695 年）
艾薩克・牛頓（**Isaac Newton**，西元 1642 — 1727 年）
湯瑪士・楊格（**Thomas Young**，西元 1773 — 1829 年）

「光是什麼？」有好幾個世紀的時間，這個問題激發著科學家的好奇心。1675 年，著名的英國科學家牛頓提出看法：光是一束微小粒子所組成的，而牛頓的對手，荷蘭物理學家惠更斯則認為，光是由波所組成的。不過，牛頓提出的理論常占據優勢，一部分是因為他的聲望卓著。

1800 年左右，英國研究學者楊格——也因解開羅塞塔石碑（Rosetta stone）之謎而聞名——進行一系列實驗，支持惠更斯的光波理論。一項現代版的楊格實驗是這樣的：讓雷射光平均地照射到一個不透明物體表面上的兩道平行狹縫，從遠端的螢幕可以看見雷射光穿過狹縫時的所產生的圖案。透過幾何論證的方式，楊格指出可以利用兩道狹縫光波的疊加現象，來解釋出現在螢幕上一系列間距相等的明暗條帶（條紋），明、暗條帶分別代表光的建設性干涉（constructive interference）和破壞性干涉（destructive interference）。各位可以把這樣的光線圖案想像成朝池塘裡扔入兩顆石子，然後看著水波朝彼此行進，有時兩者會互相抵消，有時則是聚合形成更大的水波。

以電子束取代光線來進行相同的實驗，也會得到相似的干涉圖案（interference pattern）。這樣的觀察挺有意思，因為如果電子只會展現粒子的行為，那麼和兩道狹縫對應的應該是兩個亮點才對。

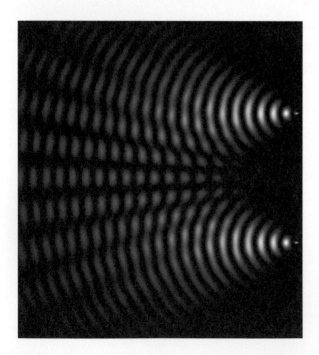

如今，我們發現光和次原子粒子（subatomic particle）的行為甚至有更加神秘之處。當電子以一次一顆的方式穿過狹縫，所產生的干涉圖案和波同時穿越兩個洞時所產生的干涉圖案相似。所有的次原子粒子都有這樣的行為，並非只有光子（photon）和電子如此，說明光和其他次原子粒子的行為不可思議地結合了顆粒和波的性質，在物理界，由量子力學所掀起的革命當中，這只是其中一個面向。

左圖為模擬兩點源之間的干涉圖案。楊格指出可以利用兩道狹縫光波的疊加現象，來解釋所觀察到的一系列間距相等的明暗條帶（條紋），明、暗條帶分別代表光的建設性干涉和破壞性干涉。

參照
條目　馬克士威方程組（西元1861年）；電磁頻譜（西元1864年）；電子（西元1897年）；光電效應（西元1905年）；德布羅伊關係式（西元1924年）；薛丁格的波動方程式（西元1926年）；互補原理（西元1927年）。

傅立葉級數 Fourier Series

尚‧巴普蒂斯‧約瑟夫‧傅立葉（Jean Baptiste Joseph Fourier，西元 1768 — 1830 年）

在今日的世界，從振動分析到影像處理，傅立葉級數的用途廣見於無數應用層面，事實上，在任何頻率分析顯得重要的領域，都用得上傅立葉級數。舉例來說，科學家想要找出恆星的特色，並進一步了解恆星的化學組成，或是想要知道聲帶如何讓人開口說話，傅立葉級數都能幫得上忙。

法國數學家傅立葉在發現這項著名的級數之前，曾在 1789 年隨拿破崙遠征埃及。在埃及，傅立葉花了幾年時間研究埃及的手工藝品。大約在 1804 年，回到法國的傅立葉開始研究與熱相關的數學理論，並在 1807 年完成了重要的專題論文《固體中的熱傳播》（*On the Propagation of Heat in Solid Bodies*）。熱在不同形狀範圍中的擴散方式，是傅立葉有興趣研究的主題之一。面對這樣的問題時，研究人員通常會假設在時間 t = 0 時，一個形狀表面各個點以及邊緣是有溫度的。為了解答這類問題，傅立葉提出一項以正弦和餘弦來表示的級數。更廣泛地說，他發現任何可微分的函數，不管這個函數的作圖圖形看起來有多奇特，都能用正弦和餘弦函數的和將其表示至隨意精度。

傳記作者傑羅姆‧拉維茨（Jerome Ravetz）和伊佛爾‧格拉滕—吉尼斯（I. Grattan-Guinness）這麼說過：「想要了解傅立葉的成就可以這麼想，為了解開這些方程式，他發明了強大的數學工具，這些數學工具產生了一系列的後續產物，並從中衍生出許多數學分析的問題，這些問題激發了相關領域在當代和後代的開創性研究。」英國物理學家詹姆士‧金斯爵士（Sir James Jeans，西元 1877 — 1946 年）說道：「傅立葉定理告訴我們，每一種曲線，不管其本質為何或者獲得該曲線最初的方式為何，只要有足夠數量的簡諧曲線互相疊加，就能精準重現之——簡單來說，任何曲線都能透過波的疊加來呈現。」

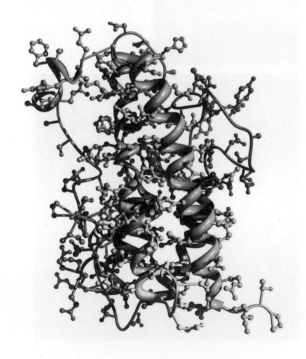

右圖為人類生長激素的分子模型，將傅立葉級數以及相應的傅立葉合成法應用在 X 光繞射所得的資料上，可以判斷其分子結構。

參照
條目　現代微積分的發展（西元1665年）；光的波動性質（西元1801年）；薛丁格的波動方程式（西元1926年）。

原子論 Atomic Theory

約翰・道耳頓（**John Dalton**，西元 1766 — 1844 年）

　　儘管歷盡艱辛，道耳頓終究獲得事業上的成功：道耳頓生長於一個貧困的家庭，口才不佳，受嚴重色盲所苦，還被人視為是一位素養不足或頭腦簡單的實驗主義者。對於和道耳頓同代，事業正在萌芽的任何化學家來說，上述這些挑戰的其中一些，都有可能成為生命中無法克服的障礙。不過，努力不懈的道爾頓對原子論的發展做出卓越貢獻，他的理論指出，所有物質都是由重量不同的原子，以簡單的比例組合而成的原子化合物。道耳頓那時代的原子論還認為，原子是堅不可摧的，每一種元素所含的組成原子都很相似，而且具有相同的原子量。

　　道爾頓還提出了倍比定律（Law of Multiple Proportions），指出當兩種元素可以結合，並形成不同的化合物，且這些化合物中，其中一種元素的質量固定時，另一種元素在各個化合物中的質量會呈現簡單整數比，如 1:2。這些簡單整數比提供了證據，說明原子是化合物的組成單位。發展原子論的過程中，道爾頓曾遭遇抵制。如 1887 年，英國化學家亨利・羅斯科爵士（Sir Henry Enfield Roscoe，西元 1833 — 1915 年）就這麼嘲笑過道爾頓：「原子是道爾頓先生發明的小圓木球。」羅斯科這麼說或許是因為，有些科學家會用木製模型來展現不同大小的原子。儘管如此，到了 1850 年，許多重要的化學家已然接受物質原子論，且大多數的反對意見也消失了。

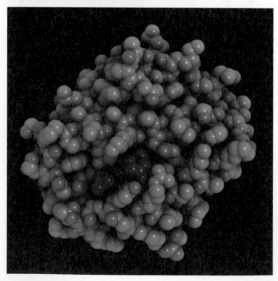

　　西元前五世紀的希臘哲學家德謨克利特（Democritus）就曾提出看法，認為物質是由看不見的微小粒子所組成。不過，直到道耳頓的著作《化學哲學的新系統》（*A New System of Chemical Philosophy*）在 1808 年出版後，這樣的想法才廣為世人接受。如今，我們知道原子可以分割成更小的粒子，如質子、中子（neutron）和電子，甚至還有更小的夸克（quark），夸克彼此結合可以形成其他次原子粒子，如質子和中子。

上圖：出自威廉・傑克遜・沃辛頓（William Henry Worthington，約西元 1795 — 1839 年）之手的道耳頓肖像版畫；下圖：根據原子論的說法，所有物質都是由原子組成。右圖為血紅素分子，是紅血球中所含的一種蛋白質，圖中的圓球構造就是原子。

參照條目 動力論（西元1859年）；電子（西元1897年）；原子核（西元1911年）；夸克（西元1964年）。

西元 **1812** 年

拉普拉斯《機率分析論》
Laplace's *Theorie Analytique des Probabilites*

皮耶—西蒙・拉普拉斯（**Pierre-Simon Laplace**，西元 1749 — 1827 年）

史上第一本結合機率和微積分的重要機率著作，就是法國數學家、天文學家拉普拉斯的《機率分析論》。隨機現象是機率理論學家專注的題材。雖然投擲一次骰子可視為一種隨機事件，但經過多次重覆之後，某種統計模式會變得明顯易見，而這些模式是可以研究的題材，並可以用於預測。

拉普拉斯將《機率分析論》第一版獻給了拿破崙一世，他在書中討論從組成機率中找出複合事件的機率，還討論了最小平方法、布豐投針問題（Buffon's Needle），並考慮了許多實際應用。

霍金稱《機率分析論》為「傑作」，並寫道：「拉普拉斯認為，在一個既定的世界裡，萬物不可能存在所謂機率。機率之所以存在，是因為我們缺乏知識。」在拉普拉斯眼裡，對一種足夠先進的生物而言，沒有什麼事情是「不確定的」——直到量子力學和混沌理論在 20 世紀興起之前，這樣的概念模型一直是很有影響力的。

為了解機率如何產生可預期的結果，拉普拉斯要求讀者想像面前有幾個圍成一圈的缸子。其中一個缸子裡只有黑球，另一個缸子裡只有白球，其他缸子裡則是混雜了比例各不相同的黑球與白球。如果，我們從缸子中拿出一顆球，把球放進旁邊的缸子裡，沿著圍成一圈的缸子重複此過程，最後，所有缸子裡的黑白球比例會幾乎一樣。拉普拉斯在書中展現，隨機的「自然力」如何創造具有可預期性和條理性的結果，他寫道：「值得注意的是，這樣源自於博弈遊戲的科學，應會成為人類知識中最重要的主題……那些人生最重要的問題，在大多數情況下，其實只是機率問題。」其他著名的機率學家還包括吉羅拉莫・卡爾達諾（Gerolamo Cardano，西元 1501 — 1576 年）、費瑪、帕斯卡，和尼古拉耶維奇・柯莫格洛夫（Nikolaevich Kolmogorov，西元 1903 — 1987 年）。

拉普拉斯注意到，源自於博弈分析的機率，應是「人類知識中最重要的主題……」

參照條目　現代微積分的發展（西元1665年）；大數定律（西元1713年）、常態分布曲線（西元1733年）。

巴貝奇的機械計算機
Babbage Mechanical Computer

查爾斯・巴貝奇（**Charles Babbage**，西元 1792 — 1871 年）
奧古斯塔・愛達・金，勒芙蕾絲伯爵夫人（**Augusta Ada King, Countess of Lovelace**，西元 1815 — 1852 年）

巴貝奇是英國的分析師、統計學家和發明家，對於宗教神蹟這樣的主題也很有興趣，他曾寫道：「神蹟並未違反既有的定律，而是……表示遠有更為高階的定律存在。」巴貝奇認為，機械的世界裡也可以有奇蹟發生。一如巴貝奇所想像：他可以透過編程使自己的計算機器產生奇怪行為，上帝也可以在自然界設計相似的反常現象。在研究聖經神蹟的時候，巴貝奇認為一個人死而復生的機率是 10^{12} 分之一。

巴貝奇常被認為是電腦問世之前最重要的數學工程師，尤其因為構思出一種有著手搖把的巨大機械計算機而聞名，這種計算機可謂現代電腦的始祖。巴貝奇認為，這種裝置最有用的地方在於產生數學用表，不過，他擔心從機器 31 個金屬數值輸出輪抄寫結果的時候，可能會出現人為錯誤。如今，我們知道巴貝奇的想法領先當代約有一世紀之多，當時的政治和科技環境，都無法讓巴貝奇發展那些崇高的夢想。

1822 年，巴貝奇著手打造約有 2 萬 5000 個機件的差分機（Difference Engine），目的是為了計算多項式函數的數值，但這項任務從未完工。他還計畫打造一種用途更為廣泛的計算機，也就是分析機（Analytical Engine），利用打孔卡可以對分析機進行編程，而且分析機還具備各自獨立的數字儲存區和計算區。根據估計，這樣能夠儲存 1000 組 50 位數數字的分析機，長度會超過 30 公尺。勒芙蕾絲是英國詩人拜倫勳爵（Lord Byron）的女兒，她為一項分析機程式寫下詳細說明，雖然有巴貝奇的幫忙，但許多人認為勒芙蕾絲才是史上第一位程式設計師。

1990 年，小說家威廉・吉布森（William Gibson）和布魯斯・斯特林（Bruce Sterling）合著了《差分機》（*The Difference Engine*）這本小說，他們要求讀者想像，在維多利亞時期的社會，巴貝奇的機械計算機倘若真的問世，會帶來什麼樣的後果？

左圖為巴貝奇差分機模型的其中一部分，目前收藏於倫敦科學博物館。

參照
條目　計算尺（西元1621年）；ENIAC（西元1946年）；ARPANET網路（西元1969年）。

卡諾引擎 Carnot Engine

尼古拉・昂納爾・薩迪・卡諾（**Nicolas Leonard Sadi Carnot**，西元 1796 — 1832 年）

有關熱力學（thermodynamics）——研究能量如何在功和熱之間轉換——的初始研究，多數集中在引擎運作，以及如何讓引擎將煤炭等燃料有效率地轉換成可用的功。最常被喻為「熱力學之父」的大概就是卡諾了，這得歸因於他在 1824 年發表的著作《論火之動力》（*Reflexions sur la puissance motrice du feu*）。

卡諾不屈不撓地了解機器中的熱流，一部分是因為，相較於法國的引擎，英國的蒸氣引擎效率似乎比較好。在卡諾的時代，蒸氣引擎通常是以燃燒木材或煤炭的方式將水轉換成蒸氣，由高壓蒸氣驅動引擎活塞。排氣口釋出蒸氣時，活塞便回到原本的位置。散熱器則是將排氣口釋出的蒸氣轉換為水，如此一來，這些水可以重新受到加熱，轉換為驅動活塞的蒸氣。

卡諾心中的理想引擎，也就是我們如今所稱的「卡諾引擎」，就理論上而言，輸出的功會等於輸入的熱，在轉換的過程中幾乎不會損失能量。經過實驗之後，卡諾意識到沒有任何裝置可以達到這般理想境界，也就是說，一定會有些能量逸失到環境中，熱能無法完全轉換為機械能。然而，卡諾確實幫助了引擎設計師改善了他們的引擎，讓引擎能夠以接近最高效率的程度運作。

卡諾對「循環裝置」很有興趣，在各個不同的循環部分，裝置可以吸熱或排熱，想要打造一具效率 100% 的引擎是不可能的事，這個不可能，其實是描述熱力學第二定律的另一種方式。令人難過的是，1832 年，卡諾感染霍亂，衛生單位一聲令下，他的著作、論文和其他個人物品幾乎得全數燒毀！

上圖：卡諾 1813 年的肖像畫；下圖：蒸氣火車。卡諾致力於了解機器中的熱流狀況，而他的理論至今仍然適用。在卡諾的年代，蒸氣引擎燃燒的物質通常是木材或煤炭。

參照條目　熱力學第二定律（西元1850年）；蒸氣渦輪（西元1890年）；內燃式引擎（西元1908年）。

溫室效應 Greenhouse Effect

尚・巴普蒂斯・約瑟夫・傅立葉（Jean Baptiste Joseph Fourier，西元 1768 — 1830 年）
斯凡特・奧古斯特・阿瑞尼士（Svante August Arrhenius，西元 1859 — 1927 年）
約翰・廷得耳（John Tyndall，西元 1820 — 1893 年）

「儘管有著種種負面評論，」約瑟・岡薩雷斯（Joseph Gonzalez）和湯瑪斯・謝爾（Thomas Sherer）兩位作家寫道，「但所謂的溫室效應，是一種非常自然且必要的現象……大氣中含有可以讓陽光穿透至地表，但會阻止再輻射熱能（reradiated heat energy）逸散的氣體。要是少了這種自然的溫室效應，地球會冷到讓生命無以為繼的地步。」或者，如卡爾・薩根（Carl Sagan）曾寫的：「有點溫室效應倒是件好事。」

　　一般而言，溫室效應就是大氣中的氣體吸收並發射紅外輻射（infrared radiation）——或稱熱能——之後，造成地球表面升溫的現象。有些能量受到氣體的再輻射而逸散到外太空，其他能量則是透過再輻射作用回到地球。1824 年左右，數學家傅立葉想要知道，地球如何保持足夠的溫度讓生命得以存續。他提出的想法是：儘管有些熱能逸散到外太空，但大氣層有點像是個透明的圓頂——或者，像個玻璃做的鍋蓋——可以吸收一些來自太陽的熱能，並將這些熱能再輻射至下方的地球表面。

　　1863 年，英國物理學家廷得耳這位登山能手，以實驗證明水蒸氣和二氧化碳會吸收大量的熱能，因此，他認為在調節地表溫度這件事上，水蒸氣和二氧化碳勢必扮演著重要角色。1896 年，瑞典化學家阿瑞尼士指出二氧化碳是非常強的「熱陷阱」（heat trap），而且大氣中二氧化碳的含量若是減半，可能會引發冰河時期。如今，我們以「人為全球暖化」（anthropogenic global warming）一詞來描述人類貢獻的溫室氣體，如燃燒化石燃料，造成溫室效應增強的現象。

　　除了水蒸氣和二氧化碳，牛隻排出的氣體也替溫室效應有所貢獻。「牛放的屁？」湯馬斯・佛里曼（Thomas Friedman）寫道，「沒錯——溫室氣體的驚人之處就在於，它們有各種排放來源。一群牛放的屁可能比一條滿是悍馬汽車的高速公路還嚴重。」

上圖：菲利普・德・盧戴爾布格（Philip James de Loutherbourg，西元 1740 — 1812 年）的作品〈卡爾布魯克代爾之夜〉（Coalbrookdale by Night，西元 1801 年），畫中是梅德利鎮的燃木火爐，這是工業革命早前常見的畫面；下圖：自工業革命開始，製造業、採礦業和其他活動的巨大改變，使空氣中溫室氣體的含量增加。舉例來說，主要以煤炭為燃料的蒸氣引擎，就是推動工業革命的助手。

參照
條目　能量守恆（西元1843年）；內燃式引擎（西元1908年）；光合作用（西元1947年）。

安培的電磁定律
Ampère's Law of Electromagnetism

安德烈—馬里·安培（**André-Marie Ampère**，西元 **1775 — 1836** 年）
漢斯·克海斯提安漢斯·克海斯提安·厄斯特（**Hans Christian Ørsted**，西元 **1777 — 1851** 年）

1825 年之際，法國物理學家安培已經建立了電磁理論的基礎。1820 年，丹麥物理學家厄斯特發現，羅盤附近電線的電流開關打開或關閉時，羅盤指針會移動，在此之前，電磁之間的關係幾乎不為人知。雖然當時厄斯特並未完全了解電磁關係，但透過簡單的方式可以證明電和磁是互相關聯的現象，這項發現引領了各式各樣電磁應用，最終在電報、收音機、電視和電腦上達到巔峰。

1820 至 1825 年間，由安培和其他人進行的後續實驗，說明了任何帶有電流 I 的導電體，周圍會產生磁場。這項基礎發現，以及其對導線造成的各種結果，有時被稱為安培電磁定律。舉例來說，有電流通過的導線會產生一個環繞導線的磁場 B（使用粗體代表其為向量）。B 的強度和 I 成正比，且磁場方向會沿著一個虛擬圓圈的圓周行進，這個虛擬圓圈以導線長軸為圓心，半徑則為 r。安培和其他人證明電流會吸引少量的鐵屑，安培還提出理論指出電流是磁性的來源。

曾經以電磁體（electromagnet）——用絕緣導線纏繞鐵釘，並將導線末端和電池連接——做過實驗的讀者，可謂親身經歷的安培定律。簡言之，安培定律描述的是電流與其所產生的磁場之間的關係。

其他做實驗證明磁場與電流之間有所關聯的人物含包括：美國科學家約瑟·亨利（Joseph Henry 西元 1797 — 1878 年）、英國科學家麥可·法拉第（Michael Faraday，西元 1791 — 1867 年）和詹姆斯·克拉克·馬克士威（James Clerk Maxwell）。法國物理學家（Jean-Baptiste Biot，西元 1774 — 1862 年）和菲利克斯·沙伐（Felix Savart，西元 1791 — 1841 年）也曾研究導線中的電流與磁場的關係。宗教信仰虔誠的安培相信，他證明了靈魂和上帝的存在。

上圖：安培的雕版肖像畫，出自答迪厄之手（A. Tardieu，西元 1788 — 1841 年）；下圖：電動馬達的旋轉器和線圈。電磁體廣泛應用於馬達、發電機、喇叭、粒子加速器以及工業用的起重磁鐵。

參照條目 庫侖的靜電定律（西元1785年）；法拉第的感應定律（西元1831年）；馬克士威方程組（西元1861年）。

布朗運動 Brownian Motion

羅伯特・布朗（Robert Brown，西元 1773 — 1858 年）
讓—巴蒂斯特・佩蘭（Jean-Baptiste Perrin，西元 1870 — 1942 年）
阿爾伯特・愛因斯坦（Albert Einstein，西元 1879 — 1955 年）

　　1827 年，蘇格蘭植物學家布朗利用顯微鏡研究懸浮在水中的花粉粒，他發現花粉粒液泡內的粒子似乎以隨機的方式舞動著。1905 年，愛因斯坦認為，微小粒子會產生這種運動，是因為它們持續受到水分子的撞擊。任何時刻，在純粹巧合的狀況下，撞擊粒子某一側的分子會比另一側多，因而導致粒子時時刻刻都朝著某個特定方向輕輕移動。透過統計法則，愛因斯坦指出可以用這種碰撞的隨機波動現象來解釋布朗運動。此外，透過布朗運動，我們可以判定正在撞擊這些巨觀粒子的假想分子有多大。

　　1908 年，法國物理學家佩蘭證實愛因斯坦對布朗運動的解釋是正確的。透過愛因斯坦和佩蘭的研究，終於，物理學家不得不接受原子和分子存在的事實，即便在 20 世紀初，這仍是飽受爭議話題。1909 年，佩蘭對此發表專文，結論寫道：「我認為，從今以後，面對分子假說，很難以合理論據的方式來為反對立場進行辯護。」

　　藉由布朗運動，粒子得以在各式各樣的介質中擴散，而且這是一項非常普遍的觀念，在許多領域受到廣泛應用，從汙染物的散布，到了解舌頭表面的糖漿相對甜度，都和布朗運動有關。擴散的觀念有助於我們理解費洛蒙在螞蟻身上的效用，或者在 1905 年意外遭人釋入歐洲的麝鼠族群後來如何擴散。一直以來，擴散定律被應用在建立煙囪汙染物的濃度模型，以及用以模擬新石器時代的農夫如何取代狩獵採集者。研究人員還利用擴散定律來研究氡（radon）如何在受到石油碳氫化合物（petroleum hydrocarbon）汙染的大氣和土壤中擴散。

科學家利用布朗運動和擴散的觀念來建立麝鼠的增殖模型。1905 年，五隻來自美國的麝鼠經人為引入進入布拉格，到了 1914 年，牠們的後代已經往各個方向散布了 90 英里之遠，1927 年，麝鼠的數量超過一億隻。

參照條目 原子論（西元1808年）；動力論（西元1859年）；波茲曼熵方程式（西元1875年）。

西元 1828 年

胚層說
Germ-Layer Theory of Development

卡爾‧馮貝爾（**Karl Ernst von Baer**，西元 1792 — 1876 年）
克里斯欽‧亨利奇‧潘德（**Christian Heinrich Pander**，西元 1794 — 1865 年）
羅伯特‧雷馬克（**Robert Remak**，西元 1815 — 1865 年）
漢斯‧斯佩曼（**Hans Spemann**，西元 1896 — 1941 年）

卡斯柏‧沃爾夫（Casper Friedrich Wolff）提出證據支持胚胎後成論（epigenetic theory），意即卵子受精後，個體從卵中一團尚未分化的物質逐漸分化、成長。當時的科學界普遍反對沃爾夫的理論（西元 1759 年）。然而，在接下來 100 年間，後人重新檢視了後成論，並且視之為胚層說的基石。

1815 年，出生於愛沙尼亞的馮貝爾前往符茲堡大學，接觸到胚胎學這個新領域。他的解剖學教授鼓勵他繼續研究雞胚胎的發育，然而，因為無法支應購買雞蛋或是僱人照看孵育箱的費用，他只好轉而向經濟較富裕的好友潘德求助，潘德發現雞的胚胎有三個明確的區域。

馮貝爾繼續拓展潘德在 1828 年的發現，指出所有脊椎動物的胚胎都有三個呈同心圓排列的胚層。西元 1842 年，波蘭裔德國胚胎學家雷馬克提供顯微證據，證實胚層的存在，並替這些胚層命名，其名稱沿用至今。最外層的外胚層（ectoderm）發育成皮膚和神經；最內層的內胚層（endoderm）發育為消化系統和肺；介於兩者之間的中胚層（mesoderm）則衍生出血管、心臟、腎臟、生殖腺、骨骼和結締組織。後續科學界更證實所有兩側對稱的脊椎動物都具有三個胚層，輻射對稱的生物（水螅和海葵）具有兩個胚層，而海綿只有一個胚層。

馮貝爾還提出其他胚胎學的原則：胚胎發育過程中，一大群動物共有的一般特徵，出現時間會較一小群動物共有的特殊特徵來得早。所有脊椎動物的胚胎都從皮膚開始發育，而後再分化成魚和爬蟲類動物的鱗片、鳥的羽毛，以及哺乳類動物的毛髮。1924 年，斯佩曼以胚胎誘導實驗解釋了細胞群如何分化成特定的組織和器官。

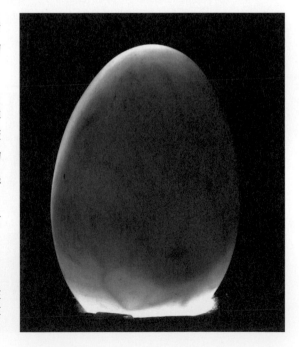

如右圖這樣一週大的雞卵，透過照光檢查已可以看出正在發育的胚胎和血管。所謂照光檢查就是在暗室裡把雞蛋放在燈光上檢查。

參照條目　發現精子（西元1678年）；細胞分裂（西元1855年）；表觀遺傳學（西元1983年）。

輸血 Blood Transfusion

詹姆士・布倫德爾（James Blundell，西元 1791 — 1878 年）
卡爾・蘭施泰納（Karl Landsteiner，西元 1868 — 1943 年）

「輸血的歷史是個引人入勝的故事，特色是極度熱衷和理想幻滅兩種時期交替出現，比起其他任何醫療方式受到為人採用的過程，這種情況在輸血上更加頻繁，」外科醫生雷蒙・赫特（Raymond Hurt）如此寫道，「直到我們發現血型的存在，並採用效果令人滿意的抗凝血劑之後，輸血的潛力才完全發揮出來。」

輸血通常是指將血液，或血液成分從一個人身上轉移到另一個人身上，目的是為了對抗在受傷或手術過程中的失血情形。許多疾病，如血友病和鐮刀型貧血症，在治療的時候可能也需要輸血。

17 世紀的歐洲，人們嘗試各種動物至動物，以及動物至人的輸血方式。然而，有史以來第一起成功的人對人輸血案例，則是歸功於英國的產科醫生布倫德爾。他不只在科學基礎上開啟了輸血這門藝術，還重新喚起了人們對輸血的興趣，當時，輸血通常是一種相當不安全的做法。1818 年，布倫德爾找來幾個人，讓他們捐血給一個瀕死的胃癌病人，不過，這名病人大約兩天後過世。1829 年，一位產婦產後大量失血，布倫德爾利用針筒將她丈夫的血液輸給了她，這名婦人幸運地活了下來，是史上首起成功輸血的案例。

布倫德爾很快地意識到，許多輸血案例會導致腎臟受傷和死亡。直到 1900 年左右，奧地利醫生蘭施泰納才發現了 A、B 和 O 三種血型，並發現同血型之間的輸血通常是安全的。不久，第四種血型，AB 型，也被人發現。冰箱的發展也使人類史上第一座血庫在 1930 年代中期出現。1939 年，Rh 這種血液因子被人發現之後，危險的輸血反應就變得少見了。

有時，偏見導致輸血受到限制。舉例來說，1950 年代，路易斯安納州認定將醫生若未徵得白人同意，便將黑人血液輸給白人，是一種犯罪行為。

左圖為刊載於《哈潑週刊》（*Harper's Weekly*）的手工上色雕版畫〈帕替醫院中的輸血手術〉（Transfusion of Blood—An Operation at the Hopital de la Pitie，西元 1874 年），創作者為米蘭達（Miranda）。

參照條目　循環系統（西元1628年）；細胞分裂（西元1855年）；心臟移植（西元1967年）。

非歐幾里得幾何學
Non-Euclidean Geometry

尼古拉・伊萬諾維奇・羅巴切夫斯基（**Nicolai Ivanovich Lobachevsky**，西元 1792 — 1856 年）
亞諾什・鮑耶（**Janos Bolyai**，西元 1802 — 1860 年）
格爾・腓特烈・伯恩哈德・黎曼（**Georg Friedrich Bernhard Riemann**，西元 1826 — 1866 年）

自歐幾里得的時代（約西元前 325 — 270 年）開始，所謂的平行公設（parallel postulate）似乎可以合理地描述我們所存在的三維世界如何運作。根據這項公設，給定一條直線和線外一點，兩者所在的平面上，能穿過該點的只會有一條直線，且這條直線永遠不會與前述的直線相交。

在非歐幾里得幾何學（以下簡稱非歐幾何）中，這項公設並不成立。隨著時間，非歐幾何學的鑄成也出現引人注目的結果。對於非歐幾何學，愛因斯坦如是說：「我認為這種幾何學的詮釋方式非常重要，因為，對它不夠熟悉的話，我永遠無法發展出相對論。」事實上，愛因斯坦廣義相對論中就以非歐幾何來表現時空，在太陽或行星這類的重力場附近，時空會扭曲或彎曲。想像一片橡皮板上有顆保齡球正往下墜落，如果在橡膠片受到拉伸而形成的凹陷形狀之中放入一顆彈珠，並且把彈珠往旁邊推，那麼彈珠會繞著保齡球運行一會兒，就像行星繞著太陽公轉一樣。

1829 年，俄羅斯數學家羅巴切夫斯基發表了《論幾何原理》（*On the Principles of Geometry*），在書中假設平行公設為偽的前提下，他想像出一種完全一致的幾何學。在此之前幾年，匈牙利數學家鮑耶也曾研究過相似的非歐幾何，不過他的著作拖延到 1832 年才出版。1854 年，德國數學家黎曼證明各種非歐幾何的可能性，藉此歸納了羅巴切夫斯基和鮑耶的發現。黎曼曾說：「非歐幾何學的價值在於解放了我們既有的成見，讓我們面對未來探索物理定律時可能需要非歐幾何的情況，可以事先做好準備。」後來，愛因斯坦的廣義相對論實現了黎曼的預言。

右圖為非歐幾何的其中一例，由藝術家列斯以雙曲線鋪排完成。另一位藝術家艾雪（M. C. Escher），也曾以非歐幾何進行實驗，把整個宇宙壓縮，並呈現在一個有限盤子上。

參照條目 歐幾里得的《幾何原本》（約西元前300年）；笛卡兒的《幾何學》（西元1637年）；射影幾何學（西元1639年）；黎曼假設（西元1859年）。

細胞核 Cell Nucleus

安東尼・菲力普斯・范・雷文霍克（Anton Philips van Leeuwenhoek，西元 1632 — 1723 年）
弗朗茲・鮑爾（Franz Bauer，西元 1758 — 1840 年）
羅伯特・布朗（Robert Brown，西元 1773 — 1858 年）
馬賽亞斯・許來登（Matthias Schleiden，西元 1804 — 1881 年）
奧斯卡・赫特維格（Oscar Hertwig，西元 1849 — 1922 年）
阿爾伯特・愛因斯坦（Albert Einstein，西元 1879 — 1955 年）

　　1670 年代期間，荷蘭顯微學家雷文霍克率先發現一個前所未知的世界，內容包括了肌肉纖維、細菌、精細胞，以及鮭魚紅血球的細胞核。接下來到了 1802 年，才由奧地利顯微學家、植物藝術家弗鮑爾發現另一種細胞核。然而，發現細胞核這項成就通常歸功於蘇格蘭植物學家布朗，他在研究蘭花的表皮時，發現了一個不透明的斑點，而且發現在花粉形成初期，也有這個斑點，他稱這個斑點為「細胞核」（nucleus）。1831 年，布朗和倫敦林奈學會的同事開會時，首次提到了這件事情，並在兩年後發表他的發現。布朗和鮑爾都認為，這個細胞核是單子葉植物（包含蘭花在內的一群植物）細胞獨有的構造。1838 年，細胞學說的共同創立者德國植物學家許來登，首次確立了細胞核與細胞分裂之間的關係，1877 年，赫特維格證實了細胞核在卵受精過程中扮演的角色。

　　遺傳物質的攜帶者。細胞核是細胞內最大的胞器，內含染色體和去氧核糖核酸（DNA），負責調控細胞的新陳代謝、細胞分裂、基因表現及蛋白質合成。雙層的核膜圍繞在細胞核周圍，使細胞核與細胞其他部位分隔開來，核膜連接著具有粗糙顆粒的內質網（endoplasmic reticulum），也就是蛋白質合成的地方。

　　布朗在 1831 年發現細胞核時，已經是一位具備聲望地位的植物學家。研究生涯早期，自 1801 — 1805 年，布朗在澳洲收集了 3400 份植物標本，對其中 1200 種進行描述與發表。1827 年，他指出液體或氣體介質中有許多微小的花粉粒子（後來發現還有其他粒子）持續不斷地隨機移動，彼此碰撞，這正是所謂的「布朗運動」，1905 年，愛因斯坦解釋這是因為看不見的水分子撞擊了可見的花粉粒分子所致。

左圖為動物細胞內部圖，主要呈現細胞內各種胞器。後方紫色的就是細胞核，細胞核中核仁（細胞核內部較小的球體），以及染色質纖維（DNA、蛋白質和RNA）。

參照條目　《顯微圖譜》（西元1665年）；發現精子（西元1678年）；細胞分裂（西元1855年）；染色體遺傳學說（西元1902年）；核糖體（西元1955年）。

達爾文及小獵犬號航海記
Darwin and the Voyages of the Beagle

查爾斯・達爾文（**Charles Darwin**，西元 1809 — 1882 年）

1859 年之前，幾乎沒有人認為達爾文會是史上最重要的生物學家之一，也沒人想到他的《物種始源》（*Origin of Species*，1859 年出版）會成為科學史上最重要的著作。他的父親是社經地位極高的醫生，而他的母親是威治伍德陶器公司創立者約書亞・威治伍德（Josiah Wedgwood）之女。查爾斯的祖父艾瑞斯瑪・達爾文（Erasmus Darwin），是 18 世紀著名的知識份子。達爾文在醫學院念書的日子，或是在劍橋攻讀學士學位的日子都沒什麼好提，他最常做的事就是探索自然和打獵。

當時，羅伯特・費茲羅伊（Robert FitzRoy）上校正為尋找一位「紳士級的乘客」，在英國皇家海軍小獵犬號為期五年的環球航程中，負責記錄並收集生物標本，同時還得對繪製南美洲海岸線地圖懷抱熱忱。時年 22 歲的達爾文因為對自然科學充滿熱忱，獲選為擔任這份無給職工作的人選，不過，更重要的原因是，他的社會地位足以和長他四歲的船長匹配。1831 年，達爾文踏上航程，當時的他和多數歐洲人一樣，相信這個世界是造物主創造出來的，而且，從造物主創世之後，自然界的萬物從來沒有發生變化。

沒暈船的時候，達爾文勤奮地觀察記錄，收集動物、海洋無脊椎動物、昆蟲標本，以及已滅絕動物的化石。在智利時，達爾文還經歷了一場地震。這趟航程中最值得紀念的一段時間，就是待在加拉巴哥群島的那五週，加拉巴哥群島是距離厄瓜多西岸約 1000 公里的 10 座火山島。達爾文在加拉巴哥群島收集的眾多標本中，包括了四隻分別在四座不同島嶼上收集到的小嘲鶇（mocking），他注意到每一隻小嘲鶇都不太一樣；另外他還帶了 14 隻雀鳥回到英國，每一隻的鳥喙大小和形狀都不同。1835 年，達爾文返回英國，這時他已是名符其實的博物學家，而他發表的演說、論文和廣受歡迎的著作《研究之旅》（*Journal of Researches*），後更名為《小獵犬號航海記》（*The Voyage of the Beagle*）更讓他的聲望扶搖直上。

右圖為加拉巴哥群島的地形圖和海深圖。加拉巴哥群島坐落在厄瓜多西方，達爾文在這裡找到 14 隻鳥喙大小和形狀各不相同的雀鳥，這項觀察成為他後來發展天擇說（西元 1859 年）的重要基石。

參照條目　林奈氏物種分類（西元1735年）；化石紀錄與演化（西元1836年）；達爾文的天擇說（西元1859年）。

法拉第的感應定律
Faraday's Laws of Induction

麥可・法拉第（**Michael Faraday**，西元 1791 — 1867 年）

「法拉第出生的那一年，正是莫札特過世的那一年，」大衛・古德林（David Goodling）教授如此寫道，「法拉第的成就帶給人們的感受性遠不如莫札特，但他對現代人生活及文化的貢獻和莫札特同樣偉大……他所發現的……電磁感應為現代電子科技奠下基礎……並建立了一個統合電學、磁學和光學理論的架構。」

電磁感應是英國科學家法拉第最偉大的發現。1831 年，法拉第注意到，當他移動一塊磁鐵通過靜止的導線線圈時，導線中總是有電流產生。這種感應電動勢（induced electromotive force）相等於磁通量（magnetic flux）的變化率。美國科學家約瑟・亨利（Joseph Henry 西元 1797 — 1878 年）曾做過類似的實驗。如今，這種感應現象在發電廠中扮演著關鍵角色。

法拉第還發現，如果他將線圈靠近一塊靜止的永久磁鐵（permanent magnet），導線只要移動就會有電流產生。當法拉第以電磁鐵進行實驗，使電磁鐵附近的磁場發生改變時，他隨即在位於附近，但和電磁鐵分開的導線中偵測到電流。

後來，蘇格蘭物理學家馬克士威（西元 1831 — 1879 年）認為，磁通量的變化導致電場產生，這樣的電場不僅造成電子流入附近的導線，而且就算沒有電荷，電場也存在於空間中。馬克士威描述的磁通量變化，以及其與感應電動勢（ε 或 emf）的關係，就是我們所稱的法拉第感應定律。線圈中感應電動勢的強度和衝擊線圈的磁通量變化率成正比。

法拉第相信，是上帝維持著宇宙秩序，而他只是順從上帝的旨意，透過謹慎的實驗，透過同行對他的實驗結果進行測試並擴充內容，進而揭露真相。聖經中的字字句句，法拉第皆視為真理，不過在這個世界，任何主張被接受之前，都必須經過一絲不苟的實驗來加以證明。

上圖：約翰・瓦金斯（John Watkins，西元 1823 — 1874 年）所攝的法拉第的人像照（約攝於西元 1861 年）；下圖：湯索曼（G. W. de Tunzelmann）《現代生活中的電學》（*Electricity in Modern Life*，西元 1889 年）一書中的發電機。發電站通常依賴這種有旋轉元件的發電機，藉由磁場和導電體的相對運動，將機械能轉換為電能。

參照條目 安培的電磁定律（西元1825年）；馬克士威方程組（西元1861年）；輸電系統（西元1878年）。

西元 1836 年

化石紀錄與演化
Fossil Record and Evolution

喬治・居維葉（**Georges Cuvier**，西元 1769 — 1832 年）
理查・歐文（**Richard Owen**，西元 1804 — 1892 年）
查爾斯・達爾文（**Charles Darwin**，西元 1809 — 1882 年）

　　19 世紀之前所發現的骨骼化石看起來差異頗為唐突且劇烈，而且沒有明顯的過度型態（intermidiate transition）。當時普遍認為這是支持神造論（creationism）的證據，同時也支持著地球上從未有動物滅亡的觀念。1796 年，居維葉在研究哺乳類動物的骨骼化石之後，拒絕接受所謂的演化觀念。相反地，型態相近的骨骼化石正是達爾文用來發展演化論的關鍵之一。

　　居維葉是著名的法國博物學家、動物學家，他在比較哺乳類動物化石遺骸與當時的現存哺乳類動物時，結合了自己的古生物學知識背景，以及比較解剖學上的專業。1796 年，居維葉發表了兩篇文章，其中一篇比較了現存大象與已滅絕的猛獁象；另一篇則是比較巨樹懶（giant sloth）和在巴拉圭發現，當時已滅絕的大懶獸（Megatherium）。據他的發現，佐以地球上各種不同的地質特徵，他認為，最佳的解釋就是：地球上發生過幾次毀滅性的事件，造成許多動物滅絕，後續又發生多次神創。他是災變說（catastrophism）的忠實支持者，批評演化論毫不留情。

　　1830 年代初期，達爾文隨著小獵犬號航行，來到了巴塔哥尼亞（Patagonia），在這裡發現了乳齒象（mastodon）、大懶獸、馬以及貌似犰狳的雕齒獸（Glyptodon）化石遺骸，及至 1836 年返回英國之後，達爾文帶著這些化石和他詳盡的記錄，前往拜訪解剖學家歐文。歐文斷定這些化石遺骸與當時南美洲現存哺乳類動物之間的親緣關係，比和任何地區的哺乳類動物還要近（歐文後來拒絕接受達爾文的天擇說）。達爾文在他的著作《物種始源》（*Origin of Species*，1859 年出版）裡提到化石的重要性，並承認我們可能永遠找不到介於化石遺骸和現存動物之間的「失落環節」，或所謂的過度型生物，就他所做出的結論而言，這無疑是最大的缺失，儘管如此，強而有力的證據仍支持著演化論。2012 年，在英國地質調查局的一處角落裡，有人發現了達爾文和同僚收集的 314 份化石玻片標本，在消失超過 150 年後，它們終於重見天日。

1790 年代，科學界首次發現已滅絕的哺乳類動物化石，挑戰了創世紀後動物就沒有改變過的觀念。右圖是菊石類動物的化石，這是一種已滅絕的海洋無脊椎動物，隸屬於軟體動物，模樣有如緊密捲繞的公羊角。

參照條目　林奈氏物種分類（西元1735年）；達爾文的天擇說（西元1859年）；放射性碳定年法（西元1949年）。

氮循環與植物化學
Nitrogen Cycle and Plant Chemistry

尚一巴蒂斯・布森格（Jean-Baptiste Boussingault，西元 1802 — 1887 年）
赫曼・黑利格爾（Hermann Hellriegel，西元 1831 — 1895 年）
馬丁努斯・貝傑林克（Martinus Beijerinck，西元 1851 — 1931 年）

1772 年，人類發現大氣含量有 78% 是氮——是氧氣的四倍——且發現氮是組成胺基酸、蛋白質和核酸的必要元素。透過一系列互利共生的關係，動植物遺骸中的氮得以成為供植物利用的可溶性營養素，之後再轉化為氣態，重新回到大氣中。

法國農業化學家布森格發現，氮在成為動植物能利用的營養素之前，必須先經過植物加以還原（固氮作用）。1834—1876 年，他在自己位於法國阿爾薩斯（Alsace）的農場建立了史上第一座農業研究站，在田地上進行化學實驗。布森格也確立了自然界的氮如何在動、植物與物理環境之間的移動，並研究了相關的問題，如土壤施肥、輪作、植物和土壤的固氮作用、雨水中的氨，以及硝化作用（nitrification）。

當時普遍認為植物可以直接吸收大氣中的氮，然而在 1837 年，布森格反駁這種說法，並證實植物吸收的是土壤中的硝酸鹽。隔年，他發現不管動物或植物的生存都缺不了氮，且肉食性及草食性動物都必須從植物身上獲得氮。他在這方面的化學發現奠下了我們如今對氮循環的了解基礎。

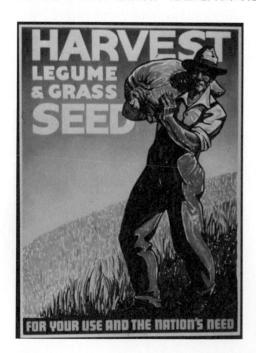

1888 年，德國農業化學家黑利格爾，以及荷蘭植物學家、微生物學家貝傑林克各自發現了豆科植物如何利用大氣中的氮氣（N_2），再由土壤微生物將之轉換為氨（NH_3）、硝酸鹽（NO_3）和亞硝酸鹽（NO_2）。豆科植物——包括大豆、苜蓿、葛藤、豌豆、豆類和花生——體內有負責固氮的共生菌，如根瘤菌（Rhizobium），這種細菌進入植物根系的根毛中增殖，刺激植物根系形成根瘤，根瘤內的共生菌將氮氣轉變為硝酸鹽，成為供豆科植物生長所用的營養素。植物死亡後，被固定的氮從植物體中釋放出來，得以為其他植物所用，也藉此使土壤變得肥沃。

左圖為世界二次大戰時期的海報，推廣農夫收割既可以當作食物來源，又能利用大氣中的氮來替土壤施肥的豆科植物。

參照條目　農業（約西元前1萬年）；生態交互作用（西元1859年）；光合作用（西元1947年）。

電報系統 Telegraph System

查爾斯·惠斯登（Charles Wheatstone，西元 1802 — 1875 年）
威廉·法索吉爾·庫克（William Fothergill Cook，西元 1806 — 1879 年）

　　說到電報系統，我們腦中可能會出現的畫面是：一間辦公室裡有個人正敲著電報鍵傳送摩斯密碼訊息，而一根發出卡嗒聲的金屬棒正在接收訊息。這項由英國發明家庫克和英國科學家惠斯登在 1837 年開發的裝置，是史上第一個投入商業用途的電報機。

　　在此前後有許多類似的裝置出現，不過，有幾個原因使庫克和惠斯登的電報機成為主流。最重要的是，它實在簡單的不得了。你只需要一個電報鍵——其實就是電流開關——一個音響器（sounder）、一個可以發出卡嗒聲的電磁體、一條電線，以及一顆電池，地球本身就是第二條電線，使電路迴圈變得完整。如此簡單的構造，意味著設置這種電報機不需要太多花費，而且它非常可靠。

　　一旦基本系統設置就緒，電報網絡便快速地發展起來。一條通往某處的電線，以及有著玻璃絕緣子的電線桿是首選配備，因為它們價格便宜且容易建設，然後沿著鐵路軌道架設電線桿，因為這是個方便的設置地點。因此，多數火車站都有電報辦公室，在設有電報站的城鎮，任何人都可以和世界各地溝通。

　　想像一下，突然之間，人類首次具備長距離溝通的簡單方式，這對文明會產生什麼影響？原本透過信件或馬匹，得花好幾天甚至一週才能傳送到位的訊息，這下子只要一分鐘就解決了。

　　以南北戰爭期間為例，對北軍來說，電報是扭轉形勢的重要因素，有了電報，各個戰場之間的訊息傳送和接收，幾乎立刻就能完成。林肯總統可能就在電報辦公室裡接收即時訊息，有了如此優異的溝通方式，軍隊和補給品的調度變得容易許多。

　　工程師找到用馬來樹膠（gutta-percha）使電線絕緣的方式，不久後也發展出海底電纜，是他們把世界變小了。

右圖為電報鍵。電報展現了前所未見的長距離溝通能力。

參照條目：奧爾梅克羅盤（約西元前1000年）；電話（西元1876年）；無線電臺（西元1920年）；ARPANET網路（西元1969年）。

銀板照相術 Daguerreotype

尼塞福爾・涅普斯（**Nicéphore Niépce**，西元 1765 — 1833 年）
路易—雅克—曼德・達蓋爾（**Louis-Jacques-Mande Daguerre**，西元 1787 — 1851 年）

　　照相術是最為著名的光化學（photochemistry）應用方式。透過改造暗箱（camera obscura）——一種利用光、透鏡和鏡子來投影成像的物理方法——法國發明家涅普斯試圖用化學的方式，來記錄過去只能由藝術家的眼和手來傳遞的畫面。在涅普斯稱之為日光蝕刻（heliography）的過程中，他將金屬板塗上一層有感光性質的瀝青（石油分餾的自然產物），把板子放在暗箱裡接收反射的影像，再將板子放到陽光下進行長達數小時的曝光。在陽光下，板子上特別亮的部分會硬化（可能是自由基誘發的聚合作用），接著用溶劑沖洗沒有硬化的暗影區，涅普斯於是在 1826 年製造出史上第一張可以永久保存的照片。不過，這種照片需要好幾個小時的曝光時間，因此並不實用。

　　法國藝術家、攝影家達蓋爾曾是涅普斯的合作夥伴，在涅普斯死後，達蓋爾接續研究照相術，以更有前景可言的銀化合物作為感光劑。經過許多實驗，達蓋爾在金屬板上塗了一層碘化銀（silver iodide），碘化銀的感光能力之強，只要幾分鐘的時間就足以完成影像曝光。達蓋爾將金屬板暴露在汞蒸氣之下進行顯影，得到暗色銀汞合金（即汞齊 amalgam）所構成的影像。不過，此時金屬板仍具備感光性質，必須除去未發生反應的碘化銀，才能將影像永久保存。達蓋爾很快發現，利用金屬鹽類進行最後的定影，可以讓影像的色調變得更鮮明（並且更耐久保存）。

　　達蓋爾於 1839 年發表銀板照相術，造成一時轟動，特別是因為當時這種照相術已經過充分改良，可以用於拍攝人像。然而，即便在最佳條件下，銀板照相術仍需要 10 — 60 秒的曝光時間，導致被攝對象往往產生較為僵硬的表情。銀板照相術程序繁複、要價不貲，而且具有毒性，不過，它仍是史上第一種照相術，而且，它改變了這個世界。

上圖：達蓋爾本人的銀板照片，攝於 1844 年；下圖：鳳凰消防公司和機械消防公司的領班合影，拍攝時間約為 1855 年，地點在南卡羅來納州的查爾斯頓。

參照條目　眼鏡（西元1284年）；望遠鏡（西元1608年）；全像片（西元1947年）。

橡膠 Rubber

湯瑪士・漢考克（**Thomas Hancock**，西元 1786 — 1865 年）
查理斯・固特異（**Charles Goodyear**，西元 1800 — 1860 年）

橡膠是一種舉世聞名的天然聚合物，由異戊二烯（isoprene）分子構成。異戊二烯是一種五碳化合物，存在於多種植物體內，一般認為可以保護植物免受熱壓力傷害的物質。異戊二烯聚合時，最先出現的形式是植物——如巴西橡膠樹（South American rubber tree）——所產生的黏性乳汁。

經過處理，這種乳汁可以進一步形成天然橡膠——在中美洲和南美洲已經數百年的應用歷史——不過天然橡膠有許多侷限，其中之一就是：天氣熱時黏性不斷，天氣冷時容易迸裂。許多發明家想要改進天然橡膠的性質，增加其可用性，經過多年徒勞無功的實驗之後，美國化學家固特異終於一舉成名。不管純粹意外或是刻意為之（有一說法是他將一團橡膠黏在炎熱的火爐上），他發現，硫和熱可以讓橡膠變成具有彈性、耐久性且沒有黏性的物質，如果能夠工業化生產，這種物質看似擁有巨大潛力。多年實驗過去，固特異的家人和債權人幾乎要失去耐性。1844 年，他以橡膠硫化技術（vulcanization，以羅馬火神 Vulcānus 為名）申請專利，並建立工廠生產橡膠產品。固特異的命運仍遭受許多猛烈衝擊，如在歐洲對抗專利爭議，尤其是和當時也以橡膠進行實驗，並以同樣處理方式申請到英國專利的英國製造工程師漢考克。

就化學反應而言，硫化會使橡膠交聯形成聚合鏈，改變分子彼此間相對移動的方式，進而使橡膠的性質發生變化。不管是不是偶然發現的結果，橡膠硫化技術對工商業界而言都是一大進步，如今各式各樣消費品，如輪胎、水管、鞋底和冰上曲棍球所用的橡皮圓盤，以及許多工業機械零件（包括製造這些產品所用的機械），都是橡膠硫化技術的成果。

右圖為採集橡膠樹樹汁的傳統方式。

 參照條目　塑膠（西元1856年）；聚乙烯（西元1933年）；光合作用（西元1947年）。

光纖 Fiber Optics

尚—丹尼爾·科拉頓（**Jean-Daniel Colladon**，西元 1802 — 1893 年）
高錕（**Charles Kuen Kao**，約生於西元 1933 年）
喬治·阿弗雷德·霍克漢姆（**George Alfred Hockham**，約生於西元 1938 年）

　　光纖的科學發展史淵遠流長，其中包括瑞士物理學家科拉頓在 1841 年展是的精采光泉秀，他讓光沿著水箱噴出的弧狀水流行進。現代的光纖——在 20 世紀被人發現，經過多次獨立改良——以可彎曲的玻璃或塑膠纖維做為傳遞光的媒介。1957 年，研究人員以光纖內視鏡申請專利，這種裝置讓醫生得以檢查病人腸道的前半部；1966 年，兩位電機工程師，高錕和霍克漢姆認為，利用光纖以光脈衝的方式傳遞訊號，可以達到進行遠距離通訊的目的。

　　光纖芯材的折射率會周圍的包覆薄層來得高，因此經由全內反射（total internal reflection），光會被困在光纖內。光一旦進入光纖芯材，會持續受到芯材壁面的反射，在傳輸距離極長的狀況下會導致訊號強度減弱，因此可能需要使用光再生器（optical regenerator）來增加光訊號。如今，就通訊作業而言，光纖比傳統的銅線具備了更多優勢：訊號傳輸的費用相對較低，輕量的光纖訊號衰減較少，而且訊號不會受到電磁干擾的影響。此外，光纖可以用來照明或傳輸影像，所以可藉光纖照亮或觀察那些位處狹窄難行處的物體。

　　傳遞訊號時，每一條光纖可以透過光的不同波長獨立傳遞許多頻段的資訊。一開始的訊號可能是電子位元訊號，利用這些訊號調變微小光源——如發光二極體（light-emitting diode）或雷射二極體（laser diode）——所發出的光，然後以發射紅外光脈衝的方式傳輸訊號。1991 年，技術專家研發了光子晶體光纖（photonic-crystal fiber），利用具有規則性的結構——好比在光纖上排列如陣的圓柱型孔洞——所產生的繞射效應來導引光線。

光纖沿其長度傳遞光線，透過全內反射，使光線在抵達光纖末端之前都受困於光纖之內。

參照條目　牛頓的稜鏡（西元1672年）；光的波動性質（西元1801年）；雷射（西元1960年）。

全身麻醉 General Anesthesia

法蘭西絲・伯尼（Frances Burney，西元 1752 — 1840 年）
尤翰・費德里希・迪芬巴赫（Johann Friedrich Dieffenbach，西元 1795 — 1847 年）
克勞福・威廉森・朗恩（Crawford Williamson Long，西元 1815 — 1878 年）
霍勒斯・威爾士（Horace Wells 西元 1815 — 1848 年）
威廉・湯瑪士・葛林・莫頓（William Thomas Green Morton，西元 1819 — 1868 年）

　　現今的我們幾乎忘了在麻醉術問世之前，動手術是多麼可怕的事。19 世紀著名的小說家、劇作家伯尼描述自己切除乳房的過程，術前她只喝了一杯葡萄酒來減緩疼痛，手術開始時有七名大漢壓著她，她寫道：「可怕的鋼刀刺入乳房，割開靜脈、動脈、肌肉、神經——我盡情哭喊，整個過程中我持續尖叫……天啊！接著，我感覺那把刀子深深劃過我的胸骨，在我的胸骨上刮削！手術過程我處於無法用言語形容的折磨當中。」

　　全身麻醉指的是用藥物誘發人體進入無意識狀態，讓病人在手術過程中不會感到疼痛。早期的麻醉方式可回溯至史前時代所使用的鴉片，印加文化的薩滿巫師以古柯葉使人體局部麻痺。然而，適用於現代手術的全身麻醉術通常歸功於三位美國人，一位是身為醫生的朗恩，以及身為牙醫的威爾士和莫頓。1842 年，朗恩讓病人吸入乙醚（ether）這種麻醉氣體後，切除了病人的頸部囊腫；1844 年，威爾士在多次拔牙過程中利用俗稱笑氣的一氧化二氮（nitrous oxide）；至於莫頓，他最有名的事蹟便是在 1846 年公開展示乙醚的使用，藉此幫助一位外科醫生移除病人的下顎腫瘤，這則故事還登上了報紙。1847 年，氯仿（chloroform）也被當成麻醉藥物來使用，但氯仿的危險性比乙醚高。如今我們所用的是更安全、有效的麻醉藥物。

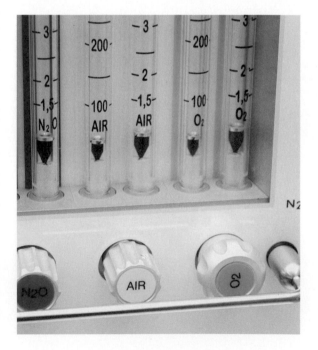

　　莫頓公開展示後，麻醉藥的使用開始快速普及。1847 年，整形手術的先驅迪芬巴赫寫道：「免除疼痛這個美夢已經成真。疼痛，是我們存在於塵世間最高的意識，是人體缺陷最明顯的感知，如今，它必須臣服在人類心智力量之下，臣服在乙醚蒸氣的威力之下。」

右圖為手術室儀器中的三種醫療氣體。一氧化二氮有時做為載氣（carrier gas）之用，與氧氣以 2:1 的比例混合，可以形成更有效的全身麻醉藥物，如地氟醚（desflurane）和七氟烷（sevoflurane）。

參照條目 縫合術（約公元前3000年）；帕雷的「理性外科」（西元1545年）；心臟移植（西元1967年）。

年能量守恆 Conservation of Energy

詹姆斯・普雷斯卡・焦耳（James Prescott Joule，西元 1818 — 1889 年）

「在那些深夜的恐怖時刻，當你想到死亡和毀滅，能量守恆提供一個讓你抓牢的支點，」科學記者娜塔莉・安吉爾（Natalie Angier）如此寫道，「你個人的總能量 E，也就是那些構成你的原子，以及原子鍵所蘊含的能量，將不會消滅……用來構成你這個人的質量和能量將會改變形式和位置，但它們仍在那兒，在生命和光的迴圈裡，在那場自大霹靂以來就未曾止息的派對裡。」

就傳統而言，能量守恆指的是：在一個封閉的系統中，物體間相互作用的能量可能會發生形式上的改變，但能量總和會維持恆定。能量有許多形式，包括動能、位能、化學能，以及熱能。想像弓箭手拉弓，讓弓變形的畫面。原則上，在箭射出之前及射出之後，弓和箭所蘊含的總能量是相同的。同樣地，儲存在電池裡的化學能可以轉換為驅策馬達運轉的動能。一顆球所含有的重力位能，在球往下掉落期間轉換為動能。物理學家焦耳在 1843 年發現，重量往下掉導致水車旋轉因而失去的重力能，和水與水車槳片摩擦而得到的熱能是相等的，這是能量守恆發展過程中的關鍵時刻。有關熱力學第一定律的敘述通常是這樣的：一個系統因為受熱而增加的內能（internal energy），等於加熱帶來的能量減去系統對周圍環境所作的功。

回到弓箭的例子上，當箭射中箭靶，動能轉換為熱能，而熱力學第二定律限制了熱能轉換為功的方式。

拉緊的弓一旦放開，位能便轉換為箭的動能，當箭射中目標，動能轉換成熱能。

參照條目　熱力學第二定律（西元1850年）；E = mc² （西元1905年）；核能（西元1942年）。

西元 **1844** 年

超越數 Transcendental Numbers

約瑟夫・劉維爾（**Joseph Liouville**，西元 1809 — 1882 年）
夏爾・埃爾米特（**Charles Hermite**，西元 1822 — 1901 年）
費迪南德・馮・林德曼（**Ferdinand von Lindemann**，西元 1852 — 1939 年）

1844 年，法國數學家劉維爾提出我們如今稱之為劉維爾常數（Liouville constant）的有趣數字，即：0.110001000000000000000000001000……，你能猜出它的重要性，或是創造出這個數字所用的規則嗎？

劉維爾證明這個不尋常的數字是一種超越數，這個數字也因此成了史上第一個受到證明的超越數。仔細看看這個常數，只有在和階乘對應的小數位數上會出現 1，其他位數都是 0，也就是說，1 只會出現在小數位數第 1、2、6、24、120、720……等位置上。

超越數如此奇特，以致於到了歷史上的相對近期才被人「發現」，各位熟悉的超越數可能只有 π，或許還有歐拉數 e，這些數字無法以任何有理數係數代數方程式的根來表示，好比 π 不可能是能夠滿足 $2x^4 - 3x^2 + 7 = 0$ 這個方程式的解。

要證明一個數字是超越數並不容易。1873 年，法國數學家埃爾米特證明了 e 是超越數，德國數學家林德曼則在 1882 年證明 π 是超越數。1874 年，德國數學家格奧・康托爾（Georg Cantor）讓許多數學家大吃一驚，因為他證明了「幾乎所有」實數都是超越數，這樣說吧，如果把所有數字都放進一個大罐子裡，搖搖罐子，取出一個數字，幾乎可以肯定這個數字是超越數。然而，儘管事實上超越數是「無所不在」的，但目前已知且被人命名的超越數寥寥無幾，這就像夜空中縱然繁星點點，但你能叫出名字的又有多少呢？

除了探索數學，劉維爾對政治也有興趣，並在 1848 年獲選為法國制憲議會成員。後續的選舉挫敗導致劉維爾意志消沉，他的數學隨筆中間雜著充滿詩意的引文。儘管如此，劉維爾一生仍寫了超過 400 篇嚴謹的數學論文。

法國數學家埃爾米特，約攝於 1887 年。1873 年，埃爾米特證明歐拉數是超越數。

參照條目　π（約西元前250年）；歐拉數e（西元1727年）；康托爾的超限數（西元1874年）。

塞默維斯的洗手方法
Semmelweis's Hand Washing

伊格納茲・菲利浦・塞默維斯（**Ignaz Philipp Semmelweis**，西元 1818 — 1865 年）
路易斯・巴斯德（**Louis Pasteur**，西元 1822 — 1895 年）
約瑟夫・李斯特爵士（**Sir Joseph Lister**，西元 1827 — 1912 年）

卡特（K. Codell Carte and Barbara Carter）這一對作家夫婦曾寫道：「醫學的進步是兩種人犧牲奉獻換來的：一是試著了解疾病的研究人員；一是在過程中死亡或者被害送命的病人。尤其有一項醫學進步，一部分是數十萬名產後感染產褥熱（childbed fever）——十九世紀初，在慈善產科診所中相當盛行的疾病——這種可怕疾病的年輕產婦犧牲性命換來的。」

雖然有好幾位醫生指出清潔之於預防感染的重要性，甚至早在我們尚未發現微生物是引發疾病的禍首之前就有這樣的觀點，不過對消毒一事進行早期系統性研究的人物中，最有名的莫過於來自匈牙利的產科醫師塞默維斯。塞默維斯發現，在他所任職的維也納醫院，產褥熱造成的產婦死亡率比另一間相似的醫院高出許多。他還注意到，只有在他工作的這間醫院，醫生總在研究完大體後才去看診。

產褥熱又稱產後熱（puerperal fever），是一種細菌引起的敗血症（sepsis，俗稱血中毒）。塞默維斯還發現，在街頭生產的女性鮮少感染產後熱，他於是推論，具有感染性的物質（如某種顆粒）是從大體轉移到產婦身上的。塞默維斯指導醫院員工在處理產婦前一定要先以氯化消毒液洗手之後，產後熱的死亡人數便大幅下降。

可惜啊，儘管塞默維斯發現的結果令人驚嘆，但當時許多醫生並不接受他的發現，一部分原因可

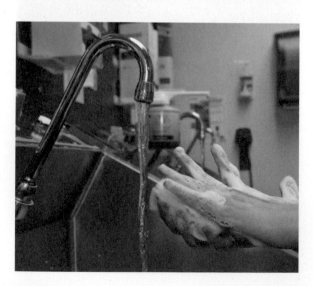

能是因為接受塞默維斯的說法，等於要這些醫生承認自己在無意間造成如此多人死亡。此外，許多當代的醫生認為，瘴氣這種有毒的氣體才是引發疾病的根源。最後，塞默維斯瘋了，被迫進了精神病院，在那遭警衛毆打致死。然而，塞默維斯死後，法國微生物學家巴斯德的病菌研究，和英國外科醫生李斯特所創的外科消毒術，皆證實了塞默維斯的發現無誤。

如今，外科醫生在手術前一定要刷洗雙手，通常會使用滅過菌的刷手刷子，搭配洛赫西定（chlorhexidine，一種外用抗菌劑）或碘酒來洗手，搭配不須手動開關的水龍頭。

參照條目　汙水系統（約西元前600年）；病菌說（西元1862年）；消毒劑（西元1865年）。

西元 1850 年

熱力學第二定律
Second Law of Thermodynamics

魯道夫・克勞修斯（**Rudolf Clausius**，西元 1822 — 1888 年）
路德維希・波茲曼（**Ludwig Boltzmann**，西元 1844 — 1906 年）

每當我看見自己在海灘上堆築雕砌的沙堡崩坍時，都會想起熱力學第二定律（簡稱 SL）。熱力學第二定律有一種早期形式是這樣說的：在一個受到隔離的系統中，熵（entropy）——或亂度（disorder）——的總值傾向趨近其最大值。在一個封閉的熱力學系統中，可以把熵想像成一種度量單位，其所測量的是系統中無法作功的熱能。德國物理學家克勞修斯如此說明熱力學第一及第二定律：宇宙中的能量是恆定的，宇宙的熵會趨近其最大值。

熱力學是研究熱能的科學，更廣泛地說，熱力學是一種研究能量轉換的科學。熱力學第二定律指出，宇宙中所有能量傾向朝均勻分布的狀態演進。當我們考慮到房子、身體或車子——在疏於保養的情形下——會隨著時間逐漸衰敗時，其實也間接引用了熱力學第二定律。或者，如小說家威廉・薩默塞特・毛姆（William Somerset Maugham）所寫：「為打翻的牛奶哭泣是沒用的，因為整個宇宙的力量就是傾向打翻它。」

在職業生涯早期，克勞修斯曾說：「熱不會自動自發地從冷的物體轉移到另一個較熱的物體上。」奧地利物理學家波茲曼在解釋熵是一種測量系統亂度（這種紊亂是因分子的熱運動而起）的單位時，擴充了熵和熱力學第二定律的定義。

從另一個角度來看，熱力學第二定律所說的就是：兩個相互接觸的鄰近系統，其溫度、壓力和密度會趨向相等。舉例來說，把一塊炙熱的金屬放入裝了冷水的水槽裡，金屬會冷卻，水的溫度會升高，直到兩者達到相同溫度。若沒有來自系統外部的能量，一個終於達到平衡狀態的隔離系統無法有效作功，這種說法有助於解釋熱力學第二定律如何阻止我們打造各種類型的永動機（Perpetual Motion Machine）。

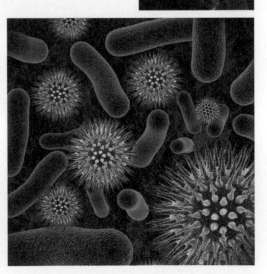

上圖：克勞修斯；下圖：微生物利用周遭紊亂的物質打造了「不可思議的結構」，不過，這麼做的代價是提升了周遭熵值。一個封閉系統的整體熵值雖然增加，但系統中個別組成成分的熵值可能減少。

參照條目　波茲曼熵方程式（西元1875年）；卡諾引擎（西元1824年）；能量守恆（西元1834年）。

柏賽麥煉鋼法 Bessemer Process

亨利·柏賽麥（**Henry Bessemer**，西元 **1813 — 1898** 年）

鐵器時代，鐵器的普及改變了這個世界。然而，由英國工程師柏賽麥所研發，於 1855 年首次註冊專利，用來精煉鐵及商業化產鋼的方法，也帶來同樣的革命性變化。

鋼從哪裡來？從鐵開始。把從地層中挖出鐵礦放入高爐中冶煉，會得到含碳量 5% 的生鐵（pig iron），再將生鐵放入鹼性吹氧爐（basic oxygen furnace）中，就能得到鋼。在壓力環境下，純氧會爆炸，因而燒掉大多數的碳，導致鋼的含碳量介於 0.1%（軟鋼）— 1.25%（高碳鋼）之間。碳含量、合金種類、淬火過程決定了鋼的性質。

鋼是一種優異的材料，有令人信賴的強度、抗疲勞性，又可以加工使用，且性質相當多變——能夠以許多不同型態呈現。舉例來說，加熱之後進行淬火，可以得到更具延展性的鋼，若以另一種方式淬火，則得到更為堅脆的鋼。透過表面硬化（case hardening）的處理方式，甚至有可能得到兼具兩種性質的鋼：堅硬外層難以切割，但內部較為柔軟，可以抵抗脆性。

再來聊聊合金。在鋼中加入少量的鉻（chromium）可以防止生鏽；加入額外的碳則使鋼變得更堅硬；加入鎢（tungsten）或鉬（molybdenum），就能得到工具鋼（tool steel）；加入釩（vanadium）可提升鋼的耐磨損性。

綜觀這些優勢，說明了鋼何以如此普及。在強度、成本和耐久性的考量下，工程師以鋼來打造汽車車體和引擎，以鋼來打造哈里發塔（Burj Khalifa）和米約高架橋（Millau Viaduct）這種大型橋梁的工程師，也是出自相同考量，他們以鋼來強化混凝土，大大地改善建築結構的抗拉強度。不使用鋼的原因若出自於重量因素，會以鋁纖維或碳纖維來取代鋼；或者，強度和耐久性不如成本來得重要時，則以用塑膠來取代鋼。

白熱化的鋼如水瀑一般自 35 噸的電爐中傾瀉而出，照片由賓州布雷根里基（Brackenridge）的 Allegheny Ludlum 鋼鐵公司提供，拍攝時間約為 1941 年。

參照條目　冶鐵（約西元前1300年）；羅馬混凝土（約西元126年）；塑膠（西元1856年）。

細胞分裂 Cell Division

馬塞亞斯・雅各布・許來登（**Matthias Jakob Schleiden**，西元 **1804 — 1881** 年）
西奧多・許旺（**Theodor Schwann**，西元 **1810 — 1882** 年）
魯道夫・路德維希・卡爾・魏修（**Rudolf Ludwig Karl Virchow**，西元 **1821 — 1902** 年）

根據自己的觀察和理論，德國醫生魏修強調，研究疾病，除了觀察病人的病癥以外，最後還要透過細胞研究來了解所有的病理。魏修並不專注於整個人體，而是認為，某一些或某一群細胞是可能會發生病變，這樣的想法有助於開啟細胞病理學的研究領域。

1855 年，魏修推廣他的名句「omnis cellula e cellula」，意即「每個細胞皆源自於之前存在的細胞」，這等於是駁斥了自然發生論，自然發生論認為細胞和器官都是由無生物物質演變而來。魏修在顯微鏡下研究細胞，發現細胞會分裂成兩等分，這個觀察對細胞學說的形成有所貢獻，而細胞學說的另一項信條則是認為：所有生物都是由一或多個細胞所構成，而且細胞是生命的基本單位。其他對細胞學說做出貢獻的知名人物，還包括同樣來自的德國生理學家許旺和許來登。魏修有句名言：「科學的任務就是標示出可知的範圍，然後在其中專注研究。」

除了描述細胞分裂之外，魏修還是精準辨認出血癌中白血細胞的第一人。儘管有著這些成就，但是，細菌引起疾病這樣的說法，以及清潔對預防感染的重要性，卻遭到魏修駁斥，他也不認同巴斯德提出的病菌說（germ theory）。魏修認為，組織會生病是因為細胞功能異常，而不是外來微生物所造成的。

科學作家約翰・賽門斯（John G. Simmons）提到：「藉由細胞假說，魏修拓展了生物化學和生理學的研究範疇，對研究範疇更為寬廣的生物學也有重大影響。在生物學的領域中，細胞學說最後演化成分子生物學，隨著遺傳學的進展，我們也更了解生殖。」如今，我們知道癌症是因為不受控的細胞分裂所導致，還知道讓傷口癒合的皮膚細胞是從原有的皮膚細胞分裂而來。

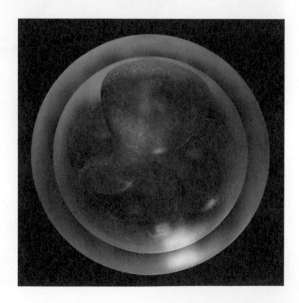

右圖是以藝術的形式描繪完成分裂過兩次的合子（zygote）。精卵結合後所產生新個體，而新個體最初形成的細胞就是合子。

參照條目　癌症病因（西元1761年）；塞默維斯的洗手方法（西元1847年）；病菌說（西元1862年）；海拉細胞（西元1951年）；端粒酶（西元1984年）。

塑膠 Plastic

亞歷山大・帕克斯（**Alexander Parkes**，西元 **1813 — 1890** 年）

　　雖然人類使用天然塑料——如橡膠和膠原——已有幾千年的時間，但第一種人造塑膠是 1856 年由帕克斯獲得專利的「帕克辛」（Parkesine）。如今，我們身邊的塑膠製品幾乎已經多到無法描述的地步。便宜、具有延展性又耐用的性質，使塑膠成為一種理想的材料。

　　塑膠受到如此廣泛的使用，其中一項原因是來自化學工程師的努力，他們在工廠中導入大規模製程，讓塑膠的生產成本變得相當便宜；另一項原因則是來自設計零件和打造射出成形系統的機械工程師和工業工程師。塑膠質地輕盈，相對於自身重量而言，塑膠算是非常強韌的材質，既耐腐蝕又容易塑形，可以打造成各式各樣不同性質的塑膠製品。帕克辛的原料是纖維素，纖維素是製造合成象牙的常用材料，現代所用的塑膠是以其他品質更好的原料所製成。聚乙烯（Polyethylene）由組成長鏈的碳和氫原子所構成，所以聚乙烯其實就是固化的石油。長鏈的長度、長鏈分支的數量，以及聚合的程度，都會影響聚乙烯的性質。

　　工程師和科學家一同合作，也打造出其他數百種類型的塑膠。有些塑膠會形成纖維，可以製成柔軟布料或枕頭填料。1935 年，杜邦公司的華萊士・卡羅瑟斯（Wallace Carothers）打造出尼龍纖維，可以用來製造降落傘、背包和帳棚所需的強韌、抗磨布料。後來出現了克維拉（Kevlar）這種纖維，它的強度足以用來製造防彈背心。有些塑膠具有橡膠質地，可用來製造密封墊、襯墊、墊圈、輪子和握把；有些塑膠像玻璃一樣澄澈，其他塑膠則是完全不透明；有些塑膠的強度之高，可比擬鋼鐵的抗張強度（tensile strength），又兼具彈性和輕量的特色。塑膠有如此多樣且多變的性質，代表工程師幾乎能用它來打造任何東西。

圖中這種塑膠方塊玩具通常是由 ABS（acrylonitrile butadiene styrene，丙烯腈 - 丁二烯 - 苯乙烯）這種塑膠所製成。

參照條目 羅馬混凝土（約西元126年）；橡膠（西元1839年）；聚乙烯（西元1933年）。

莫比烏斯帶 Möbius Strip

奧古斯特・費迪南德・莫比烏斯（**August Ferdinand Möbius**，西元 1790 — 1868 年）

德國數學家莫比烏斯是一位害羞、不擅社交又常忘東忘西的教授，莫比烏斯帶是他最有名的發現，當時的他已經年近古稀。各位想要自己打造出莫比烏斯帶的話，只要找來一條彩帶，先將一端扭轉 180 度，然後把彩帶兩端連結起來就行了。這時各位手上會有一個單側曲面，在單側曲面上，一隻蟲子可以從任一點爬到另一點，而不需要越過單側曲面的邊緣。試著用蠟筆替莫比烏斯帶著色，你會發現不可能讓莫比烏斯帶呈現一邊為紅色，一邊為綠色的狀態，因為莫比烏斯帶就只有一側。

莫比烏斯過世多年後，莫比烏斯帶的普及性及應用性也有所成長，並且成為數學、魔術、科學、藝術、工程學、文學和音樂領域中不可或缺的一部分。四處可見的回收標誌就是莫比烏斯帶，象徵著將廢棄物轉變成有用資源的過程。如今，莫比烏斯帶無處不在，從分子構造、金屬雕刻、郵票、文學、科技專利、建築結構到宇宙模型，都有它的蹤影。

莫比烏斯和同代的德國數學家利斯廷（Johann Benedict Listing，西元 1808 — 1882 年）同時發現了這個著名的圖形，然而，就觀念的延伸而言，莫比烏斯似乎比利斯廷稍進一步，因為他更仔細地探究了這個圖形的某些非凡性質。

莫比烏斯帶是第一個由人類發現並加以研究的單側曲面。直到 19 世紀中之前，沒有任何人描述過單側曲面的性質，這一點似乎有點難以想像，不過在此之前，歷史上帝卻沒有相關的觀察紀錄。有鑑於莫比烏斯帶是第一個，也是唯一一個讓廣泛大眾可以接觸到拓樸學研究的圖形（拓樸學是一種研究幾何圖形，以及幾何圖形間彼此關係的科學），這項巧妙的發現便值得在本書中占有篇幅。

右圖為克拉謝克和皮寇弗共同創作的藝術作品，畫面中有多個莫比烏斯帶。莫比烏斯帶是第一個由人類發現並加以研究的單側曲面。

參照條目　正多面體（約西元前350年）；歐幾里得的《幾何原本》（約西元前300年）；非歐幾里得幾何學（西元1829年）；超立方體（西元1888年）。

達爾文的天擇說
Darwin's Theory of Natural Selection

查爾斯・萊爾（Charles Lyell，西元 1797 — 1875 年）
湯瑪斯・馬爾薩斯（Thomas Malthus，西元 1766 — 1834 年）
查爾斯・達爾文（西元 1809 — 1882 年）、阿弗雷德・華萊士（西元 1823 — 1913 年）

《物種始源》的成書時間超過 20 年，書中內容以許多不同的證據和觀察結果為基礎，也只有達爾文有這樣的天分能把這些資訊整合成冊。隨著小獵犬號航行期間（西元 1831 — 1835 年），達爾文拜讀了萊爾所著的《地質學原理》（Principles of Geology），書中提到鑲嵌在岩層中的化石，是有幾百萬年歷史的生物印痕，而這些生物早已經不存在於地球，和現今的生物也不相似。1838 年，達爾文讀了馬爾薩斯的論著《人口論》（Principle of Population），馬爾薩斯認為人口增長的速率遠超過食物的供應量，如果不加以控制，可能會造成毀滅性的後果，達爾文也因此聯想到農夫透過人工選殖的方法，挑選最優秀的家畜加以繁育。另外，他在加拉巴哥群島上發現 14 種隻外型都很相似，唯獨鳥喙的形狀和大小各有不同的雀鳥，而這是為了適應島上食物而發展出來的結果。

達爾文並非第一個提出演化概念的人，然而其他人的理論缺乏連貫性，無法解釋演化的起源。達

爾文的演化論以天擇說為基礎。在自然界，物種間必須彼此競爭有限的資源，生物身上若具有最能使其適應生存環境的特徵，就最有可能生存下來進行繁殖，並把這些有利的特徵繼續傳給後代。因此，經過世世代代的累世修飾（descents with modification），便由共祖物種衍生出後世的物種。

1840 年代，達爾文在一篇論文中初步描述了天擇說的輪廓。他預料自己的反神創理論必會引起一場風暴，因此對公開天擇說一事有所遲疑，不過，接下來十年，他繼續收集其他證據來支持天擇說。1858 年，達爾文聽說同為博物學家的華萊士已獨立發展出一套有關天擇的理論，而且內容竟和自己的理論極為相似，達爾文只得加緊撰寫，在 1859 年發表完成《物種始源》這本是有史以來最暢銷、也最經典的科學著作。

1869 年，茱莉亞・瑪格麗特・卡麥隆（Julia Margaret Cameron，西元 1815 — 1879 年）為達爾文拍攝人像照，這位女性攝影師以拍攝英國名流人士而著名。

參照
條目　農業（約西元前10000年）；林奈氏物種分類（西元1735年）；人工選殖（西元1760年）；達爾文及小獵犬號航海記（西元1831年）；化石紀錄與演化（西元1836年）；生態交互作用（西元1859年）。

生態交互作用 Ecological Interactions

查爾斯・達爾文（西元 1809 — 1882 年）

生態學旨在檢視生物與環境的關係，種間或種內的生物共享著一個對彼此都有影響的生態系，這一點想來並不令人意外。這種交互作用的本質中，一端是物種受惠必須犧牲其他物種的狀況，而在另一端的情況則是，所有身在其中的物種都能同蒙其惠。達爾文在其著作《物種始源》中提到，同種物體間的生存競爭最為強烈，因為彼此擁有相似的外表型態和棲位需求。

生態交互作用的內容？

捕食（predation）和寄生（parasitism）就是只有一種物種受惠的生態交互作用，另一種物種必須付出代價。捕食象徵著最極端的生態交互作用，捕食者捕食另一種物種，就像貓頭鷹獵殺田鼠，或肉食性的豬籠草捕捉昆蟲為食。寄生關係不若捕食關係這般極端，寄生蟲因寄生在寄主身上而受惠，而寄主並未從中得到任何益處，如寄生在脊椎動物腸道裡的條蟲。細胞內的寄生生物，如原生動物和細菌，通常需要藉由媒介生物的幫助，才有辦法進入寄主體內，如瘧蚊叮咬人類後，將瘧原蟲送進人類體內。

片利共生（commensalism）指一物種受惠，另一物種未蒙其害的交互關係。出沒在熱帶地區遠洋海域的短印魚（remora）與鯊魚共生，以鯊魚吃剩的食物為食；線尾蟶鰻（fierasfer）體型小，身形細長，以海參的泄殖腔為家，躲避捕食者。

互利共生（mutualism）是最公平的生態交互作用，置身其中的物種為其他物種提供資源或服務，彼此互蒙其利。地衣是一種綠藻和真菌共生所形成的植物，真菌從藻類身上獲得氧氣和碳水化合物，藻類則從真菌身上獲得水分、二氧化碳和礦物鹽。

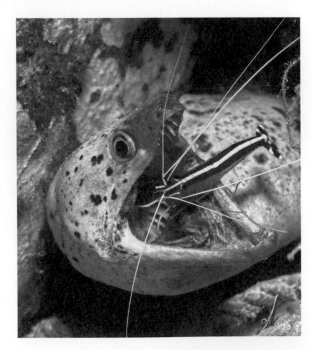

右圖為互利共生的兩種生物，蝦子清潔熱帶海鰻口腔中的寄生蟲，海鰻免除了寄生蟲的騷擾，蝦子也獲得營養來源。

參照條目 氮循環與植物化學（西元1837年）；達爾文的天擇說（西元1859年）；食物網（西元1927年）。

動力論 Kinetic Theory

詹姆斯‧克拉克‧馬克士威（**James Clerk Maxwell**，西元 **1831 — 1879** 年）
路德維希‧波茲曼（**Ludwig Boltzmann**，西元 **1844 — 1906** 年）

想像一個纖薄的塑膠袋裡裝滿的嗡嗡振翅的蜜蜂，每一隻蜜蜂都隨機地碰撞著彼此和塑膠袋的內壁。當蜜蜂以更快的速度四處碰撞，牠們堅硬的身體便以更大的力道撞擊著塑膠袋，導致塑膠袋擴張。以上這個例子中的蜜蜂，其實就是暗指氣體中的原子或分子。氣體動力論試圖以這些粒子的持續運動，來解釋氣體的巨觀性質，如壓力、體積和溫度。

根據動力論，溫度會隨著粒子在容器中運動的速度而改變，而粒子碰撞容器內壁則會導致壓力形成。滿足某些假設條件之後，動力論最簡單的版本就是最精確的版本。舉例來說，氣體應由許多一模一樣，朝著隨機方向運動的微小粒子所組成；粒子和粒子之間，以及粒子與容器內壁之間應經歷彈性碰撞，而沒有其他種類的作用力介入其中；此外，粒子之間的平均分散距離要夠大。

1859 年左右，物理學家馬克士威發展出一套統計方法，用溫度函數的方式來表示氣體粒子在容器內的運動速度分布，好比溫度上升時，氣體分子的運動速度會增加。馬克士威還考慮到氣體的黏度和擴散性質，與分子運動特性之間的依變關係。1868 年，物理學家波茲曼歸結了馬克士威的理論，提出馬克士威—波茲曼分布律（Maxwell-Boltzmann distribution law），以溫度函數的形式描述粒子運動速度的機率分布。

說來有趣，這時科學家們仍在爭論原子到底存不存在。在我們的日常生活中時時都能發現動力論的蹤影，以吹氣球為例，我們在一個密閉空間中加入更多氣體分子，導致這個密閉空間內部發生的氣體碰撞現象比外部來得多，因此，這個密閉空間便產生擴張。

根據動力論，當我們吹出肥皂泡泡的時候，形同在密閉空間中加入了更多氣體分子，導致泡泡內部分子碰撞的現象比外部來的多，於是泡泡便產生擴張。

參照
條目　原子論（西元1808年）；布朗運動（西元1827年）；波茲曼熵方程式（西元1875年）。

黎曼假設 Riemann Hypothesis

格爾・腓特烈・伯恩哈德・黎曼（Georg Friedrich Bernhard Riemann，西元 1826 — 1866 年）

　　許多數學調查指出，「證明黎曼假設」是數學界最重要的一個未解問題。這項證明牽涉到 ζ 函數（zeta function），這項函數可以用一種看起來十分複雜的曲線加以表示，在數論中，這種曲線在檢驗質數性質時非常實用。ζ 函數寫作 ζ(x)，其函數的原本定義為無窮級數，即 ζ(x) = 1 + (1/2)^x + (1/3)^x + (1/4)^x + ...。x = 1 時，這個數列不存在有限和（finite sum）；x 大於 1 時，這個數列加總會得到一個有限數（finite number）；x 小於 1 時，數列總和又會再度變成無限大。在文獻中受到研究和討論的完整 ζ 函數，是一個更加複雜的函數，相當於上述數列中 x 大於 1 的情形，不過 x 為任何實數或複數時，這個數列的總和會是有限數（除了 x 的實數部分等於 1 情況之外）。我們知道，當 x = － 2、－ 4、－ 6……時，ζ 函數 = 0，此外，有無數個複數可使 ζ 函數 = 0，這些複數的實數部分介於 0 跟 1 之間——但我們無法確知哪些複數可使 ζ 函數 = 0。數學家黎曼猜測，這些使 ζ 函數 = 0 的複數，實數部分為 1/2。雖然有眾多數值分析的證據支持黎曼的猜測，但黎曼假設仍舊未受到證明。倘若黎曼假設被證明為真，將會對質數理論以及我們對複數性質的了解產生深遠影響。令人驚訝的是，透過研究黎曼假設，物理學家可能在量子物理和數論之間找到了一種不可思議的連結性。

　　2005 年左右，超過 11000 名來自世界各地的志願者以黎曼假設為題，透過分散式的電腦套裝軟體來尋找使 ζ 函數 = 0 的解，這項行動是 ZetaGrid 計畫的其中一部分。每一天，他們得到超過十億個使 ζ 函數 = 0 的解。最後，研究人員並未找到黎曼假設的反例。

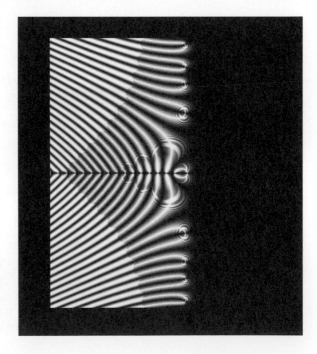

提博・瑪迦拉斯（Tibor Majlath）在複數平面上解釋黎曼 ζ 函數。平面上下半部各有四個靶心般的小圖案，其所在位置相當於令 ζ 函數 = 0，且實數部分 = 1/2 的解。這張平面圖上，實數和虛數的範圍都介於 ±32 之間。

參照條目　埃氏質數篩選法（約西元前240年）；虛數（西元1572年）；希爾伯特的23個問題（西元1900年）；證明克卜勒猜想（西元2017年）。

大腦功能分區 Cerebral Localization

希波克拉底（**Hippocrates of Cos**，西元前 460 — 377 年）
蓋倫（**Galen of Pergamon**，西元 129 — 199 年）
弗朗・約瑟夫・高爾（**Franz Joseph Gall**，西元 1758 — 1828 年）
皮埃爾・保羅・布洛卡（**Pierre Paul Broca**，西元 1824 — 1880 年）
古斯塔・西奧多・費里希（**Gustav Theodor Fritsch**，西元 1838 — 1927 年）
愛德華・希茲格（**Eduard Hitzig**，西元 1839 — 1907 年）
懷爾德・葛瑞夫斯・潘菲爾德（**Wilder Graves Penfield**，西元 1891 — 1976 年）
赫伯特・亨利・賈斯珀（**Herbert Henri Jasper**，西元 1906 — 1999 年）

　　古希臘醫生希波克拉底知道，腦是思想和情緒的物質基礎，而希臘醫生蓋倫也說了：「神經的起源處，是靈魂的指揮中心。」然而，一直到了 19 世紀，人類對於大腦功能分區才有進一步的研究。大腦功能分區這種想法認為，腦子裡的不同區塊發生特化，因而展現不同功能。

　　1796 年，德國神經解剖學家高爾認為應該可以把腦子視為許多次器官（suborgan）的集合體，每一種次器官都發生特化，以處理多種心智官能，如語言、音樂……然而，高爾犯了個錯，錯在他提倡導的概念：根據覆蓋其上的顱骨面積和突起高度，可以推斷這些次器官的相對大小和效能。

　　1861 年，法國醫生布洛卡發現，腦內有個負責產生說話能力的特殊區塊。他之所以有這項發現是因為檢查了兩位病人，他們左腦前額部位的一個特殊區塊受傷後，便喪失了說話能力，如今我們稱這個區域為「布洛卡區」（Broca's area）。說來有趣，如果布洛卡區受到漸進式的傷害，如腦瘤壓迫，病人有時還能夠保存重要的說話能力，這代表說話能力可以轉換到附近的腦區。

　　1870 年左右，德國研究學者費里希和希茲格發現另一項有關大腦功能分區的重要證據。他們以狗

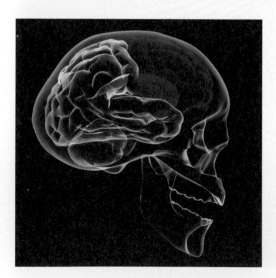

為實驗對象，證實用電流刺激特殊的腦區，發現狗的身體會產生局部運動。1940 年代，加拿大研究學者潘菲爾德和賈斯珀繼續進行以電流刺激左右腦運動皮質區的研究，發現這麼做會引起身體對側的肌肉收縮。他們還詳細繪製了腦部運動區（控制隨意肌的運動）和感覺區的功能圖。

大腦皮質包括了額葉（frontal lobe，紅色部分）、頂葉（parietal lobe，黃色部分）、枕葉（occipital lobe，綠色部分），以及顳葉（temporal lobe，藍綠色部分）。額葉負責「高階功能」，如計畫和抽象思考，小腦（cerebellum，紫色部分）位於圖中下方區域。

參照條目　莫爾加尼「受難器官的呼喊」（西元1761年）；神經元學說（西元1891年）；腦側化（西元1964年）。

馬克士威方程組 Maxwell's Equations

詹姆斯・克拉克・馬克士威（James Clerk Maxwell，西元 1831 — 1879 年）

「從長遠的觀點來看人類歷史，」物理學家費曼寫道，「好比說從一萬年後回顧至今，19 世紀最重要的事件，無疑就是馬克士威發現了電動力學定律。同代的美國南北戰爭和這個重要的科學事件相比，顯得黯然失色且無關緊要。」

大體而言，馬克士威方程組由四個描述電場和磁場行為的著名公式所組成。特別值得一提的是，這些公式表達了電荷如何產生電場，以及磁荷不存在的事實。它們還告訴我們，電流如何產生磁場，以及磁場的變化如何產生電場。以 E 代表電場，B 代表磁場，ε_0 代表電常數，μ_0 代表磁常數，J 代表電流密度，便可將馬克士威方程組表示如下：

$$\nabla \cdot E = \frac{\rho}{\varepsilon_0} \quad \text{高斯電學定律}$$

$$\nabla \cdot B = 0 \quad \text{高斯磁定律（磁單極不存在）}$$

$$\nabla \times E = -\left(\frac{\partial B}{\partial t}\right) \quad \text{法拉第電磁感應定律}$$

$$\nabla \times B = \mu_0 J + \mu_0 \varepsilon_0 \left(\frac{\partial E}{\partial t}\right) \quad \text{馬克士威—安培定律}$$

這樣的表示方法如此簡潔，以致於愛因斯坦認為馬克士威的成就堪比牛頓。此外，這些方程式還預測了電磁波的存在。

哲學家羅伯・克里斯（Robert P. Crease）在描述馬克士威方程組的重要性時寫道：「雖然馬克士威方程組相對簡單，但它們大膽地整頓了我們對自然界的認知，統合了電學和磁學，並連結了幾何學、拓樸學和物理學，是我們了解周遭世界時不可或缺的要素，不僅向科學家展示了研究物理學的新方法，還帶領科學家踏出統合自然界所有基礎作用力的第一步。」

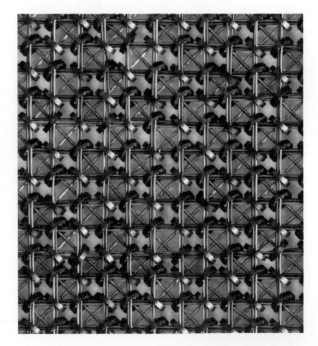

透過馬克士威方程組中的安培定律，可以稍稍了解 1960 年代電腦中的磁芯記憶體（core memory）。這項定律描述電流通過導線時，導線周圍如何形成磁場，因此造成磁芯（圖中圓圈形狀的構造）的磁極性（magnetic polarity）發生改變。

參照條目　安培的電磁定律（西元1825年）；法拉第的感應定律（西元1831年）；萬有理論（西元1984年）。

病菌說 Germ Theory of Disease

馬庫斯・特倫提烏斯・瓦羅（**Marcus Terentius Varro**，西元前 116 — 27 年）
路易斯・巴斯德（**Louis Pasteur**，西元 1822 — 1895 年）

　　對現代人而言，病菌引起疾病是顯而易見的事實。我們在飲用水裡加氯，塗抹含有抗生素的軟膏，而且希望醫生可以好好洗手。我們很幸運，有法國化學家、微生物學家巴斯德對疾病的成因和預防方式進行了先驅研究，他的實驗結果支持病菌說，而這項學說指出，許多疾病是由微生物引起的。

　　1862 年，巴斯德進行一項著名的實驗，證明在消毒過的營養肉湯中所生長的細菌，並非透過自然發生而出現——自然發生論指出，生命通常起源於無生物物質。舉例來說，如果使用瓶頸又長又細又彎曲的細頸燒瓶來盛裝肉湯，灰塵、孢子和其他粒子幾乎不可能接觸到肉湯，因此不會有任何生物生長其中。只有在巴斯德把燒瓶敲破，弄出個開口以後，肉湯中才有生物開始生長。如果自然發生論是正確的，那麼因為病菌會自然發生，細頸燒瓶所盛裝的肉湯最終也會受到感染。

　　職業生涯期間，巴斯德研究了酒的發酵，以及綿羊和蠶的疾病，還製造出狂犬病疫苗，並證明了巴氏滅菌法（pasteurization，將飲料加熱至特定溫物並維持一段時間）可以削弱食物中的微生物生長態勢。在研究炭疽病時，巴斯德證明把從受感染動物血液中取得的細菌，稀釋成濃度極低的均勻菌液後，如果細菌能夠在培養液中增殖，那麼把菌液注入動物體內，仍會造成動物死亡。

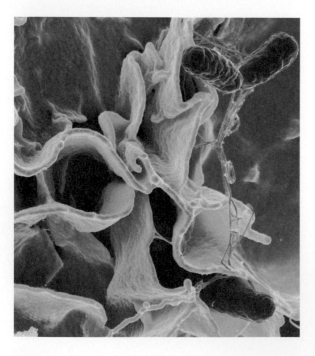

　　疾病是由肉眼不可見的生物所引起，這絕不是巴斯德率先提出的想法。甚至遠在西元前 36 年，羅馬學者瓦羅就曾警告那些住得離沼澤太近的民眾，「一些微小的生物在沼澤裡繁殖，肉眼看不見這些漂浮在空中，透過口鼻進入人體，而後引起嚴重疾病的生物。」

左圖為經過色彩增強處理的掃描式電顯照片，可以看出鼠傷寒沙氏桿菌（Salmonella typhimurium，紅色）正在侵襲培養基中的人體細胞（照片由落磯山實驗室、美國國家過敏和傳染病研究所和美國衛生研究院提供）。鼠傷寒沙氏桿菌會引起傷寒和食物媒介疾病之類的疾病。

參照條目　《顯微圖譜》（西元1665年）；塞默維斯的洗手方法（西元1847年）；細胞分裂（西元1855年）；消毒劑（西元1865年）；氯化水（西元1910年）。

電磁頻譜 Electromagnetic Spectrum

費德理克・威廉・赫歇爾（Frederick William Herschel，西元 1738 — 1822 年）
約翰・威廉・瑞克（Johann Wilhelm Ritter，西元 1776 — 1810 年）
詹姆斯・克拉克・馬克士威（James Clerk Maxwell，西元 1831 — 1879 年）
亨里希・魯道夫・赫茲（Heinrich Rudolf Hertz，西元 1857 — 1894 年）

　　電磁頻譜指的是電磁（electromagnetic，EM）輻射範圍廣闊的頻率譜域。電磁輻射是一種能夠在真空中傳導的能量波，並且含有和振盪方向互相垂直的電場和磁場。依據能量波的頻率不同，可以將頻譜分成不同的區段。隨著頻率增加（波長變短），頻譜上依序是無線電波、微波、紅外線、可見光、紫外光、X 光和伽瑪射線。

　　可見光的波長介於 4000 — 7000 埃（angstrom）之間，一埃等於 10^{-10} 公尺。在發射塔上來回移動的電子可以產生無線電波，其波長從幾英尺到好幾英里都有。如果將電磁頻譜想像成一架可彈 30 個八度音階的鋼琴，那麼每經過一個八度音階，無線電波的波長便加倍，而可見光占據的範圍只有一個八度音階。如果想要呈現現有儀器能夠偵測到的完整輻射頻譜，那麼這架鋼琴至少還要再增加 20 個八度音階。

　　外星人可以感知的頻譜範圍可能超過人類。即使是在地球上，也有一些特別敏感的生物。好比響尾蛇就能夠偵測紅外線，因此可以看見周圍環境的「熱像」（heat picture）。在我們眼裡，長尾水青蛾（Indian luna moth）的雌雄個體都是淡綠色的，而且外觀上難以區分。但是，長尾水青蛾本身可以接收紫外光，因此，在牠們眼裡，兩性個體看起來可差多了。當長尾水青蛾停棲在葉片上，其他生物難以察覺牠們的存在，不過這樣的保護色在長尾水青蛾之間並不存在，牠們反倒看見彼此發出亮麗的色彩。蜜蜂可也可偵測到紫外光，其實，許多花朵具備了只有蜜蜂才能看見的美麗圖案，好藉此引導蜜蜂前來，這些饒富吸引力且複雜精密的圖案，人類完全無法感知。

　　這一頁開頭所列出來的物理學家，在電磁頻譜的領域中都是關鍵的研究學者。

在我們眼裡，長尾水青蛾的雌雄個體都是淡綠色的，而且外觀上難以區分。但是，長尾水青蛾本身可以接收紫外光，因此，在牠們眼裡，兩性個體看起來可差多了。

參照條目　牛頓的稜鏡（西元1672年）；光的波動性質（西元1801年）；X光（西元1895年）；宇宙微波背景（西元1965年）。

消毒劑 Antiseptics

威廉・亨利（**William Henry**，西元 1775 — 1836 年）
伊格納茲・塞默維斯（**Ignaz Philipp Semmelweis**，西元 1818 — 1865 年）
路易斯・巴斯德（**Louis Pasteur**，西元 1822 — 1895 年）
約瑟夫・李斯特（**Joseph Lister**，西元 1827 — 1912 年）
威廉・史都華・豪斯泰德（**William Stewart Halsted**，西元 1852 — 1922 年）

　　1907 年，美國醫生富蘭克林・克拉克（Franklin C. Clark）寫道：「有三項值得一提的事件刻畫人類的醫學史，每一項都徹底改革了手術的操作方式。」第一項是在手術中使用斷血性結紮（ligature）的方法來阻止血液流動，法國外科醫生帕雷就曾這麼做；第二項是透過全身性的麻醉劑，如乙醚，來減輕病人的疼痛感，這得歸功於好幾位美國人的貢獻；第三項則是英國外科醫生李斯特所提倡的手術消毒方法。李斯特利用石炭酸（carbolic acid，如今稱之為酚 phenol）來替病人的傷口和手術器械進行消毒，大幅減低了術後感染的問題。

　　巴斯德提出的病菌說，激勵李斯特產生用石炭酸來消滅微生物的想法。1865 年，他用浸泡過石炭酸溶液的布料包紮病人傷口，成功地處理了一件骨頭刺出皮膚之外的開放性骨折病例。1867 年，李斯特將他的發現發表在一篇名為〈手術操作之消毒原則〉（Antiseptic Principle of the Practice of Surgery）的期刊論文中。

　　許多人曾提出各種消毒方法，李斯特並非第一人。舉例來說，英國化學家亨利就曾建議用加熱的方式來消毒衣物，而匈牙利的產科醫生塞默維斯則是提倡醫生要以洗手的方式來預防疾病傳播。不過，李斯特這種在開放性傷口上潑灑石碳酸的方式，通常可以預防後續的可怕感染，因此在當代的醫院中廣為流傳。他的文章和演講提倡消毒劑的必要性，說服了醫療專業人士。

　　通常，消毒劑是直接施用在人體表面的。現代醫學預防感染的方法，更專注於使用包括滅菌法（sterilization）在內的無菌操作法，在細菌有機會接觸到病人之前就移除它們（例如器械的消毒，以及使用外科口罩）。如今，對付體內感染時，醫療界也會使用抗生素。1891 年，豪斯泰德倡導手術時應使用橡膠手套。

來自紐西蘭，由蜜蜂採集麥蘆卡（Leptospermum scoparium，一種灌木）的花蜜後產生的麥蘆卡蜂蜜（Manuka honey），現已被證實具有抗菌性質，有助於傷口癒合。

參照條目 塞默維斯的洗手方法（西元1847年）；病菌說（西元1862年）；氯化水（西元1910年）；青黴素（西元1928年）。

西元 1865 年

孟德爾的遺傳學 Mendel's Genetics

格里戈·尤漢·孟德爾（**Gregor Johann Mendel**，西元 1822 — 1884 年）

奧地利神父孟德爾以豌豆為材料，研究植株上容易辨別的特徵，像是種子的顏色或種子表皮是否有皺褶，如何遺傳給下一代，他還證明了可以透過數學定律和比例關係來了解遺傳這回事。雖然，在孟德爾的有生之年，他的研究成果並未受到認可，但他發現的定律為遺傳學奠下基礎，而遺傳學研究的主題是生物的遺傳和變異。

孟德爾花了超過六年的時間，研究超過兩萬株豌豆，並在 1865 年發表了他的研究成果，這些成果鑄成了他的遺傳定律。孟德爾觀察發現，生物透過一種分離的單位來完成特徵遺傳，這種單位就是我們如今所稱的基因。孟德爾的發現有悖於當時流行的其他理論，當代人認為每個人身上的特徵，是雙親特徵混合而成的結果：或者，後代可以從父母身上遺傳到「獲得性特徵」，好比練舉重的父親可以生出有碩大肌肉的兒子。

以豌豆為例，每一株植株體內的每一個基因都有兩個「對偶基因」（allele，可視為不同版本的基因），子代會從父本及母本植株身上各得到一個對偶基因。至於得到哪一種對偶基因，則是機率問題。如果子代得到一個產生黃色種子的對偶基因，和一個產生綠色種子的對偶基因，因為黃色的對偶基因為顯性，所以子代會產生黃色的種子，不過產生綠色種子的對偶基因仍然存在，並且以一種穩定且可以預測的方式傳給下一代。

如今，醫學界的遺傳學家致力於了解遺傳變異在人體健康和疾病中所扮演的角色。以囊腫纖化症（cystic fibrosis，呼吸困難是這種疾病造成的症狀之一）為例，這種疾病會發生，是因為病人體內一個會影響細胞膜的基因發生突變。和孟德爾的遺傳學相關的觀念，終使我們對基因和染色體（由含有許多基因的 DNA 分子組成），對許多疾病的潛在療法，以及對人類的演化過程，都有了進一步的了解，

孟德爾以豌豆為材料，研究植株上容易辨別的特徵，像是種子的顏色或種子表皮是否有皺褶，如何遺傳給下一代，他還證明了可以透過數學定律和比例關係來了解遺傳這回事。

 參照條目 染色體遺傳學說（西元1902年）；表觀遺傳學（西元1983年）；人類基因組計畫（西元2003年）；基因療法（西元2016年）。

週期表 Periodic Table

洛塔・邁爾（Lothar Meyer，西元 1830 — 1895 年）
迪米特里・伊萬諾維奇・門得列夫（Dmitri Ivanovich Mendeleev，西元 1834 — 1907 年）
約翰・亞歷山大・雷納・紐蘭茲 (John Alexander Reina Newlands，西元 1837 — 1898 年)
安東尼斯・范登布瑞克 (Antonius van den Broek，西元 1870 — 1926 年)
亨利・格溫・傑弗里・莫斯利（Henry Gwyn Jeffreys Moseley，西元 1887 — 1915 年）

　　週期表可謂化學的核心，這一點無庸置疑。週期表的排列蘊含著許多得來不易的知識，內容包括原子的結構、反應活性、鍵結和其他重要的觀念。週期表內包含著建構這個世界的基石，而週期表的排列方式，呈現了各元素之間最深層的關係。

　　德國化學家邁爾和英國化學家紐蘭茲是兩位最先各自獨立意識到，若以原子量做為已知元素的排列準則，可以顯現出元素間基本模式的化學家。在週期表上，行為模式相似的元素有聚攏的傾向（如鈉和鉀都是質地柔軟，具有高度反應活性的金屬）。俄羅斯化學家門得列夫並不知曉邁爾和紐蘭茲的研究成果，但他也有一致的想法，並在 1869 年發表了門得列夫版的週期表，以原子量和各元素可能形成的鍵結數做為排列準則。門得列夫的週期表不僅納入了所有已知元素，還大膽地替預期存在的新元素留下空位。這些後來真的被人類發現的元素（而且它們的性質也受到正確預測）就像鐵證一般，證實門得列夫想得沒錯。

　　根據荷蘭物理學家范登布瑞克的建議，以及英國物理學莫斯利的研究成果，現代週期表依原子序（atomic number，及原子核中的質子數）由小至大的方式來排列各個元素。週期表中的欄（稱為族，group），由左至右代表原子最外層殼層（稱為軌域 orbital）的電子數增加，從只有一個電子的最左欄（由具有反應性的鈉和同屬鹼金屬族的成員構成），到最右欄是沒有反應性，軌域被電子占滿的惰性氣體。

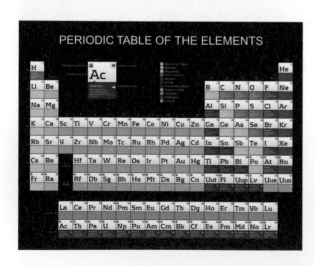

　　接著來看列（稱為週期 period），每一列的最左邊是原子量較大的鹼金屬，一直橫向排列到最右邊是原子量較大惰性氣體。原子量較大的元素，其外層軌域的電子數量較多，週期表便依此排列各個元素。

　　幾千年來的化學進展促成了週期表的誕生，了解元素間的差異，以及它們為何有這樣的差異，是人類最偉大的成就之一，這麼說一點都不誇張。

左圖為現代所用的週期表，化學的一切皆始於此。

參照
條目　電子（西元1897年）；原子核（西元1911年）；氫鍵（西元1920年）。

康托爾的超限數
Cantor's Transfinite Number

格奧‧康托爾（**Georg Cantor**，西元 1845 — 1918 年）

德國數學家康托爾奠下了現代集合論（set theory）的基礎，並向世人介紹了「超限數」這種難以想像，但可以用來說明無限集合也有相對「大小」的觀念。最小的超限數稱為阿列夫零（aleph-nought），寫做 $\aleph_0$，代表所有整數的集合。如果所有整數的集合是一個無限集合（含有 $\aleph_0$ 個整數），是否有層次更高的無限集合？事實證明，即便整數集合、有理數（可以分數表示的數字）集合和無理數（如 $\sqrt{2}$ 這種無法寫成分數的數字）集合都包含了無限個數字，但某種程度上，我們還是覺得無理數集合所包含的數字，會比有理數集合或整數集合所包含的數字來得多。同樣地，我們會覺得實數的數量比整數的數量來得多。

康托爾這種和無限有關的驚人概念，在被認定是一種基礎理論之前，曾招來廣大批評，這很可能是導致康托爾陷入嚴重抑鬱，並多次出入療養院的原因。康托爾還在上帝的幫助之下，提出超越超限數的「絕對無限」（Absolute Infinite）概念，他曾寫道：「對於超越數的真實性，我抱持著毫無懷疑的態度，有了上帝給我的幫助，讓我在二十多年的時間裡研究超越數的多樣面貌。」1884 年，康托爾寫了封信給瑞典數學家哥斯塔‧米塔—列夫勒（Gosta Mittag-Leffler），信中解釋對於這項嶄新的成果，自己並非創始者，只不過是擔任記敘的角色罷了。靈感源自上帝，康托爾只是負責加以組織並書寫於期刊論文當中而已。康托爾曾說，他知道超限數真實存在的原因是：「上帝是這麼告訴我的」如果認為上帝僅創造了有限數，那是小看了上帝的能力。數學家大衛‧希爾伯特（David Hilbert）曾描述康托爾的研究成果是：「數學天才最傑出的作品，人類純粹的智識活動中，最為至高無上的成就之一。」

右圖為康托爾與妻子的合照，拍攝時間約為西元 1880 年。康托爾提出和無限有關的開創性觀念，一開始招來了廣大批評，他長期以來嚴重的抑鬱症病情可能因此更加惡化。

參照條目　埃氏質數篩選法（約西元前240年）；超越數（西元1844年）、哥德爾定理（西元1931年）。

波茲曼熵方程式
Boltzmann's Entropy Equation

路德維希‧波茲曼（**Ludwig Boltzmann**，西元 1844 — 1906 年）

俗諺有云：「一滴墨水可啟發百萬人思考。」奧地利物理學家波茲曼對統計熱力學（statistical thermodynamics）深深著迷，一個系統中的大量粒子，包括水中的墨水分子在內，其所具備的數學性質是統計熱力學著重的焦點。1875 年，波茲曼提出一項簡潔的公式來描述熵 S（略言之，熵代表一個系統的亂度）和系統可能呈現的狀態數量 W 之間的數學關係，即 S = k × log W，而 k 就是所謂的波茲曼常數（Boltzmann's constant）。

想想水中的一滴墨水。根據動力論，分子會持續地進行隨機運動，並且不斷的重新排列，且讓我們假設所有排列方式的機率都是相等的。因為大部分的排列方式不是聚集在一起，呈現「一滴」墨水的樣子，所以多數時候，我們不會看到一滴墨水。墨水分子會自發性地與水混合，正是因為混合的排列方式，比不混合的排列方式來得多。這種自發性的過程會發生，是因為它

最有可能產生終態（final state）。利用 S = k × log W 這條公式，我們可以計算出熵值，並且可以了解狀態的數量越多，熵值就越大的原因。一個出現機率高的狀態（如墨水分子與水混合的狀態）有較大的熵值，而自發性的過程會導向熵值最大的終態，這是描述熱力學第二定律的另一種方式。透過熱力學第二定律，我們可以說系統中的分子存在著許多種排列方式 W，也就是許多種微觀狀態（microstate），而這些微觀狀態會創造出一種特定的巨觀狀態（macrostate），以本文的例子來說，就是墨水和水混合的狀態。

波茲曼將系統中的分子具象化，藉以推導熱力學，這樣的方式在今日看來似乎平淡無奇，但和波茲曼同代的許多物理學家對原子這種概念多所批評。波茲曼反覆地和其他物理學家發生衝突，再加上他這一生顯然都在和躁鬱症抗衡，可能導致他在 1906 年，與妻女一同度假時，決定自我了結。波茲曼葬在維也納，而這條著名的熵方程式就刻在他的墓碑上。

上圖：波茲曼；下圖：想像墨水分子和水分子之間所有排列方式都有相同的機率。因為大部分的排列方式不是聚集在一起，呈現「一滴」墨水的樣子，所以多數時候，我們不會看到一滴墨水。

參照條目 布朗運動（西元1827年）；熱力學第二定律（西元1850年）；動力論（西元1859年）。

吉布斯自由能 Gibbs Free Energy

喬賽亞‧威拉德‧吉布斯（**Josiah Willard Gibbs**，西元 1839 — 1903 年）

如果各位想一探化學的究竟，看看化學背後的推手到底是什麼，可以好好研究熱力學。熱力學度量能量的改變，而能量的改變驅動了所有化學反應。說起來，這得歸功美國科學家吉布斯，他的理論見解和卓越的數學能力，把熱力學變成一種精確的科學工具，在化學、物理學和生物學的範疇中，幾乎各個領域都用得上它。

1876 年，吉布斯發表他對化學系統和化學反應「自由能」（為紀念吉布斯，現稱之為吉布斯自由能，以 G 示之）的研究成果。當系統的狀態發生改變——就化學而言，就像發生化學反應；或者就物理而言，就像物質融化或沸騰—— G 值的變化（以 ΔG 或 delta-G 表示）代表系統和周遭環境交換的功，如系統逸散的熱能。自發性地發散出熱能的化學反應，其 ΔG 為負值，燃燒就是一個絕佳的例子。

ΔG 負值越大的反應——如鋁熱反應（thermite reaction）或硝化甘油（nitroglycerine）的分解反應——因為牽涉的能量大，所以有一定的危險性。相反地，ΔG 為正值的反應則需要在系統中加入額外的能量，如同植物的光合作用需要陽光。

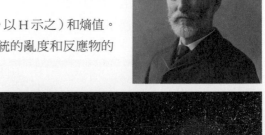

想要了解 ΔG，還有另一項關鍵：即焓值（enthalpy，以 H 示之）和熵值。焓值可視為熱和能量純粹度量值，而熵值（S）則與系統的亂度和反應物的「自由程度」（即反應物有多少種運動和振動的方式）有關。化學家不斷思索著這些名詞，把這些因素牢記在心，從而對化學反應有了深刻理解。

有些化學反應即便在反應過程中溫度會降低，且必須從周遭環境中吸取熱能，但它們是自發性的化學反應，就像一次性的冷敷包（instant cold pack）。這種反應能夠發生是因為，系統終態的熵值比起始材料的熵值大得多，即 ΔS 很大，抵消了不利反應發生的焓值差（ΔH），使整體的 ΔG 利於反應發生。如果 ΔS 和 ΔH 都很大，而且都是負值，那麼，馬上就要爆炸啦！

上圖：吉布斯，攝於 1903 年；下圖：爆炸性的鋁熱反應有著極大的負 ΔG 值。

參照條目 能量守恆（西元1843年）；熱力學第二定律（西元1850年）；波茲曼熵方程式（西元1875年）

電話 Telephone

亞歷山大・格拉漢姆・貝爾（**Alexander Graham Bell**，西元 1847 — 1922 年）

想像一下，在 1850 年，你想要跟某個人講話該怎麼做。你其實只有一個選擇，就是動身啟程，找到他本人面對面講話，這段路途可能要花幾天或幾週的時間，端看兩位相距多遠。你還有另一個替代方案：寫信，或者打電報，畢竟 1850 年時，電報系統已經開始拓展。不過，跟某人講話這麼簡單的一件事，還是得面對面才能完成。

接下來，有請電話出場。1876 年，貝爾的電話獲得專利，電話本身的構造出乎意料地簡單：一個碳粒構成的麥克風，以及一台揚聲器。想要連通兩具電話，你只需要銅線和電池之類的少量電流來源就可以。有了這項發明之後，相隔兩地的人第一次可以進行遠距離通話。

工程師要如何擴大電話的規模？第一項創新發想就是建立總部。在城鎮裡，每一戶或每一個企業的銅線都會連接到總部，接線生可以把任何一條銅線連接至任何一條來自其他城鎮的銅線。這樣一來，兩鎮的居民就可以互相通話。如果還要連結其他城鎮，那就需要建立地區性的總部。最後，電話線遍布全國、全世界，如今，任何人之間都可以用電話聯絡。

工程師以機械開關來取代接線生的工作。透過電話的撥號轉盤來指示這些開關該怎麼運作，於是，打電話的成本降低了。後來，工程師又打造了極小型的電腦來取代機械開關，撥號按鍵於是成為可行的方法，打電話的成本再次下降。工程師將聲音訊號轉換為數位位元，用光纖纜線加以傳輸，大幅減低成本並且提升了電話的能力。再接下來，工程師打造了 VoIP（voice over IP）電話，這麼一來是由網路負責電話的傳輸，網路電話於焉誕生，而且許多 VoIP 網路不用付費，這是個工程學的成功故事：原本不可能的事，最後可以免費使用！

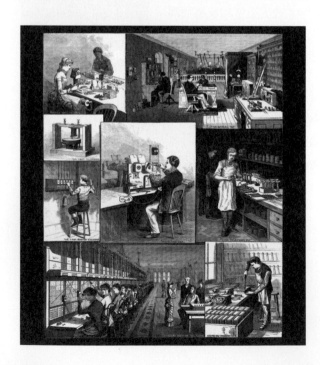

位於美國的貝爾電話公司，此為 1884 年刊載於《科學人》（*Scientific American*）雜誌的雕刻畫。

參照條目　電報系統（西元1837年）；光纖（西元1841年）；無線電臺（西元1920年）；ARPANET網路（西元1969年）。

酵素 Enzymes

威爾漢・庫恩（**Wilhelm Kuhn**，西元 1837 — 1900 年）
愛德華・布赫納（**Eduard Buchner**，西元 1860 — 1917 年）
詹姆士・桑默（**James B. Summer**，西元 1887 — 1955 年）

　　少了酵素，生命無以為繼。活體細胞內進行著無數的化學反應：新細胞汰換老舊的細胞；簡單的分子鍵結成複雜的分子；食物經過消化轉換為能量；處理廢棄物；還有細胞生殖。這些反應包含了建構與分解，通稱為新陳代謝。每一種反應的發生，都需要一定程度的能量供給（即活化能），缺乏活化能量，反應無法自行發生。而酵素的存在——通常為蛋白質或 RNA 酵素——可以減少反應所需的活化能，並使反應速率增加百萬倍。反應發生的過程中，酵素不會減少，化學性質也不會改變。

　　生物體內每一種化學反應都是某種途徑或某種循環的其中一節，而且大多數的酵素有極高的專一性，只針對反應途徑中的單一種受質（反應物）發揮作用，產生新陳代謝過程中需要的產物。生物活體細胞內有 4000 種以上的酵素，大部分都是蛋白質，具有獨特的立體構型，使酵素具有獨特的專一性。酵素的命名通常是在受質的英文字尾加上 ase，不過在化學相關的文獻中，會有更為特定的描述性指稱。

　　17 世紀末，18 世紀初時，人們只知道胃的分泌液可以消化肉類，而唾液和植物萃取液可以使澱粉分解成簡單的糖類。1878 年，德國生理學家庫恩首次創造出「酵素」這個名詞，用來指稱他發現的蛋白質酵素——胰蛋白酶（trypsin）。1879 年，柏林大學的布赫納首度證明酵素在活體細胞外依然可以發揮功用。1926 年，在康乃爾大學研究刀豆的桑默完成人類史上第一次分離酵素——尿毒酶（urease），並使其析出結晶的壯舉，並提出決定性的證據證實其為蛋白質，此外，桑默是 1964 年諾貝爾化學獎的共同得主。

部分抗癌藥物和抑制免疫系統的藥物已嘌呤核苷磷酸化酶（purine nucleoside phosphorylase，PNP）為作用目標，這種酵素可以清理 DNA 分解過程中遺留的某些廢棄物。右圖為電腦軟體產生的 PNP 模型。

參照條目 細胞呼吸（西元1937年）；核糖體（西元1955年）；聚合酶鏈反應（西元1983年）。

白熾燈泡 Incandescent Light Bulb

約瑟夫・威爾森・斯旺（**Joseph Wilson Swan**，西元 **1828 — 1914** 年）
湯瑪斯・阿爾瓦・愛迪生（**Thomas Alva Edison**，西元 **1847 — 1931** 年）

　　因研發燈泡而聞名的美國發明家愛迪生曾寫道：「要發明，你需要良好的想像力和一堆垃圾。」白熾燈泡是一種利用熱來驅動光線發散的光源，而這種燈泡的發明人並非只有愛迪生，其他同樣值得一提的發明家還包括來自英格蘭的斯旺。不過，愛迪生之所以最為人銘記，是因為他還有其他相應的作為，像是宣傳長效燈絲，使用真空度比其他人更高的燈泡，並促進輸電系統的發展，讓燈泡產生實用價值，可以應用在建築物、街道和社區當中。

　　電流通過白熾燈泡中的燈絲，使燈絲變熱，進而發光。玻璃製成的外殼隔絕了空氣中的氧氣，避免高溫的燈絲因為發生氧化而毀壞。找到效率最高的燈絲材料，是白熾燈泡誕生過程中要克服的最大的挑戰之一。愛迪生用碳化過的竹子來當燈絲材料，可以持續發光超過 1200 個小時。現今的白熾燈泡常以鎢線來製作燈絲，而且燈泡內部充滿了像氬這樣的惰性氣體，以減少燈絲的物質蒸散。線圈狀的燈絲可以提升燈泡的效率，一顆標準的 60 瓦、120 伏特的白熾燈泡，燈絲長度為 58 公分。

　　在低電壓的情況下，白熾燈泡能夠持續運作的時間出乎意料地長。以加州有個消防站的「百年燈泡」為例，從 1901 年起，這顆燈泡幾乎可說是持續發光到現在。一般而言，白熾燈泡的效率很差，因為約有九成的功率轉換成熱能，而不是轉換成可見光。雖然如今效率更好的燈泡，如緊密式螢光燈泡（compact fluorescent lamp，也就是俗稱的省電燈泡），已經開始取代白熾燈泡，但這麼一顆簡單的白熾燈泡，也曾取代會產生黑煙且危險性更高的煤油燈和蠟燭，並永遠地改變了這個世界。

愛迪生的白熾燈泡中有著繞成圈狀的碳絲。

參照條目　光的波動性質（西元1801年）；光纖（西元1841年）；電磁頻譜（西元1864年）。

輸電網路
Power Grid

　　1878 年，在巴黎舉行的世界博覽會上，帕維爾・雅勃洛奇科夫（Pavel Yablochov）在 1876 年獲得專利的弧光燈令參訪者為之驚艷，而替弧光燈供電的則是澤諾布・格拉姆（Zenobe Gramme）的直流發電機。這是早期商用高壓電系統的範例之一，而今，我們的肉眼雖然看不見這種輸電網路，但它無所不在地存在於世界各地。

　　一個沒有輸電網路的社會是怎麼樣的社會？其實可以想像得出來：所有的家庭和企業都必須就地發電供自己所用，但這種方式效率不彰。一座大型的發電廠在購買燃料時可以實現規模經濟，並且可以投注大量資源來進行排放控制。要是少了大型發電廠，像核能這樣先進的科技不可能存在。此外，只有在輸電網路存在的情形下，水力發電、太陽能發電和風力發電這類需要特定地點的電力才有意義。輸電網路也改善了供電的可靠性。當大型發電廠需要停止運作來進行維護保養時，位於同個地區的其他發電廠可以透過輸電網路來補足負載。

　　說來驚人，輸電網路只需要兩個關鍵組成要件：電線和變壓器。變壓器可以對電壓進行調升或調降。長距離供電時，變壓器可將電壓提升至 70 萬伏特以上。一旦電力抵達目的地，變壓器又開始調降電壓，電力有可能以四萬伏特和三千伏特的電壓在兩個相鄰的社區中行進。當電力抵達你家，最終的變壓器將電壓降至 240 或 120 伏特，為壁上插座和電燈開關供電。

　　輸電網路並不完美，而且，偶爾會發生大範圍停電的狀況。在悶熱的夏天，整個輸電網路都在峰值負載下運作，要是關鍵的輸電線路發生故障，會造成無法解決的問題，其他線路會試著承接多出來的負載，但這些線路會因為過載而故障，這樣的漣漪效應會導致好幾個州通通停電。工程師正在研究新的輸電網路結構來預防這種狀況，一旦完善，輸電網路可以更進一步地隱於無形之中。

電塔通常以鋼格結構來支撐上方的電線。要是少了輸電網路，就得靠在地發電來供應電力。

參照條目 馮格里克的靜電發電機（西元1660年）；庫侖的靜電定律（西元1785年）；電池（西元1800年）；電子（西元1897年）。

麥克生—莫雷實驗
Michelson-Morley Experiment

阿爾伯特・亞伯拉罕・麥克生（**Albert Abraham Michelson**，西元 1852 — 1931 年）
愛德華・威廉・莫雷（**Edward Williams Morley**，西元 1838 — 1923 年）

　　物理學家詹姆斯・特費爾（James Trefil）曾說：「無是一個很難想像的概念，人腦似乎總想把空出來的地方塞滿某種物質。在歷史上，這種物質大部分時間被稱為以太（aether），而有關以太的想法是這樣的，在天體之間的空間，充滿著這種有如稀薄果凍般的物質。」

　　1887 年，為了偵測這種人們普遍認為充斥於太空的發光物質，物理學家麥克生和莫雷進行了一些開創性的實驗。認為有以太存在，其實並不算一種太瘋狂的想法——畢竟水波在水中行進，聲波在空氣中行進，即便在顯然是真空的環境下，難道光的傳播就不需要某種介質嗎？為了偵測以太，研究人員把一道光束一分為二，使兩道光線以互相垂直方向的行進。而後，這兩道光線受到反射，重新結合在一起，依據它們原本在不同方向行進時所需的時間不同，結合後會產生條紋般的干涉圖案。如果地球真的在以太之間運轉，那麼當其中一道光線必須逆向穿越以太風（aether wind）時，行進速度會比另一道光線來得慢，導致干涉圖案產生變化，藉此偵測以太的存在。麥克生是這麼跟他的女兒解釋的：

「這兩道光線互相比賽，就像兩位游泳選手比賽，其中一位得要逆流游過去再回來，而另一位則是順流游過去再回來。只要河水有在流動，第二位選手一定會贏得比賽。」

　　為了進行精密的測量，所有的儀器都漂浮在水銀之上以減少震動，而且這些儀器能夠以相對於地球自轉的方式旋轉。結果，干涉圖案沒有產生明顯變化，說明地球並非在以太風之間自轉，這個實驗也成了物理界最著名的「失敗」實驗。這項發現有助說服其他物理學家接受愛因斯坦提出的狹義相對論（Special Theory of Relativity）。

麥克生—莫雷實驗證實地球並非在以太風之間自轉。
19 世紀末，會發光的以太曾被認為是光線傳播所需的
介質（如左邊示意圖中的發光物質）。

參照條目 光的波動性質（西元1801年）；電磁頻譜（西元1864年）；狹義相對論（西元1905年）。

超立方體 Tesseract

查理斯・霍華・辛頓（**Charles Howard Hinton**，西元 **1853 ― 1907** 年）

就我所知，數學界中沒有任何一項主題像四度空間一樣，令大人小孩同感興趣。四度空間的空間方向和我們日常生活所處的三度空間大不相同。一直以來，神學家推測死後的世界、天堂、地獄、天使和人類的靈魂，是存在於四度空間的。數學家和物理學家在進行計算時，經常使用四度空間。就我們所處的這個宇宙而言，四度空間是描述宇宙結構的重要理論之一。

一般立方體的四維類比物就是超立方體，通常會以「hypercube」來表示它是立方體在其他空間維度中的類比物。如同我們可以把立方體想像成被拉近三度空間的正方形，然後看著這個正方形在空間中延伸，超立方體就是立方體進入四度空間後的樣子。把立方體被拉近一個方向與三維座標都垂直的空間中究竟會怎樣？雖然很難想像，但透過電腦繪圖通常可以幫助科學家發展出更好的直觀方式，來說明更高維度空間中的物體。值得注意的是，立方體的每一面都是正方形，而超立方體的每一面都是立方體。我們可以用下表來說明這個物體在更高維度的空間中，會有多少個點、線、面跟體。

	頂角數	邊數	面數	體數	超體積（hypervolume）
點	1	0	0	0	
線段	2	1	0	0	0
正方形	4	4	1	0	0
立方體	8	12	6	1	0
超立方體	16	32	24	8	1
五度空間超立方體	32	80	80	40	10

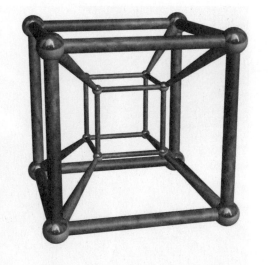

1888 年，英國數學家辛頓在他的著作《思維時代的新紀元》（*A New Era of Thought*）一書中首創「tesseract」這個詞彙。犯過重婚罪的辛頓，也因為拿出一套聲稱可以幫助人們想像四維空間的彩色立方體而聞名。若在降神會使用辛頓這套彩色立方體，據信可幫助民眾一瞥死去親人的鬼魂。

右圖為羅伯特・韋博（Robert Webb）以 Stella4D 軟體所繪製的超立方體。超立方體就是一般立方體在四度空間的類比物。

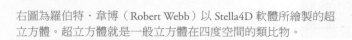參照條目　歐幾里得的《幾何原本》（約西元前300年）；射影幾何學（西元1639年）；莫比烏斯帶（西元1858年）。

蒸氣渦輪 Steam Turbine

查爾斯‧帕森斯爵士（Sir Charles Parsons，西元 1854 — 1931 年）

　　如今，前往任何一座大型發電廠，觸目所及最顯著的地標之一，會是一具體積比公車還大的蒸氣渦輪。在航空母艦和核子潛艇上，也能發現蒸氣渦輪的蹤影。有了蒸氣渦輪，工程師重新建構從蒸氣中提取動力的概念，從而放棄活塞。

　　且讓時光機帶著我們回到 1912 年，進入鐵達尼號的引擎室。鐵達尼號從超過 100 個大型燃煤鍋爐中抽取蒸氣，再將蒸氣送給三具蒸氣引擎，由蒸氣引擎來驅動三個螺旋推進器。三具蒸汽引擎中，有兩具是巨大的活塞機，每一具可以產生三萬匹馬力（相當於 2200 萬瓦特），而第三具引擎是蒸汽渦輪，產出的馬力大約只有蒸氣引擎的一半。這是個過渡時期，1890 年由帕森斯爵士首度發明的蒸氣渦輪，當時還不到完美的地步，不過從蒸氣中提取旋轉能的蒸氣渦輪很快就取代了活塞。

　　蒸氣渦輪的基礎概念相當簡單。膨脹的蒸氣使和機軸連接的一系列渦輪葉片旋轉。葉片的體積越來越大，如此才能從膨脹的蒸氣中捕捉能量。把這個過程跟鐵達尼號所使用的活塞引擎做比較，活塞引擎利用三個體積越來越大的氣缸，一開始，蒸氣在最小的氣缸裡膨脹，然後流動到下一個體積較大的氣缸，此時蒸氣密度降低，可以從中提取較多動力，接下來，蒸氣再流入第三個更大的氣缸。這個方法雖然有效，但需要體積大的重型設備才能配合。

　　鐵達尼號上，一具蒸氣活塞引擎重量為 1000 噸。可以執行相同任務的蒸氣渦輪，體積更小、重量更輕，而且比同等級的蒸氣活塞引擎更有效率，因為具備了這些優點，如今，幾乎每一座大型的燃煤發電廠和核能發電廠中，都能看到現代化的蒸氣渦輪。蒸氣渦輪可以用好幾層體積越來越大的葉片盡可能地提取動能，取代僅有三個蒸氣膨脹室的活塞引擎，由這個例子可以看出，為了獲得更好的結果，工程師如何轉換思維，採納全新的觀念。

左圖中，蒸氣渦輪組裝工廠中的工作人員正將葉片安裝到蒸氣渦輪的機軸上。現代的蒸氣渦輪製程精確到一種可以僅由電腦來負責組裝的程度。

參照條目　齒輪（約西元50年）；高壓蒸氣引擎（西元1800年）；卡諾引擎（西元1824年）；內燃式引擎（西元1908年）。

心理學原理 The Principles of Psychology

威廉‧詹姆士（William James，西元 1842 — 1910 年）

有著藝術家氣息的詹姆士遵從父親的願望，走上了學醫之路。然而，他從未執業，在經歷一段有關存在主義的掙扎之後，他接受了哈佛大學的講師職位。在哈佛，他為美國的心理學領域開疆闢土，並寫下了《心理學原理》（The Principles of Psychology）一書，此書被公認為是那時代最有影響力的著作，他花了 12 年才完成這本書，待《心理學原理》在 1890 年出版之後，詹姆士曾在寫

在書中，詹姆斯將心理學描述為一種研究精神生活的科學。他寫道，科學心理學的重點在於幫助我們了解：人類之所以演化出意識和心智，是為了幫助我們適應這個世界，並在其中生存。因此，相較於意識究竟為何物？或者比起意識的內容，意識的作用重要多了。

怎樣才是研究心智的最佳方式？在德國，第一批實驗心理學家利用精密的機械儀器，如希普瞬時計（Hipp chronoscope）來測量受試者的心智反應。詹姆士反對這種方式，因為他相信，藉由把心智活動的內容加總起來，或者測量心智反應速度的方法，絕不可能了解人類複雜的精神生活。對於意識，詹姆士提供了另一種觀點，用一種唯美且流傳久遠的譬喻方式，他說，意識就像一條河流，是生機勃勃且不斷變化的。他寫道，一個人不可能踏入再次踏入同一條河流，因此，沒有任何儀器可以捕捉人的意識活動。

詹姆士也對習慣一事有所著墨，他稱習慣為「生命的飛輪」。他提出情緒理論，說明感覺隨行為而變化，這也就是如今所知的詹姆士—蘭格情緒理論（James-Lange theory of emotions，蘭格是一位丹麥醫生，和詹姆士約在同時各自獨立發想出相同的看法）。詹姆士還主張，對於真相要保持務實的多元觀點，他認為，那些真切確實的事情，對我們的生活有幫助。

時至今日，對美國心理學發展有最大影響的，仍是詹姆士以及他的著作。為了說明詹姆士的人生廣度，有件事值得一提，他的訃聞曾登上《紐約時報》頭條：「威廉‧詹姆士與世長辭。這位偉大的心理學家，小說家的哥哥，以及美國史上最重要的哲學家，享年 68 歲。他長期擔任哈佛大學的教授，是美國現代心理學的實質奠基者，是實用主義的代表人物，還涉足神鬼之說的領域。」

上圖：詹姆士像，約攝於西元 1890 年代；下圖：義大利羅馬的台伯河一景，攝於 2009 年。詹姆士以「意識流」來譬喻人類不斷變化的心智活動過程。

參照條目　心理分析（西元1899年）；古典制約（西元1903年）；安慰劑效應（西元1955年）；認知行為治療（西元1963年）；心智理論（西元1978年）。

神經元學說 Neuron Doctrine

亨里希‧威漢‧加非德‧馮‧瓦德爾—赫茲（Heinrich Wilhelm Gottfried von Waldeyer-Hartz，西元 1836 — 1921 年）
卡米洛‧高爾基（Camillo Golgi，西元 1843 — 1926 年）
桑地牙哥‧拉蒙‧卡加爾（Santiago Ramón y Cajal，西元 1852 — 1934 年）

　　神經生物學家戈登‧謝潑德（Gordon Shepherd）曾形容神經元學說是：「現代思想中最偉大的概念之一，可比擬物理學界的量子力學和相對論，可媲美化學界的週期表和化學鍵。」19 世紀末，顯微研究催生了神經元學說，這項學說認為，神經元這種特殊的細胞，是神經系統中負責傳遞信號的功能單位，而且神經元之間以幾種不同的明確方式互相連接。據西班牙神經科學家卡加爾、義大利病理學家高爾基，以及其他科學家的觀察結果，德國解剖學家瓦德爾—赫茲在 1891 年，正式提出神經元學說。卡加爾改良了高爾基發明的特殊銀染法，如此一來，在顯微鏡下可以更清楚地看見神經元分支過程中的驚人細節。

　　雖然，現代科學家在原始的神經元學說中發現例外，但大多數神經元都含許多樹突（dendrite）、一個細胞體（soma）和一根軸突（axon，長度可達一公尺！）。許多狀況下，藉由神經傳導物質（neurotransmitter）這種化學物質，神經信號可以在神經元之間傳遞。神經傳導物質離開上一個神經元的軸突後，沿著兩神經元交會處的狹小空間——也就是所謂的化學性突觸（chemical synapse）——行進，

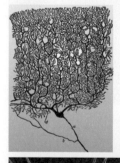

直到進入下一個神經元的樹突為止。在神經元中，神經信號造成神經元淨興奮（net excitation）的程度如果夠大，那麼神經元會產生一種沿著軸突傳遞的短暫電脈衝，稱為動作電位（action potential）。至於間際連接（gap junction）則是一種電性突觸（electrical synapse），也是神經元之間直接連結的一種方式。

　　感覺神經元負責將來自人體感覺受器細胞的信號傳遞至腦部，運動神經元將信號從腦部傳至肌肉，神經膠細胞（glial cell）為神經元提供結構性和代謝性的支持。雖然成人體內的神經元往往無法再生，但人的一生當中，神經元之間

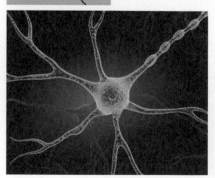

都可以產生新的連結。人體內大約有 1000 億個神經元，每個神經元所連結的突觸超過 1000 個。多發性硬化症（multiple sclerosis）會發生，是因為軸突周遭的髓磷脂（myelin，一種提供絕緣的化學物質）不足；帕金森氏症的成因則是和缺乏多巴胺（dopamine）這種神經傳導物質有關，而多巴胺通常由中腦（midbrain）的某些神經元負責製造。

上圖：貓小腦皮質中（cerebellar cortex）的浦金埃氏細胞（Purkinje's cell）的複雜圖示，由卡加爾所繪；下圖：神經元有許多樹突，一個細胞體和一條長長的軸突，軸突上有如膠囊般的凸起物是髓鞘細胞。

參照條目　大腦功能分區（西元1861年）；抗鬱劑（西元1957年）；腦側化（西元1964年）。

西元 1892 年

發現病毒 Discovery of Viruses

馬丁努斯．威廉．貝傑林克（**Martinus Willem Beijerinck**，西元 1851 — 1931 年）
迪米特里．伊歐希福維奇．伊凡諾夫斯基（**Dmitri Iosifovich Ivanovsky**，西元 1864 — 1920 年）

　　科學作家阿德勒曾寫道：「狂犬病、天花、黃熱病、登革熱、小兒麻痺症、流感、愛滋病⋯⋯這份名單（指病毒引起的疾病）讀來像是一份人類悲劇的清冊⋯⋯當年解開病毒之謎的科學家，簡直就是在黑暗中摸索，試著了解一種肉眼看不見的東西⋯⋯而且，有許多年的時間，人們甚至無想像病毒的存在。」

　　病毒存在於一個介於生物與無生物之間奇特的領域中。病毒不具備任何用來自我複製的分子機制，不過一旦感染了動物、植物、真菌或細菌之後，病毒便可以劫持寄主細胞來幫它們產生許多病毒複本。有些病毒會誘使寄主細胞進入一種不受控制的複製狀態，因而導致癌症。如今，我們知道大多數的病毒非常小，小到用一般的光學顯微鏡看不到它們，畢竟平均而言，病毒的大小是細菌的百分之一左右。病毒顆粒（virion）由遺傳物質（DNA 或 RNA）及蛋白質外殼組成，有些位於寄主細胞外的病毒，甚至還具備脂質（一種小型的有機分子）構成的外套膜。

　　1892 年，俄羅斯生物學家伊凡諾夫斯基展開了早期的病毒研究，他嘗試了解菸草鑲嵌病的病因，這種疾病會破壞菸草的葉片。他將染病的葉片磨碎榨汁，以可濾出各種細菌的細緻瓷濾器加以過濾。令他大吃一驚的是，過濾之後的濾液仍然具備感染力。然而，伊凡諾夫斯基從未了解到病毒才是真正的病因，他認為致病因子可能是毒素或者是細菌的孢子。1898 年，荷蘭微生物學家貝傑林克做了一個類似的實驗，他相信這種新型感染源的本質是液態的，稱之為「可溶性的活體病菌」（soluble living germs）。後續的研究人員成功地在含有天竺鼠角膜組織、碎雞腎以及受精雞蛋的培養基中培養病毒，直到 1930 年代，透過電子顯微鏡，人類終於看見病毒的模樣。

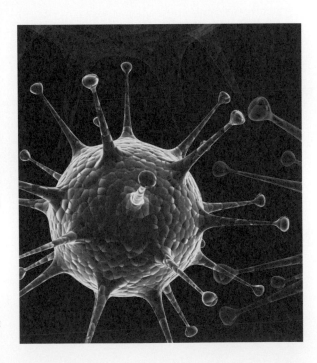

大多數病毒呈現對稱結構，且形狀接近球形，如右邊的示意圖所繪。通常，病毒的體積比細菌小得多。

參照條目 病菌說（西元1862年）；海拉細胞（西元1951年）；抗體的結構（西元1959年）。

X光 X-rays

威廉·康拉德·倫琴（**Wilhelm Conrad Rontgen**，西元 **1845** — **1923** 年）
馬克斯·范勞厄（**Max von Laue**，西元 **1879** — **1960** 年）

　　倫琴的妻子看過丈夫為她的手部所拍攝的 X 光片之後，「發出驚恐的尖叫，並認為這種光線是邪惡的死亡預兆，」作家哈芬描述道，「一個月內，倫琴的 X 光成了全球熱議的話題。抱持懷疑態度的人稱之為會摧毀人類的死亡之光；熱切的夢想家稱之為可以讓盲人重見光明的奇蹟之光，而且可以把圖表直接送進學生的腦子裡。」然而，對醫生來說，X 光象徵著治療病人和傷患的一個轉折點。

　　1895 年 11 月 8 日，德國物理學家倫琴以陰極射線管（cathode-ray tube）進行實驗時，發現即便陰極射線管上覆蓋著厚紙板，但每當他開啟開關，一公尺外的廢棄螢光幕都會發亮。倫琴意識到，一定是射線管發出了某種看不見的射線，他很快便發現，這種射線可以穿透包括木材、玻璃和橡膠在內的多種物質。當他把手放在這種無形射線的行徑路線上時，看見了手骨的陰影呈像。因為當時對這種神祕的射線一無所知，所以倫琴稱之為 X 光。倫琴持續進行著祕密的實驗，以便在和其他專業人士討論前能對這種現象有進一步的暸解。對 X 光進行系統性的研究，也讓倫琴獲得了第一屆諾貝爾獎。

　　醫學界很快就利用 X 光來進行診斷，不過直到 1912 年左右，科學界才完全確切了解 X 光的性質。當時，范勞厄利用 X 光使晶體產生繞射圖形，證實 X 光就像光線一樣，是一種電磁波，但 X 光蘊含的能量更多，波長較短，其波長短的程度相當於分子中原子與原子的距離。如今，從 X 光晶體學（X-ray crystallography，可揭露分子的結構）到 X 光天文學（X-ray astronomy，如利用衛星上的 X 光偵測器來研究外太空的 X 光發射源），在無數的領域中，X 光都能派上用場。

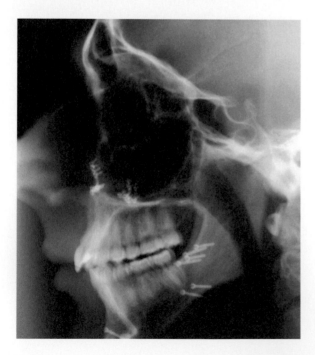

左圖為人類頭部側面的 X 光片，可以看見重建顎骨時所用的螺絲釘。

參照
條目　望遠鏡（西元1608年）；光的波動性質（西元1801年）；電磁頻譜（西元1864年）；放射性（西元1896年）。

證明質數定理
Proof of the Prime Number Theorem

喬漢・卡爾・弗德里希・高斯（**Johann Carl Friedrich Gauss**，西元 1777 — 1855 年）
雅克・所羅門・阿達馬（**Jacques Salomon Hadamard**，西元 1865 — 1963 年）
查爾斯・德拉・瓦萊—普桑（**Charles Jean de la Vallée-Poussin**，西元 1866 — 1962 年）
約翰・恩瑟・李特伍德（**John Edensor Littlewood**，西元 1885 — 1977 年）

數學家唐・札吉爾（Don Zagier）曾說：「儘管質數的定義簡單，而且扮演著為自然數奠基的角色，但在自然數之中，質數就像雜草一樣……沒有人可以預測下一個質數會從哪兒冒出來……還有更驚人的……質數具有不可思議的規律性，它們的行為受到定律支配，而且質數就像軍人一般嚴格地恪守這些定律。」

π (n) 表示小於或等於 n 的質數。1792 年，15 歲的高斯為質數深深著迷，提出 π (n) 會約等於 n/ln(n) 的看法，其中 ln 代表自然對數。根據這項質數定理，必然會產生的一項結果是：當 n 趨近於無限大，這個逼近值的相對誤差就為趨近於 0，那麼第 n 個質數會約等於 ln(n)。後來，高斯將他提出的估計值進一步修正為 π (n)~Li(n)，Li(n) 代表 dx/ln(x) 從 2 積分到 n 的結果。

最後，在 1896 年，法國數學家阿達馬以及比利時數學家瓦萊—普桑，各自獨立地證明了高斯的理論。根據數值實驗的結果，數學家推測 π (n) 總會稍微小於 Li(n)。然而，1914 年，李特伍德證明如果可以無止盡地找出夠大的 n，那個 π (n) 和 Li(n) 之間的大小關係會無止盡的交替下去。1933 年，南非數學家史丹利・斯丘茲（Stanley Skewes）證明在 n 小於 10^10^10^34 之前，「^」代表次方數，π (n) 和 Li(n) 發生第一次交會，也就是 π (n) － Li(n) = 0，而 10^10^10^34 也被稱為斯丘茲數。1933 年之後，這個數值減少到大約是 10^{316}。

英國數學家哈代（G. H. Hardy，西元 1877 — 1947 年）曾形容斯丘茲數為「數學界中為了符合特定目的所存在的最大數字」，然而斯丘茲數現已失去這般令人崇敬的地位。1950 年左右，保羅・艾狄胥（Paul Erdos）和阿特勒・塞爾伯格（Atle Selberg）發現質數定理的初等證明方式，謂之初等，是因為這項證明只適用於實數。

質數（右圖中粗體的數字為），「在自然數之中，質數就像雜草一樣……沒有人可以預測下一個質數會從哪兒冒出來……」雖然 1 在過去被認為是質數，但如今數學家通常認為 2 才是第一個質數。

參照條目　埃氏質數篩選法（約西元前240年）；黎曼假設（西元1859年）；公鑰密碼學（西元1977年）；證明克卜勒猜想（西元2017年）。

放射性 Radioactivity

亞伯・涅普斯・德・聖維克多（Abel Niépce de Saint-Victor，西元 1805 — 1870 年）
安東尼・亨利・貝克勒（Antoine Henri Becquerel，西元 1852 — 1908 年）
皮耶・居禮（Pierre Curie，西元 1859 — 1906 年）
瑪麗亞・斯克沃多夫斯卡・居禮（Marie Sk odowska Curie，西元 1867 — 1934 年）
恩尼斯特・拉塞福（Ernest Rutherford，西元 1871 — 1937 年）
弗德里克・索迪（Frederick Soddy，西元 1877 — 1956 年）

　　若要了解放射性原子核（原子的中央區域）的行為，各位可以想想在爐子上的爆米花。幾分鐘之內，玉米粒開始隨機地爆開，而有幾顆玉米粒似乎並不會爆開。同樣地，多數為人熟知的原子核是穩定的，基本上維持著幾百年前的樣子。然而，其他類型的原子核並不穩定，在原子核蛻變（disintegrate）時會噴出碎片，而所謂的放射性，指的就是原子核發射這些粒子現象。

　　說起人類發現放射性這一回事，通常和法國科學家貝克勒在 1896 年觀察到的鈾鹽磷光有關。大約在此一年前，德國物理學家倫琴以陰極射線管進行實驗，發現了 X 光，貝克勒想要知道會磷光化合物（phosphorescent compound，即受到陽光或及他激發波刺激後會發出可見光的化合物）是否也能產生 X 光。貝克勒將硫酸鉀鈾放在以黑紙包覆的感光板上，看看這種化合物受到陽光刺激時，會不會發出磷光並產生 X 光。

　　令貝克勒吃驚的是，就算是放在抽屜裡，鈾鹽化合物仍會使感光板的顏色變深。鈾似乎會發射出某種有穿透性的「射線」。1898 年，居禮夫婦這對物理學家發現釙（polonium）和鐳（radium.）兩種新的放射性元素。讓人難過地的是，當時科學家並未立即意識到放射性的危險，有些醫生還採取用鐳當作灌腸劑等危險的治療方式。後來，拉塞福和所迪發現這類元素在放射性衰變的過程中會轉變成其他元素。

　　科學家已發現了放射性的三種常見型態：阿伐粒子（alpha particle，裸露的氦原子核）、貝他射線（beta ray，高能電子）和伽瑪射線（高能的電磁波）。作家史蒂芬・巴特斯比（Stephen Battersby）指出，如今，放射性已被應用在醫學造影、殺死腫瘤系統、古文物定年和保存食物等用途上。

1950 年代末期，美國各處出現了許多輻射塵避難所。這種避難所的設計目的是在核爆發生後保護民眾不受輻射塵的傷害。原則上，民眾要在避難所中待到外界的放射性衰退至安全等級後才能出來。

參照
條目　X光（西元1895年）；E = mc² （西元1905年）；中子（西元1932年）；核能（西元1942年）；小男孩原子彈（西元1945年）；放射性碳定年法（西元1949年）。

電子 Electron

約瑟夫・約翰・湯姆森（Joseph John "J. J." Thomson，西元 1856 — 1940 年）

「湯姆森是位愛笑的物理學家，」作家瓊瑟發・謝爾曼（author Josepha Sherman）寫道，「不過，他也很笨手笨腳，總是弄破試管，得不出實驗結果。」儘管如此，幸好湯姆森堅持下去，證實了富蘭克林和其他物理學家想得沒錯——電效應是由許多帶有電荷的微小單位所產生的。1897 年，湯姆森發現電子是一種與眾不同的粒子，質量比原子小了許多。他以陰極射線管進行實驗，陰極射線管是一種真空管，能量束在管子兩端的正負極之間行進。當時，雖然從沒有人能確定陰極射線到底是什麼，但湯姆森成功地利用磁場讓射線產生彎折。藉由觀察陰極射線如何在電場和磁場中行進，湯姆森確定陰極射線由相同的粒子組成，而且這些粒子和發射陰極射線的金屬種類無關。此外，將這些粒子的電荷除以質量，得到的比值都一樣。其他人也曾有過類似的觀察經驗，不過湯姆森率先指出這些「微粒」（corpuscle）可以攜帶各種形式的電，而且是物質的基本組成成分。

本書有許多介紹電子各種性質的內容。如今，我們知道：電子是一種次原子粒子，帶有負電，質量為質子的 1/1836；運動中的電子會產生磁場；帶正電的質子和帶負電的電子之間存在吸引力，也就是所謂的庫侖力，導致電子受縛於原子。不同原子之間若共享兩個以上的電子，那麼原子間會產生化學鍵結。

美國物理協會（American Institute of Physics）表示，「以電子為基礎，進而衍生出電視、電腦和許多產品的現代觀念和科技，在發展過程中經歷許多艱難。湯姆森謹慎的實驗和大膽的假設之後，許多其他人所做的關鍵實驗和理論研究，為我們開啟了由原子內部往外看的新視野。」

閃電放電時牽涉到電子的流動。閃電的前緣行進速度可達每小時六萬公里，溫度則是高達攝氏三萬度。

 參照條目　電池（西元1800年）；光的波動性質（西元1801年）；原子論（西元1808年）；光電效應（西元1905年）；波耳原子模型（西元1913年）；德布羅伊關係式（西元1924年）；包立不相容原理（西元1925年）；薛丁格的波動方程式（西元1926年）；狄拉克方程式（西元1928年）。

心理分析 Psychoanalysis

西格蒙 · 佛洛伊德（**Sigmund Freud**，西元 1856 — 1939 年）

作家凱瑟琳‧瑞夫（Catherine Reef）如此形容奧地利心理學家佛洛伊德：「對人類心智探究的程度超過所有先人，開闢新的方法來對心理疾病進行診斷和治療，他稱這種方法為「心理分析」。佛洛伊德會和病人簡單地聊上幾句，更重要的是，他會傾聽。」佛洛伊德強調潛意識心理活動在影響人類行為和情緒這件事情上的重要性，他鼓勵病人「自由聯想」（free association），說出腦中的幻象和夢境；他鼓勵病人把自己想像成旅行者，「坐在火車車廂中靠窗的位置，向某人描述車廂外的景色變化。」等待從病人話語中洩漏出隱藏訊息時，佛洛伊德常覺得自己像個考古學家，在古老的城市裡挖掘著珍貴的遺跡。他的目的是解釋造成病人痛苦症狀的潛意識衝突，從中提供病人意見和解決問題的方法，病人的問題可能包括了不正常的恐懼或無法擺脫的念頭。

一般而言，佛洛伊德認為病人受到壓抑的性幻想和童年經歷，對於後來發生的異常行為有重要影響。他最有名的心理分析模式是把心智分成三個獨立的部分，即本我（id，和性滿足等基本慾望有關）、超我（supergo，和社會所要求的規範及道德法則有關），和自我（ego，有意識的心智，促使人在本我和超我的緊張關係中做出決定）

作家麥可‧哈特（Michael Hart）認為，要從佛洛伊德那些經常引起爭議的觀念中分辨出哪些終是正確，甚或是有用的，雖然仍很困難，但佛洛伊德提出的心理學觀念「已經徹底革新了我們對人類心智的想法。」他並不譴責或嘲弄那些行為異常的病人，而是試著了解他們。精神病醫生安東尼‧史托爾（Anthony Storr）寫道：「佛洛伊德聆聽那些不幸的人們長篇大論，而不是給他們命令或建議，這樣的方式奠下了大多數現代心理治療方式的基礎，對病人和醫生都是有益的。」

左圖為佛洛伊德對病人進行心理分析時，讓病人斜倚的躺椅，他自己則是坐在畫面中的綠色椅子上，聆聽病人的自由聯想（倫敦，佛洛伊德博物館）。

參照條目　大腦功能分區（西元1861年）；心理學原理（西元1890年）；古典制約（西元1903年）；腦側化（西元1964年）；安慰劑效應（西元1955年）、抗鬱劑（西元1957年）；認知行為治療（西元1963年）；心智理論（西元1978年）。

黑體輻射定律 Blackbody Radiation Law

馬克斯・卡爾・恩斯特・路德維希・普朗克（**Max Karl Ernst Ludwig Planck**，西元 1858 — 1947 年）
古斯塔・羅伯特・克希荷夫（**Gustav Robert Kirchhoff**，西元 1824 — 1887 年）

「量子力學簡直不可思議，」量子物理學家（Daniel Greenberger）如此寫道。認為物質和能量同時具備粒子和波動性質的量子理論，起源於和高溫物體產生輻射有關的開創性研究。舉例來說，想像電熱器啟動後，線圈一開始發出褐色光，隨著溫度越來越高，線圈開始發出紅光。德國物理學家普朗克在 1900 年提出黑體輻射定律，對黑體在特定波長下所發射出來的能量加以定量。所謂黑體，是在任何波長、任何溫度下，可以發射並吸收最大可能輻射的物體。

黑體所發射的熱輻射量，會隨著頻率和溫度而改變。在我們日常生活中，有許多物體會將大量的輻射能以紅外光或遠紅外光的形式發射出來，而我們的肉眼看不見的紅外光或遠紅外光。不過，隨著物體的溫度增加，輻射能譜的主要部位移動至可見光的範圍，導致我們看見物體發光。

在實驗室，可以利用表面開了一個小洞的大型堅實空心腔體（如球體）來模擬黑體。進入洞內的輻射受到槍體內壁反射，反射過程中，輻射遭腔體內壁吸收而耗散，待輻射從同一個小洞離開時，其強度已經到了微乎其微的程度，所以，這個小洞的作用就像黑體。普朗克以許多微小的電磁振盪子來模擬黑體腔室內壁，他假設振盪子的能量是不連續的，而且只允許某些特定值存在。這些振盪子既會發射能量至腔體內部，也會透過不連續的躍遷（或統稱為量子 quanta）來吸收這些能量。普朗克用涉及不連續振盪子能量的量子方法推導出他的輻射定律，致使他在 1918 年獲得諾貝爾獎。如今，我們知道在大霹靂（Big Bang）發生不久後，宇宙曾是一個近乎完美的黑體，而黑體一詞則是在 1860 年由德國物理學家克希荷夫提出。

上圖：普朗克，攝於 1878 年；下圖：發光的熔岩非常近似於黑體輻射現象，根據熔岩的顏色可以判斷其溫度。

參照條目 電磁頻譜（西元1864年）；光電效應（西元1905年）；宇宙微波背景（西元1965年）。

希爾伯特的 23 個問題
Hilbert's 23 Problems

大衛・希爾伯特（**David Hilbert**，西元 1862 — 1943 年）

　　德國數學家希爾伯特曾寫道：「一個生氣勃勃的科學分支要能產生大量的問題；沒有問題產生的科學分支，形同走向死亡。」1900 年，希爾伯特提出了 23 個希望能在 20 世紀得到解答的重要數學問題。因為希爾伯特聲望卓著，所以多年來數學家花費大把時間試圖解決這些問題。對於這個主題，希爾伯特曾發表一場極具影響力的演說，開場時他說道：「若能掀開覆蓋著未來的那張面紗，誰不會為此感到興奮？窺看科學界接下來有何進展，窺看未來幾個世紀這些科學奧秘如何發展，又有哪些即將出現的目標能夠引領未來的數學家持續奮鬥呢？」

　　目前為止，這 23 個問題中，大約有十個問題已經得到明確解答。至於剩下的問題，許多問題的解答受到某些數學家的認可，不過有些問題仍存有爭議。比如和球體堆疊效率有關的克卜勒猜想（希爾伯特第 18 個問題的其中一部分），光憑人腦很難證明這個猜想，得靠電腦輔助才行。終於，2017 年，以美國數學家湯瑪斯・黑爾斯（Thomas Hales）為首的團隊，在《數學論壇 Pi》（*Forum of Mathematics*）期刊上發表了克卜勒猜想的正式證明，解決了這個懸宕數百年的問題。

　　那些至今仍懸而為決的問題，最有名的其中一個就是探討 ζ 函數（波動幅度非常大的函數）0 點分布位置的黎曼假設。希爾伯特說道：「如果沉睡千年後還能醒來，我第一個要問的問題就是：『黎曼假設被證明了沒？』」班・楊德爾（Ben Yandell）曾如此寫道：「解決希爾伯特提出的其中一個問題，是許多數學家的浪漫夢想……過去一百年來，世界各地的數學家提出許多解答和重要的局部成果。希爾伯特的問題清單本身就已經很美妙，再加上浪漫元素和歷史吸引力，這些精心挑選出來的問題一直是數學界的組織力。」

左圖為希爾伯特攝於 1912 年的照片，這張照片也被哥廷根大學印製供教職員使用的明信片，學生也經常購買。

參照條目　黎曼假設（西元1859年）；康托爾的超限數（西元1874年）；證明質數定理（西元1896年）；諾特的理想子環論（西元1921年）；證明克卜勒猜想（西元2017年）。

染色體遺傳學說
Chromosomal Theory of Inheritance

西奧多・海因里希・包法利（Theodor Heinrich Boveri，西元 1862 — 1915 年）
沃特・史坦柏・薩登（Walter Stanborough Sutton，西元 1877 — 1916 年）

染色體是一種絲狀構造，每一個染色體皆由長鏈狀的 DNA 分子纏繞著蛋白質骨架而成。細胞分裂期間，在顯微鏡下可以看見染色體。人體細胞有 23 對染色體，每一對染色體由來自親本雙方的一個染色體所組成。精子和卵子只有 23 個不成對的染色體。卵子受精後，染色體數目又回復到 46 個。

1865 年左右，奧地利神父孟德爾經過觀察，發現生物可以透過一種分離的單位，也就是我們如今所稱的基因，來獲得親代的特徵。不過，一直到了 1902 年，德國生物學家包法利，和來自美國，身兼遺傳學家及醫生兩種身分的薩登，才各自發現染色體是攜帶遺傳資訊的載體。

研究海膽的包法利推論，精子和卵子各有半套的染色體。不過，如果精卵結合後形成的海膽胚胎染色體數目不對，那麼胚胎發育會出現異常。包法利認為，生物發育過程中的不同面向由不同染色體負責。薩登以蝗蟲為研究對象，證實了在產生生殖細胞時，配成一對的染色體會分離。包法利和薩登不僅認為染色體攜帶著來自親本的遺傳資訊，還指出染色體是獨立的實體，即便在細胞生命週期的多個階段裡看不到染色體，但它們依舊存在，因而反駁了當時普遍認為染色體在細胞分裂時完全「溶解」，在子細胞中又會重新組合的看法。他們的研究成果，為細胞遺傳學這個結合細胞學和遺傳學的新領域奠下了基礎。

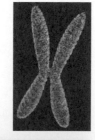

時至今日，我們知道在精卵的製造過程中，來自親本雙方並配成一對的染色體可以透過「互換」（crossover）來交換一小部分的染色體，如此一來，新的染色體就不會和親本任何一方的染色體完全一樣。染色體數目不對會導致遺傳疾病發生，如唐氏症患者有 47 個染色體。

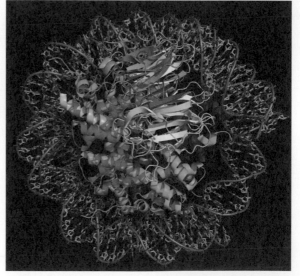

左：由藝術家繪製的染色體；右：每一個染色體內，DNA 分子纏繞著蛋白質形成核小體（nucleosome，如圖所示）。核小體繼而在染色體內摺疊成更複雜的構型，對基因表現提供額外的調節控制。

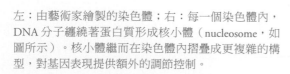

參照條目　發現精子（西元1678年）；細胞分裂（西元1855年）；孟德爾的遺傳學（西元1865年）；海拉細胞（西元1951年）；DNA結構（西元1953年）、表觀遺傳學（西元1983年）；人類基因組計畫（西元2003年）。

萊特兄弟的飛機
Wright Brothers' Airplane

威爾伯・萊特（**Wilbur Wright**，西元 1867 — 1912 年）
歐爾佛・萊特（**Orville Wright**，西元 1871 — 1948 年）

　　如今，我們對飛機如此熟悉，很難想像沒有飛機的生活會是怎樣。不過，20 世紀之初，飛機尚未出現在這個世界上。當時，許多人認為人類永遠無法飛上天。

　　1903 年，在北卡羅來納州，萊特兄弟實現了人類的飛行美夢。他們兩位是工程師沒錯，但他們也是科學家和發明家。有太多麻煩和基本的問題有待他們來解決，像是：如何產生升力、如何產生足夠的推力？如何控制飛行？如何打造出夠輕的飛機？如何把所有零件全都組合在一起？

　　他們打造了風洞，對能夠提供最大升力的機翼形狀進行基礎研究。接著，他們得把這些形狀打造成強固而輕量的結構，萊特兄弟原創的萊特飛行者（Wright flyer）是一架雙翼飛機，機翼由木材、布料和金屬絲線構成。再來，飛行過程中，機翼結構要能夠彎曲，才能夠達到控制飛機的目的，他們想出的解決方案，在現代人眼裡看起來有點古怪：整片機翼呈現翹曲的模樣，駕駛員要用臀部來控制機翼翹曲，而這架飛機的前置控制面板看起來也很奇怪。這是因為，萊特兄弟從零開始打造飛機，沒有任何前例可以參考，一切都是未知狀態。一旦他們解開了飛行的核心祕密，和方向舵、升降舵和副翼有關的常規慣例演進速度就快了起來。

　　該如何讓淨重 275 公斤的萊特飛行者離開地面？就今日的標準來看，萊特飛行者那具僅有 3.3 升，重約 91 公斤，只能輸出 12 匹馬力（約 9000 瓦特）的引擎實在簡陋。引擎進氣口內有一小缸汽油，擔任化油器的功能，汽缸內的接觸斷路器會產生火花，蒸發水分使引擎冷卻。查爾斯・泰勒（Charles Taylor）和萊特兄弟共同討論，從零開始打造出這具能夠穩定輸出 12 匹馬力的引擎，讓手工打造的木製反向螺旋槳轉動起來。

　　這三個人把這麼多想法和工程專業結合起來，打造出真的可以飛上天的飛行機器，想來幾乎是件不可能的事情。靈感、好奇心、毅力和發明帶來的快感，是驅策他們前進的動力。

左圖為萊特兄弟打造的飛機，首次持續飛行時留下的畫面。

參照條目　內燃式引擎（西元1908年）；人類首次進入太空（西元1961年）；農神五號火箭（西元1967年）。

古典制約 Classical Conditioning

伊凡・巴夫洛夫（Ivan Pavlov，西元 1849 — 1936 年）

俄羅斯生理學家巴夫洛夫堅持認為，有關神經系統的科學研究，以及其表述方式必須是客觀、以機械論和唯物主義的。巴夫洛夫在俄羅斯中部出生、成長，父親是村子裡的神父。最初，巴夫洛夫看似會跟從父親的腳步，不過，他對科學的興趣日益濃厚，引領他進入聖彼得堡大學，並在這裡獲得生理學的學位。

1890 年，巴夫洛夫在聖彼得堡大學的實驗醫學研究所擔任生理學系系主任，研究消化是他的專長，他也因此在 1904 年獲得諾貝爾生理學或醫學獎。巴夫洛夫主要以狗為對象來進行實驗，對胃的消化研究來到尾聲時，他開始研究消化過程中不可缺少部分——唾液分泌。1903 年，巴夫洛夫實驗室中一位訓犬師發現，這些狗甚至在被餵食之前就開始分泌唾液。巴夫洛夫注意到這件事之後，開始做實驗研究這種現象所蘊含的「精神過程」（psychic process）。

巴夫洛夫探究的主題是如何操控外部刺激來達到控制行為的目的。他最著名的實驗稱為古典制約，這項實驗論據有理地展示出：當鈴聲和食物這兩件事發生連結，狗就受到了制約，或習得這項制約反應，在空有鈴聲而沒有食物時還是會分泌唾液。巴夫洛夫認為，這樣的制約和神經系統有關，與心智無關，因此，將狗習得制約反應這件事，推及到人類和其他動物身上，其實就是形成了基本關聯，再由基本關聯導向關聯鏈結。多年來，巴夫洛夫和他的團隊探究巴夫洛夫學習模型蘊含的內容，包括如何以此來解釋精神障礙。

上：巴夫洛夫於實驗室留影，攝於 1922 年；右：巴夫洛夫和狗的銅像，地點在俄羅斯科爾杜西（Koltushi），巴夫洛夫實驗室所在地。

參照條目 心理學原理（西元1890年）；心理分析（西元1899年）；安慰劑效應（西元1955年）；認知行為治療（西元1963年）；心智理論（西元1978年）。

E = mc²

阿爾伯特・愛因斯坦（**Albert Einstein**，西元 **1879** — **1955** 年）

作家大衛・伯達尼斯（David Bodanis）寫道：「有好幾代的人從小就知道 E = mc² 這個方程式改變了我們的世界……從原子彈到電視的陰極射線管，再到利用碳定年法來判定史前圖畫的年代，這個方程式主宰著一切。」當然，除了其所蘊含的意義之外，這個方程式的吸引力有一部分來自於它的簡潔。物理學家格拉姆・法梅洛（Graham Farmelo）寫道：「偉大的方程式和最傑出的詩歌一樣同樣擁有非凡的力量——詩歌是最為簡練，內涵又極度豐富的一種語言形式，就像科學界那些偉大的方程式，以一種最為扼要的方式讓人理解它們所描述的自然事實。」

1905 年，愛因斯坦發表一篇簡短論文，從狹義相對論的原理中推導出 E = mc² 這個著名的方程式，這個方程式有時又被稱為質能等效定律（law of mass-energy equivalence）。就本質而言，這個公式的意思就是，一個物體的質量就是其能量含量的「度量單位」。c 代表光在真空中行進的速度，大約是每秒 29 萬 9792.468 公里。

受到 E = mc² 這個方程式的支配，具有放射性的元素會持續地將部分質量轉換為能量。原子彈的開發過程中也用到了這個公式，藉此進一步了解讓原子核保持完整的核子束縛能（nuclear binding energy），進而判斷核子反應所釋出的能量。

E = mc² 說明了太陽為何會發光。太陽內部有四個氫核（四個質子）融合成一個氦核，而四個氫核的質量遠大於它們融合而成的氦核。核融合反應會將這些少去的質量轉換為能量，太陽因而發出熱能溫暖了地球，使地球得以孕育生命。根據 E = mc²，核融合過程中少去的質量 m 會轉換成能量 E。發生在太陽核心的核融合反應，每秒將七億公噸的氫轉換為氦，因此釋放出巨大能量。

1979 年，前蘇聯發行了這張郵票，以紀念愛因斯坦和他的 E = mc² 方程式。

參照條目　放射性（西元1896年）；能量守恆（西元1843年）；狹義相對論（西元1905年）；原子核（西元1911年）；愛因斯坦帶來的啟發（西元1921年）；核能（西元1942年）；恆星核合成（西元1946年）。

光電效應 Photoelectric Effect

阿爾伯特‧愛因斯坦（**Albert Einstein**，西元 1879 — 1955 年）

包括狹義相對論和廣義相對論在內，愛因斯坦所有偉大的成就中，讓他贏得諾貝爾獎是他對光電效應的解釋，光電效應是指某些頻率的光照射到銅板時，會導致銅板發射出電子的現象。愛因斯坦特別提到，可用光的封包（即現在所稱的光子）來解釋光電現象。

舉例來說，一直以來，科學家注意到高頻率的光，如藍光或紫外光可以導致電子發射，但低頻的紅光就不行。令人意外的是，就算是強度極高的紅光也無法造成電子發射。事實上，遭到發射的個別電子，其所蘊含的能量會隨著光的頻率增加而增加（因此和光的顏色有關）。

光的頻率何以成為光電效應的關鍵？愛因斯坦認為，光並非以古典的波動形式，而是以封包的形式，或量子的形式來傳遞能量，而能量的大小等於光的頻率乘以一個常數（也就是後來所稱的普朗克常數）。在臨界頻率之下的光子沒有足夠的能量可以擊出電子。用一個相當粗淺的比喻來說，把能量很低的紅光量子想像成一顆豌豆，無論你朝著一顆保齡球扔了多少豌豆，都不可能敲下保齡球任何一點碎片，這方法根本行不通。愛因斯坦對光子能量的解釋可用來說明許多現象，如任何一種金屬都有產生入射輻射（incident radiation）所需的臨界頻率，在臨界頻率之下，無法發射出任何光電子。如今，許多裝置——如太陽能電池——就是藉由把光轉換為電流來產生電力。

1969 年，美國物理學家提出不需要藉由光子這樣觀念，還是可以說明光電效應的理論，因此，光電效應無法為光子的存在提供決定性的證明。然而，1970 年，有關光子統計性質的研究為顯而易見的電磁場量子特性（非古典）提供了實驗證明。

右圖為透過夜視裝置所拍攝的照片。美國陸軍的空降部隊在伊拉克拉曼迪基地（Camp Ramadi）以紅外雷射和夜視鏡進行訓練。夜視鏡利用光電效應所發射出的光電子來增強個別光子的存在。

參照
條目　光的波動性質（西元1801年）；原子論（西元1808年）；電子（西元1897年）；狹義相對論（西元1905年）；廣義相對論（西元1915年）；愛因斯坦帶來的啟發（西元1921年）；量子電動力學（西元1948年）。

狹義相對論 Special Theory of Relativity

阿爾伯特·愛因斯坦（**Albert Einstein**，西元 1879 — 1955 年）

　　愛因斯坦的狹義相對論（簡稱 STR）是人類智識最偉大成就之一。當時只有 26 歲的愛因斯坦，提出狹義相對論中最關鍵的一項基礎──即真空中的光速不會隨光源的運動而改變，無論觀察者以何種方式運動，觀察到的光速都是一樣的。這一點和音速不同，音速會隨著觀察者和音源之間的相對運動而改變。藉由這光的這項性質，愛因斯坦推導出「同時之相對性」（relativity of simultaneity）：對於坐在實驗室參考坐標系 (frame of reference) 的觀察者而言，兩個同時發生的事件，對另一個和坐標系之間正在進行相對運動的觀察者來說，是兩個不同時間發生的事件。

　　因為時間是相對於觀察者的運動速度而定，所以宇宙中心不可能有一個可讓所有人對時的時鐘。對於一個正以接近光速的速度離開地球的外星人來說，你的一生在他看來只是一眨眼的時間，外星人離開地球一小時後再度回來，卻發現你已經死了好幾百年（所謂「相對」一部分是衍生自一件事實：這個世界呈現的樣貌和我們的相對運動狀態有關──所有表象都是「相對的」。）

　　雖然，我們對狹義相對論這種奇異結果有所了解的時間，已經超過一個世紀，但學生在學習狹義相對論時仍懷有畏怯和迷惑。儘管如此，從微小的次原子粒子到碩大的星系，狹義相對論似乎可以精確地描述自然界的本質。

　　為了幫助各位了解狹義相對論的另一個面向，各位可以想像自己坐在一架相對於地面以恆定速度飛行的飛機上。這架飛機可以視為移動參考坐標系（moving frame of reference），根據相對論的原理，我們可以知道，如果不往窗外看，你無法判斷自己的移動速度有多快。無法看見景物移動的狀況下，你所知道的只有：自己可能坐在一架停在地面上的飛機上，也就是一個相對於地面的固定參考坐標系（stationary frame of reference）。

宇宙中心不可能有一個可讓所有人對時的時鐘。對於一個以高速離開地球又再度返回的外星人來說，你的一生在他看來只是一眨眼的時間。

參照條目　麥克生─莫雷實驗（西元1887年）；E = mc²（西元1905年）、廣義相對論（西元1915年）；愛因斯坦帶來的啟發（西元1921年）；狄拉克方程式（西元1928年）；時光旅行（西元1949年）。

內燃式引擎
Internal Combustion Engine

　　史上第一種受到廣泛採用的內燃式引擎，出現在福特公司於 1908 年開始生產的 Model T 汽車當中。Model T 的引擎，以 1861 年由阿豐斯・布獨・德佛夏（Alphonse Beau de Rochas）註冊專利的鄂圖循環引擎（Otto cycle engine），也就是所謂的四衝程引擎為基礎。根據當時可用的材料和製程，想要打造便宜、可靠又耐用 Model T 引擎，需要一番大工程。及至 1927 年 Model T 停止生產為止，福特公司出產 Model T 汽車超過 1500 萬輛。

　　這具內燃式引擎上有許多工程奇蹟。材料工程師改進了柏賽麥煉鋼法，打造出釩鋼（vanadium steel）這種如此強固的材料，以致於有些 Model T 的引擎至今仍能運轉。電機工程師製造了電鈴線圈點火系統（trembler coil ignition system），幫助使用汽油、煤油或乙醇的引擎能夠運轉。工程師還打造了熱虹吸系統（thermosiphon system），達到不用水泵也能讓水通過散熱器的目的。不過，製造工程師才是真正的英雄，他們最終以驚人的效率達成了年產 200 萬輛的目標，進而降低 Model T 的售價。

　　不過，把 Model T 的引擎和今日的引擎拿來比較，你會發現工程師在那之後又做了許多改良。Model T 的四氣缸引擎排氣量為 2.9 升，卻只能產生 20 匹馬力，如今，有些摩托車的一升引擎就能產生 200 匹馬力。這是怎麼辦到的？工程師以置頂氣門和高壓縮比來取代 Model T 的平頭設計，提升引擎的最大轉速，並打造了燃油噴射系統來替換化油器。工程師設計更為強大且精準的點火系統，創造了諧振進氣系統和排氣系統。

　　像這樣使用程度如此廣泛，改善程度如此之高，又沒有經過重新概念化的科技實不多見。經過一百多年的變革，Model T 引擎的所有核心元件——活塞、氣門、火星塞、水冷系統、汽油——至今仍然存在。不過，每項元件都受到工程師的微調和高度優化，產生今日這些更為小巧、可靠的高動力引擎。

右圖中的技師正在組裝內燃式引擎，地點可能在福特汽車公司，時間為 1949 年。

參照
條目　高壓蒸氣引擎（西元1800年）；卡諾引擎（西元1824年）；萊特兄弟的飛機（西元1903年）。

氯化水 Chlorination of Water

卡爾‧羅傑斯‧達納爾（**Carl Rogers Darnall**，西元 1867 — 1941 年）
威廉‧利斯特（**William J. L. Lyster**，西元 1869 — 1947 年）

　　1997 年，《生活》（*LIFE*）雜誌表示：「過濾飲用水，並在水中加入氯，可能是數千年來人類在公共衛生上最重要的進展。」在水中加入氯這種化學元素，通常可以有效地殺死細菌、病毒和阿米巴原蟲（amoeba），而且在 20 世紀期間，已開發國家人民的預期壽命之所以能夠大幅提升，和這項舉措大有關係。以美國為例，在飲用水中加入氯之後，傷寒和霍亂等水媒傳染病變得十分罕見。供水系統中的水經過初級處理之後，氯便一直存在於水中，持續地消除可能因管線滲漏所引起的汙染。

　　19 世紀時，人類已經知道氯化是一種有效的消毒方法，不過直到 20 世紀初，公共給水系統才開始持續地使用氯化水。1903 年左右，比利時米德克爾克（Middelkerke）的社區使用氯氣來為飲用水消毒；1908 年，紐澤西澤西市的水公司利用次氯酸鈉（sodium hypochlorite）來氯化供水；1910 年，美國陸軍的化學家、醫生達納爾准將以壓縮過後的液態氯氣來為戰場上的軍隊淨化飲用水，他發明了機械式的液態氯淨水器，其中的基本概念如今受到世界各地已開發國家所採用。後來，陸軍科學家利斯特發明了內含次氯酸鈉的利斯特布袋，方便征戰四方的軍隊處理飲水問題。

　　在飲水消毒過程中所添加的氯，會和水中的有機化合物反應，產生可能致癌的三鹵甲烷（trihalomethane）和鹵乙酸（haloacetic acid）。然而，相較於水媒傳染病，這些化合物帶來的風險算是低的。其他可替氯化的消毒方法包括使用臭氧、氯胺（chloramine）和紫外光。

　　達納爾陸軍醫學中心的發言人指出：「達納爾對衛生水（sanitary water）做出貢獻，進而所拯救的性命和所預防的疾病，可說比醫學界其他任何單一成就都還要多。」

上圖：西班牙中世紀村莊中的水井；下圖：突尼西亞凱魯萬大清真寺（Great Mosque of Kairouan）內的水井（這是一張 1900 年的名片，貼在祈禱大廳的門上，明信片下方可見門上的圖案）。現代的水井有時會定期以含氯的溶液進行消毒，藉此減少水中細菌含量。

參照條目　汙水系統（約西元前600年）；病菌說（西元1862年）；消毒劑（西元1865年）。

主星序 Main Sequence

埃納爾・赫茨普龍（**Ejnar Hertzsprung**，西元 **1873 — 1967** 年）
亨利・諾利斯・羅素（**Henry Norris Russell**，西元 **1877 — 1957** 年）

　　20 世紀早期，世界各地的天文學家拓展了哈佛大學愛德華・皮克林（Edward Pickering）團隊所開創的方法，以顏色和光譜線對大量恆星進行描述和分類。其中最重要的進展，包括丹麥天文學家赫茨普龍和美國天文學家羅素各自獨立觀察到的現象：以恆星的光譜型（spectral class）或溫度對恆星的實際亮度（也就是把恆星與我們之間的距離考慮進去，對恆星在空中的視亮度進行校正）作圖，會發現大部分恆星聚集在一個由左上斜至右下的寬廣序帶上。赫茨普龍為此創造出「主星序」一詞，用以描述恆星之間這種明顯趨勢。1910 年左右，這樣的圖示法開始受到採用，並且被稱為「賀羅圖」（Hertzsprung-Russell diagram）。

　　接下來幾十年，天文學家開始了解主星序並非只是恆星隨機聚集的現象——它代表的是一條追蹤恆星年齡和最終命運的演化路徑。大多數恆星的誕生是因為恆星中心的壓力和溫度高到足以使氫原子融合為氦核的程度。處於氫融合階段的恆星一般會坐落在主星序上，至於坐落在主星序上的哪個位置，則是取決於恆星的質量。藍巨星（blue giant）是會發光的恆星，質量是太陽質量的數倍至十倍，坐落於主星序的左上端；紅矮星（red dwarf）則是黯淡的恆星，質量大約是太陽質量的十分之一，坐落在主星序的右下角。隨著年齡增加，氫燃料用盡，恆星會偏離主星序，最終以特殊的方式（而且通常是很壯觀的方式）「死亡」，而這也和它們的質量有關。

　　後來，隨著天文物理學家——如亞瑟・愛丁頓（Arthur Eddington）和漢斯・貝特（Hans Bethe）等人——對恆星的內部細節有了進一步了解，我們甚至有可能預測具有特定質量的恆星將如何生存及死亡。我們的太陽原是一顆質量中等的中年主序星（main sequence star），大約在 50 多億年前，它註定膨脹成一顆紅巨星（red giant），將自身的外層結構排出至行星狀星雲（planetary nebula）中，然後變成一顆逐漸消失的白矮星（white dwarf）。

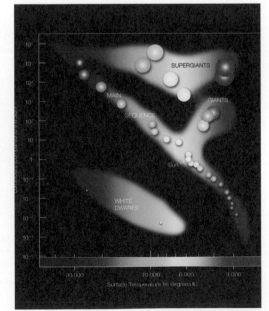

右圖是以恆星內秉光度（intrinsic luminosity，y 軸，以太陽光度 = 1 為進行標準化）對恆星的顏色，也就是溫度（X 軸）作圖所呈現的結果，可以看出圖中有一條明顯的對角序帶——即主星序——受到較為明亮的藍巨星、紅巨星，以及較為黯淡的白矮星所包圍。

參照條目 汙水系統（約西元前600年）；病菌說（西元1862年）；消毒劑（西元1865年）。

原子核 Atomic Nucleus

恩尼斯特・拉塞福（**Ernest Rutherford**，西元 **1871 — 1937** 年）

　　現在我們知道，由質子和中子組成的原子核密度極高，位於原子中心。然而，在 20 世紀開始的前十年，科學家並未意識到原子核的存在，而且認為由帶正電物質組成的原子就像一張四散擴張的網，而帶負電的電子就像蛋糕上的櫻桃般鑲嵌其中。就在拉塞福和他的同事對著一片纖薄的金箔發射一束阿伐粒子，進而發現原子核的存在之後，徹底摧毀了上述的原子模型。多數阿伐粒子（也就是我們如今所知的氦核）可以穿越金箔，但有少數直接反彈回來。拉塞福後來說道：「這是我見過最不可思議的事……就像你朝著一張衛生紙發射一顆 15 英寸的砲彈，結果砲彈反彈回來打中了你。」

　　原子模型若像櫻桃蛋糕的話，金箔的密度會略呈均勻分布，絕不可能發生反彈這種現象，科學家應該會觀察到阿伐粒子行進速度減慢，或者，就像子彈在水中行進那樣。他們沒有料到原子像顆桃子一樣有著「堅硬的核心」。1911 年，拉塞福發表了我們如今熟知的原子模型：原子由帶正電的核心，以及環繞著核心的電子所組成。根據原子核發生碰撞的頻率，拉塞福可以求出相對於原子的原子核大小近似值。作家約翰・葛瑞賓（John Gribbin）曾如此描寫原子核：「直徑為整個原子的十萬分之一，大小比例相當於針頭之於倫敦聖保羅大教堂的圓頂……由於地球萬物都由原子組成，這表示你的身體、你所坐的椅子都是由一個比『固態物』還要空虛無數倍的空間所組成的。」

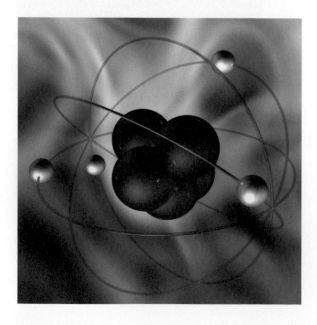

古典原子模型及原子核的示意圖。圖中僅看得到一部分的核子（nucleon，質子及中子）和電子。在真正的原子中，原子核的直徑遠遠小於整個原子的直徑。現代的原子模型通常將環繞原子核的電子子畫為雲狀，以表示其機率密度。

参照條目　原子論（西元1808年）；電子（西元1897年）；E = mc² （西元1905年）；波耳原子模型（西元1913年）；中子（西元1932年）；核磁共振（西元1938年）；核能（西元1942年）；恆星核合成（西元1946年）。

超導電性 Superconductivity

海克‧卡末林‧昂內斯（Heike Kamerlingh Onnes，西元 1853 — 1926 年）
約翰‧巴丁（John Bardeen，西元 1908 — 1991 年）
卡爾‧亞歷山大‧穆勒（Karl Alexander Müller，生於西元 1927 年）
里昂‧古柏（Leon N. Cooper，生於西元 1930 年）
約翰‧羅伯特‧施里弗（John Robert Schrieffer，生於西元 1931 年）
尤漢尼斯‧格爾‧貝諾茲（Johannes Georg Bednorz，生於西元 1950 年）

　　科學作家喬安妮‧貝克（Joanne Baker）寫道：「極低溫時，有些金屬和合金可以在毫無電阻的情況下導電。這些超導體（superconductor）中的電流可以流動數十億年，也不會喪失任何能量。當電子發生耦合並全部一起移動時，可以避免碰撞發生而造成電阻，因而接近永恆運動的狀態。」

　　其實，冷卻至臨界溫度之下時，許多金屬的電阻率（resistivity）為零，這樣的超導電性是荷蘭物理學家昂內斯在 1911 年發現的現象。當時，昂內斯將汞樣本冷卻至 4.2K（攝氏零下 269 度），發現汞的電阻驟降至零。理論上，這表示不需要外來電源，電流就可以在超導體構成的線圈中無盡地流動。1957 年，美國物理學家巴丁、古柏和施里弗確認了電子耦合成對，並看似忽略周遭金屬的現象究竟是怎麼回事：把金屬晶格中帶正電的原子核如何排列想像成一片金屬紗窗。接著，想像一個帶有負電的電子在原子之間移動，吸引力的拉扯造成晶格變形。這樣的變形吸引了另一顆電子過來，兩顆電子開始成對移動，整體所受到的電阻也因而降低。

　　1986 年，貝諾茲和穆勒發現一種可以在較高溫環境下（約 35K，或攝氏零下 238 度）操作的材料，並在 1987 年發現另一種可以在 90K（攝氏零下 183 度）展現超導性質的材料。如果發現可在室溫下操作的超導體，那麼就能節約大量能源，並打造出高性能的電力傳輸系統。超導體還會排斥所有外加磁場，讓工程師得以打造出磁浮列車。藉由超導性，還可以製造出醫院核磁造影儀所需的強力電磁鐵。

2008 年，美國能源部布魯克赫文國家實驗室（Brookhaven National Laboratory）的物理學家在兩種銅酸鹽材料所形成的雙層膜中發現了介面高溫超導性（interface high-temperature superconductivity）。這種材料具有潛力，可以打造出效能更高的電子裝置。從右邊的示意圖中可以看出這些薄膜層層堆疊的構造。

參照
條目　電池（西元1800年）、電子（西元1897年）、核磁共振（西元1938年）。

布拉格晶體繞射定律
Bragg's Law of Crystal Diffraction

威廉·亨利·布拉格（**William Henry Bragg**，西元 1862 — 1942 年）
威廉·勞倫斯·布拉格（**William Lawrence Bragg**，西元 1890 — 1971 年）

　　將研究建立在布拉格定律之上的 X 光晶體學家桃樂絲·霍奇金（Dorothy Crowfoot Hodgkin）說：「我這一生都為化學和晶體著迷。」英國物理學家布拉格這對父子在 1912 年發現了布拉格定律，這項定律可以解釋的實驗，牽涉到電磁波在晶體表面產生繞射的結果。研究晶體結構時，布拉格定律是一項強而有力的工具，舉例來說，X 光照射在晶體表面時，會和晶體中的原子產生交互作用，致使原子重新輻射出會彼此干涉的波。根據布拉格定律：$n\lambda = 2d\sin(\theta)$，n 為整數時會產生建設性干涉（constructive interference），λ 為入射電磁波（如 X 光）的波長；d 為晶體中原子晶面（lattice plane）的距離；θ 則是入射光和散射平面的夾角。

　　舉例來說，X 光穿越一層一層的結晶往前行進，受到反射之後往回行進了相同距離後離開晶體表面。一種材料中，結晶層之間的距離，以及 X 光的入射角都會影響 X 光行進的距離。就強度最高的反

射波而言，這些波必須留在同個相位才會產生建設性干涉。n 為整數時，同一個相位中的兩道波經過反射後會留在同一個相位。如 n = 1 時，會得到一級反射（first order reflection）；n = 2 時，會得到二級反射（secondary order reflection）。如果繞射只牽涉到兩列原子，那麼當 θ 改變，那麼從建設性過渡至破壞性干涉（destructive interference）的過程是漸進的。然而，倘若有許多列原子參與干涉，那麼建設性干涉的波峰會變得明顯，波峰之間幾乎都是破壞性干涉。

　　我們可以利用布拉格定律來計算原子晶面之間的距離，並測量輻射的波長。在晶體中觀察到的 X 光波干涉，也就是我們常聽到的 X 光繞射，說明原子的週期性排列造就晶體，為這個存在數個世紀的假設提供了直接證據。

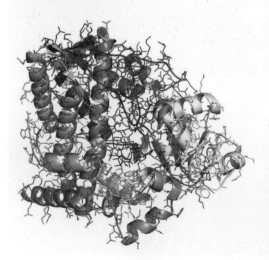

上圖：硫酸銅。1912 年，物理學家范勞厄利用 X 光來記錄硫酸銅晶體的繞射圖形，發現許多明確的小點。在 X 光實驗出現之前，科學家並不知道晶體中原子晶面的確切距離；下圖：最後，藉由布拉格定律，我們能夠利用 X 光繞射來研究酵素等大型分子的晶體結構。右圖是人類肝臟細胞色素 P450 酶的結構模型，這種酶和肝臟的藥物解毒功能有關。

參照條目 光的波動性質（西元1801年）；X光（西元1895年）；全像片（西元1947年）。

大陸漂移 Continental Drift

亞歷山大・馮・洪保德（**Alexander von Humboldt**，西元 1769 — 1859 年）
阿弗雷德・韋格納（**Alfred Wegener**，西元 1880 — 1930 年）

　　就算只是瞥一眼南半球的地圖，也看得出南美洲東岸和非洲西岸兩處的海岸線，有如兩片分散的拼圖，相同的念頭也曾出現在博物學家暨探險家洪保德的腦中。19 世紀初，洪保德發現南美洲與非洲西部動植物化石有相似之處，還發現阿根廷與南非山脈的共通點。後代的探險家也發現印度與澳洲化石的相似之處。

　　1912 年，來自德國，身兼地質學家、氣象學家及極地探險家的韋格納提出更進一步的看法：現今的各大陸板塊在過去曾是一塊完整的板塊，他稱之為盤古大陸（Pangaea）。1915 年，韋格納在他的著作《大陸與海洋的起源》（*The Origin of Continents and Oceans*）中繼續拓展這樣的理論，他認為盤古大陸後來分裂成兩塊超大陸（supercontinent），即勞亞古陸（Laurasia，對應現今的北半球）與岡瓦納大陸（Gondwanaland，對應現今的南半球），分裂時間大約是 1.8 — 2 億年前。韋格納無法提出說法解釋大陸漂移的現象，1930 年，前往格陵蘭探險的途中，韋格納因心臟衰竭而死，在此之前，科學界完全否決他提出的觀念。1960 年代，科學界終於接受了大陸漂移的觀念，因為當時板塊運動（plate tectonic）學說已然建立，這項學說認為大陸板塊持續進行相對移動，彼此沒入且互相拉扯。

　　早在科學界承認大陸漂移之前，博物學家就在相距幾千公里，中間還隔著海洋的大陸板塊上發現相同或相似的動植物化石，如在南美洲、非洲、印度和澳洲發現的熱帶蕨類舌羊齒（Glossopteris）化石；外型似哺乳動物，隸屬 Kannemeyrid 科的爬蟲類，其化石也在非洲、亞洲和南美洲出土。相反地，不同大陸上，有些現存的動植物彼此之間差距甚大，以澳洲為例，澳洲所有原生的哺乳類動物都是有袋類而非胎盤類，這表示在胎盤哺乳類動物演化之前，澳洲已經與岡瓦納大陸分離。

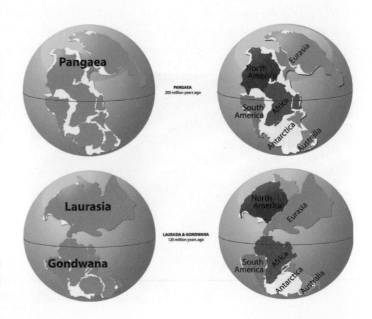

根據大陸漂移理論，單一的盤古大陸後來分裂為兩塊超大陸，即勞亞古陸（北半球）與岡瓦納大陸（南半球）。

參照條目　達爾文及小獵犬號航海記（西元1831年）；化石紀錄與演化（西元1836年）；達爾文的天擇說（西元1859年）。

波耳原子模型 Bohr Atom

尼爾斯・亨立克・大衛・波耳（Niels Henrik David Bohr，西元 1885 — 1962 年）

「曾有人形容希臘文像是飛翔在荷馬著作之間的文字，」物理學家阿米特・戈斯瓦米（Amit Goswami）寫道，「而量子這樣的想法，則在丹麥物理學家波耳 1913 年發表的論文中開始飛翔。」波耳知道，從原子中可以輕易地移除帶負電的電子，而帶正電的原子核位在原子的中央。在波耳的原子模型中，原子核就像是宇宙中心的太陽，而電子則像是繞著太陽公轉的行星。

如此簡單的模型註定會產生問題。舉例來說，繞著電子原子核轉動的電子應該會發射出電磁輻射。失去能量的電子，應該會衰變並落入原子核才對。為了避免原子崩陷，以及為了解釋氫原子發射光譜各種特性，波耳假設，能夠在軌道上運行的電子，其與原子核的距離並不是隨意值，相反地，電子是被限制於特定的軌道或殼層上。就像沿著梯子上下移動一樣，電子能量提升時，可以躍遷至更高的梯級，或殼層上，如果有能量更為低階的殼層存在，電子也有可能落入其中。只有在原子吸收或發射出具有特定能量的光子時，才會產生電子在殼層中躍遷的現象。如今我們知道，這個模型有許多缺點，無法適用於較大的原子，而且違反了海森堡不確定原理（Heisenberg Uncertainty Principle），因為這個模型中的電子有特定的質量、速度，並繞著有明確半徑的軌道運行。

物理學家特費爾寫道：「時至今日，我們不再認為電子像繞著原子核運行的微小行星，現在，我們認為電子受到薛丁格方程式的支配，像機率波一般在軌道周圍起伏，就像環形潮池中的水一樣……儘管如此，1913 年，波耳提出他的偉大洞見時，便已描繪出現代量子力學的原子模型。」後來，矩陣力學（matrix mechanics，量子力學中第一個有完整定義的領域）取代了波耳模型，對我們所觀察到的原子能態轉換現象做了更好的描述。

左圖為位於馬其頓奧赫里德的圓形劇場，這些座位可比喻為波耳提出的電子軌道。根據波耳的模型，能夠在軌道上運行的電子，其與原子核的距離並不是隨意值，相反地，電子是被限制於特定的殼層，而這些殼層的能階並不連續。

參照條目　電子（西元1897年）；原子核（西元1911年）；包立不相容原理（西元1925年）；薛丁格的波動方程式（西元1926年）；海森堡測不準原理（西元1927年）。

廣義相對論 General Theory of Relativity

阿爾伯特‧愛因斯坦（**Albert Einstein**，西元 1879 — 1955 年）

愛因斯坦曾寫道：「想要從物理學基礎中得到更深入知識，這樣的企圖在我看來註定會失敗，除非這些基礎觀念一開始就符合廣義相對論。」1915 年，發表狹義相對論（狹義相對論指出距離和時間都不是絕對的，時鐘運行的速率與一個人相對於時鐘的運動狀態有關）的十年之後，愛因斯坦提出了早期的廣義相對論，以一個全新的觀點來解釋重力。愛因斯坦特別提到，重力並不像其他的力一樣是一種真正的力，而是時空中的質量造成時空彎曲所產生的結果。雖然我們現在知道，比起牛頓力學（如水星公轉的軌道），對於高重力場中的運動，廣義相對論可以有更好的描述，但在描述我們身在這個世界所得到的平常體驗時，牛頓力學仍然非常有用。

為了進一步了解廣義相對論，可以這樣想：空間中無論何處，只要有一個質量存在，這個質量會造成空間彎曲。要把恆星對宇宙結構的影響具象化，有一個最方便的方式：想像一片橡膠墊上有一顆正往下陷的保齡球。橡膠墊因保齡球下陷而受到拉伸，形成凹陷，如果你在這凹陷處放入一顆彈珠，並把彈珠往旁邊推，彈珠會繞著保齡球轉上一陣子，就像行星繞太陽公轉。這片包覆著保齡球的橡膠墊，就是因恆星存在而彎曲的空間。

重力使時間彎曲並變慢這件事可以利用廣義相對論來加以了解。在許多狀況下，廣義相對論似乎讓時光旅行成為一件可能的事。

愛因斯坦還提到，重力效應以光速在傳遞。因此，如果突然移除了太陽系中的太陽，大約要到八分鐘之後，也就是光從太陽行進至地球所需的時間，地球才能脫離繞太陽公轉的軌道。如今，許多物理學家相信重力必定具備量子特性，以重力子（graviton）這種粒子的形式存在，如同光以光子（電磁波的微小量子封包）的形式存在一樣。

愛因斯坦認為時空中的質量造成時空彎曲，進而產生重力。時間和空間都會受到重力加以扭曲。

參照
條目

牛頓的運動定律和萬有引力定律（西元1687年）；黑洞（西元1783年）；狹義相對論（西元1905年）；諾特的理想子環論（西元1921年）；愛因斯坦帶來的啟發（西元1921年）；時光旅行（西元1949年）；重力波（西元2016年）。

弦論 String Theory

西奧多・法蘭茲・愛德華・卡魯札（**Theodor Franz Eduard Kaluza**，西元 1885 — 1954 年）
約翰・亨利・席瓦茲（**John Henry Schwarz**，生於西元 1941 年）
麥可・波里斯・葛林（**Michael Boris Green**，生於西元 1946 年）

「弦論中涉及的數學……」數學家麥可・阿提亞（Michael Atiyah）寫道，「微妙而複雜的程度……大幅超出過去物理理論中所使用的數學。在看似和物理毫不相關的領域中，弦論推導出許多驚人的數學結果。對許多人而言，這表示弦論的方向是正確的……」物理學家愛德華・維騰（Edward Witten）寫道：「弦論是意外出現在 20 世紀的 21 世紀物理學。」

許多現代的「超空間」（hyperspace）理論指出，在我們普遍接受的時空維度之外，還存在著其他維度。以 1919 年的卡魯札—克萊因理論（Kaluza-Klein theory）就試圖以更高的空間維度來解釋電磁效應和重力。這一類的概念當中，以超弦理論（superstring theory）最為新近，超弦理論預測宇宙是 10 度或 11 度空間——空間的三個維度、時間的一個維度，以及其他六或七個空間維度。許多超空間理論以這些額外的空間維度來表述自然界的定律，使這些定律變得更簡單、更簡練。

弦論認為，一些最基礎的粒子，如夸克和電子，可用一種極其微小，本質上是一維實體的「弦」來加以模擬。雖然弦看似是種抽象的數學，但別忘了，原子在終於被人類觀察到之前，也曾被認為是一種「不真實」的抽象數學。然而，弦如此微小，目前沒有任何方法可以直接觀察到它們。

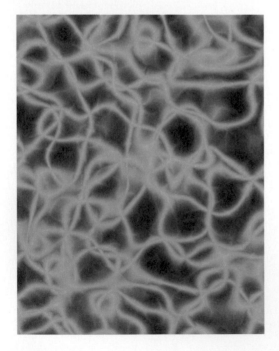

某些弦論認為，弦所形成的迴圈會在一般的三度空間中移動，但它們也可以在更高維度的空間中振動。用個簡單的比喻來說明：想像一條正在振動的吉他弦，吉他弦所發出的「音」對應到不同粒子，如夸克、電子，或者是假想的重力子（可以傳遞重力的粒子）。

弦論學家聲稱，各種更高維度的空間會呈現「緊緻化」（compactified），也就是緊密地捲曲形成所謂的卡拉比—丘空間（Calabi-Yau space），導致這些額外的維度實際上是無法被看見的。1984 年，葛林和席瓦茲在弦論上取得更進一步的突破。

弦論中，弦的振動模式決定了弦會成為哪種粒子。以小提琴來比喻，撥彈 A 弦時會形成電子，撥彈 E 弦時會產生夸克。

參照條目　標準模型（西元1961年）；萬有理論（西元1984年）；大強子對撞機（西元2009年）。

西元 1920 年

氫鍵 Hydrogen Bonding

沃思・胡夫・羅德布什（**Worth Huff Rodebush**，西元 1887 — 1959 年）
溫德爾・米歇爾・拉提默（**Wendell Mitchell Latimer**，西元 1893 — 1955 年）
莫里斯・洛伊・哈金斯（**Maurice Loyal Huggins**，西元 1897 — 1981 年）

這生氣勃勃的世界有一種秘密的黏著劑——氫鍵。DNA 分子靠著氫鍵聚合，蛋白質分子的構形要靠氫鍵幫忙，而且，各式各樣的碳水化合物分子中，都有氫鍵的蹤影。以受器和酵素這些蛋白質的活性區為例，它們的自身結構，以及與之相結合的受質分子之間，幾乎總是有關鍵的氫鍵存在。

氫鍵是美國化學家哈金斯率先提出的觀念，同為化學家的拉提默和羅德布什受到哈金斯的啟發，在 1920 年發表了一篇論文，以氫鍵來解釋某些液體的特性。不過，此後近 100 年的研究工作仍無法完全揭露氫鍵的秘密。

到底何謂氫鍵？這可不是個容易回答的問題。即便像美國化學家萊納斯・鮑林（Linus Pauling）這樣最聰明的科學家也無法一言以蔽之。就一部分而言，氫鍵只是一個帶正電的氫原子，和附近一個分子上帶負電的原子——如氮或氧——之間彼此相吸罷了，受到正電吸引的原子也未必一定帶有電荷（These don't have to be full charges），氧原子和氮原子通常具有額外的電子密度（electron density），使它們聚集成帶有部分負電的團塊。不過，這樣的鍵結並非只是離子鍵，因為氫鍵具有方向性，如果方向不對，吸引力幾乎會消失殆盡。氫鍵就像虛弱版的標準單鍵（single bond），當氫原子和電子數量豐富的原子（如氧原子）連結時，氫鍵的強度最強。這類氫氧化合物和氮氫化合物的化學作用範圍很廣，在許多生物分子的行為中，它們尤其重要。水就是最好的例子：兩個氫原子加上一個氧原子。

水分子即是優良的氫鍵給體（hydrogen bond donor），同時也是優良的氫鍵給體（hydrogen bond acceptor），水也因此成為一種奇特的物質：就一個如此之小的分子而言，水的沸點極高；水結冰後形成氫鍵構成的固態晶格，但其密度卻比液態水還低（大部分液體結冰後的密度會比液態的密度來得高）。

氫鍵是水的性質之本，而水是地球生命的基礎。

參照條目　週期表（西元1869年）；電子（西元1897年）；DNA結構（西元1953年）。

無線電臺
Radio Station

如果可以坐上時光機，回到 1912 年，站在正在下沉的鐵達尼號甲板上，這時抬頭看，可以看到象徵著通訊新時代已然開啟的標記。鐵達尼號船體兩端各有一根桅杆，彼此間由一條長導線連接，做為 5000 瓦火花間隙無線電發射器（spark gap radio）的天線，鐵達尼號就是利用這臺無線電發射器，以摩斯電碼傳送遇險訊號。

鐵達尼號彰顯了無線電的重要性。因為這場船難，1912 年的《無線電法案》要求船隻必須 24 小時監測遇險訊號，並設立了一套系統，要求無線電臺取得美國政府頒發的執照。

1920 年，美國第一個調幅（AM）無線電臺——位於賓州匹茲堡的 KDKA 電臺——開播。1912 至 1920 年間，真空管開始大量生產，第一次世界大戰推進了真空管的製造速度。藉由真空管，電子工程師得以製造出無線電發射機和接收機所用的放大器。一旦工程師成功打造出放大器，無線電開始大行其道，人人都得要有一臺無線電收音機。到了 1922 年，全美的無線電接收機超過 100 萬臺。數以百計的組織機構——報社、學校、百貨公司和個人——都創立了無線電臺。無線電的黃金時代就此誕生。

1926 年，國家廣播公司（NBC）成立，哥倫比亞廣播公司（CBS）在 1927 年成立。美國政府也修改規章，讓無線電臺可以放送廣告。有了收入，廣播公司有充分的理由來擴大規模，並有大量的金錢可以支付節目內容所需的費用。

這是個引人入勝的故事：戰爭導致真空管的發展，而真空管則是促進了無線電的發展，結果帶來一種全新的思維方式——透過廣告資助的全國性網路，為數百萬人提供了立即的、電子的、免費的大眾媒體，1920 年時，這一切都還不存在。到了 1930 年，美國近半數住家都有無線電收音機。隨著經濟大蕭條（Great Depression）開始，無線電臺提供了廉價的新聞和娛樂形式。電子工程師為社會帶來了巨大改變。

左圖畫面中的女士正在打開這臺早期的收音機。1920 年代，放大真空管促進無線電發射機和接收機的發展。

參照條目 電報系統（西元1837年）；光纖（西元1841年）；電話（西元1876年）；ARPANET網路（西元1969年）。

諾特的理想子環論 Noether's Idealtheorie

阿瑪莉・艾咪・諾特（Amalie Emmy Noethe，西元 1882 — 1935 年）

　　儘管要面對可怕的偏見，仍有幾位女性數學家起身對抗權威，堅持己見。愛因斯坦曾形容德國女性數學家諾特是「自女性受高等教育以來，迄今為止最重要的數學創意天才。」

　　1915 年，待在德國哥廷根大學的諾特在理論物理的領域中，提出生平第一項重要的數學創見。諾特的理論尤其著重在處理物理的對稱關係，以及它們和守恆定律（conservation laws）的關係。這項理論及其相關研究助了愛因斯坦一臂之力，使他得以發展出以重力、空間和時間本質為主的廣義相對論。

　　獲得博士學位之後，諾特試圖在哥廷根大學謀求教職，不過，反對者認為男性可不想要在「女人腳下學習」。諾特的同僚希爾伯特回覆這些批評者：「我不認為候選人的性別是反對她成為講師的理由。畢竟，大學評議會又不是澡堂。」

　　諾特也因為對非交換代數（noncommutative algebra）——運算順序會影響乘積結果——有所貢獻而聞名，其中「理想子環的鏈條件」（chain conditions on ideals of rings）是她最為出名的研究，1921 年，諾特發表《環域中的理想子環論》（Idealtheorie in Ringbereichen），對現代抽象代數的發展有重要影響，抽象代數這個領域的數學旨在檢驗運算元素的一般性質，通常會將邏輯學和數論整合至應用數學當中。可惜的是，1933 年，納粹以諾特的猶太人身分為由將她逐出哥根廷大學時，一併徹底駁斥了她的數學成就。

　　諾特逃出德國來到美國賓州的布林茅爾學院（Bryn Mawr College）任教，記者希芭・羅伯茲（Siobhan Roberts）提到，當時的諾特「每週前往普林斯頓研究所講課，並拜訪愛因斯坦和赫爾曼・魏爾（Herman Weyl）兩位朋友。」諾特帶來的影響非常深遠，從她的學生和同僚發表的論文可以看出，其中有許多她所提出的概念。

《環域中的理想子環論》的作者諾特對現代抽象代數的發展有深遠影響。諾特也對廣義相對論的一部分數學基礎做出貢獻，但勞心勞力的她通常沒有得到報酬。

參照條目　希爾伯特的23個問題（西元1900年）；廣義相對論（西元1915年）；愛因斯坦帶來的啟發（西元1921年）。

愛因斯坦帶來的啟發
Einstein as Inspiration

阿爾伯特・愛因斯坦（**Albert Einstein**，西元 1879 — 1955 年）

　　諾貝爾獎得主愛因斯坦受譽為有史以來最偉大的科學家之一，而且是 20 世紀最重要的科學家。他提出的狹義及廣義相對論革新了我們對時空的了解。在量子力學、統計力學和宇宙學的領域，愛因斯坦也有重大貢獻。

　　《愛因斯坦的柏林歲月》（*Einstein in Berlin*）作者湯瑪斯・列文生（Thomas Levenson）寫道：「物理學和我們的日常體驗之間有著如此遙遠的距離，如果今天出現了一項堪比愛因斯坦的成就，大部分的人能無法認知到這項成就的重要性，實在還很難說。1921 年，愛因斯坦初次造訪紐約，數千人在街上排隊等待車隊經過……試想，如今有哪一位理論學家可以受到這般歡迎？根本是不可能的事情。自從愛因斯坦之後，物理學家提出的現實觀念和大眾想像力之間的情感連結，已然大幅下降。」

　　我曾訪問過許多學者，根據他們的看法，世界上再也不會出現能與愛因斯坦相提並論的人物，列文森認為：「科學界不太可能再出現一個像愛因斯坦這樣家喻戶曉的天才。如今，科學家所探究的模型如此複雜，導致幾乎所有科學家只能侷限地研究問題的一部分面向。」愛因斯坦和今日科學家的不同之處在於，他幾乎不需要和任何人合作。

　　愛因斯坦發表的狹義相對論，並未引用任何參考文獻或前人研究。Applied Minds 科技公司的共同董事長暨首席創意長布蘭・費倫（Bran Ferren）言之鑿鑿地說道：「愛因斯坦提出的概念，可能比他本人還要重要。」愛因斯坦不只是當代最偉大的科學家，還是「鼓舞人心的典範，他的生命和他的成就，激勵了其他無數的思想家。對社會而言，這些思想家以及受這些思想家激勵的後代思想家，他們的整體貢獻將遠遠超過愛因斯坦一己的貢獻。」愛因斯坦引發了一場勢不可擋的「智識連鎖反應」，啟動了滾滾而來的思緒躍動和迷因（meme）流轉。

1921 年，42 歲的愛因斯坦在維也納發表演說。

參照條目　牛頓帶來的啟發（西元1687年）；E = mc²（西元1905年）；狹義相對論（西元1905年）；光電效應（西元1905年）；廣義相對論（西元1915年）。

德布羅依關係式 De Broglie Relation

路易—維克多—皮耶—雷蒙，第七代德布羅依公爵（Louis-Victor-Pierre-Raymond, 7th duc de Broglie，西元 1892 — 1987 年）
柯林頓·約瑟夫·戴維森（Clinton Joseph Davisson，西元 1881 — 1958 年）
雷斯特·哈爾伯特·革末（Lester Halbert Germer，西元 1896 — 1971 年）

　　大量有關次原子的研究證實了像電子或光子這樣的粒子，和我們日常生活接觸到的物體並不一樣。依據實驗或觀察現象的不同，這些實體似乎兼具波動和粒子的特性。歡迎來到量子力學的奇妙世界。

　　1924 年，法國物理學家德布羅依認為可將構成物質的粒子視為一種波，而且它們也具備了波的常見性質，如波長（波峰之間的距離）。事實上，所有的物體都有波長。1927 年，美國物理學家戴維森和革莫展示了電子就和光一樣，可以產生繞射並互相干涉，藉此證明了電子的波動性質。

　　德布羅伊關係式指出，物質的波長和其粒子的動量（一般而言，動量是質量和速度的乘積）成反比，即 $\lambda = h/p$，λ 為波長，p 為動量，而 h 則是普朗克常數。根據科學作家貝克的說法，這個等式可以說明「體積較大的物體，如滾珠軸承和獴的波長極小，小到觀測不到，所以我們無法看見其波動性質。一顆飛越球場的網球，波長為 10^{-34} 公尺，遠遠小於一顆質子的直徑（10^{-15} 公尺）。」一隻螞蟻的波長遠比一個人的波長大得多。

　　自從戴維森和革莫做了有關電子的原創性實驗之後，在中子、質子等其他粒子，乃至於像巴克球（buckyball，其波動性質於 1999 年受到證實）這種形狀有如足球，由碳原子構成的完整分子上，德布羅伊的假說都得到了驗證。

　　德布羅伊在自己的博士論文中提出這個概念，但因為這樣的概念實在太過極端，以致於他的論文審查委員一開始無法確定該不該批准這份論文。後來，對物質波動性質的研究使德布羅伊獲得諾貝爾獎。

1999 年，維也納大學的研究人員證明，由 60 個碳原子構成的巴克球分子（如右圖所示）具有波動性質。一束巴克球分子穿越光柵之後（行進速度約為每秒 200 公尺的速度），產生了干涉圖案，這是波才有的性質。

參照條目　光的波動性質（西元1801年）；電子（西元1897年）；薛丁格的波動方程式（西元1926年）。

包立不相容原理
Pauli Exclusion Principle

沃夫岡・恩斯特・包立（**Wolfgang Ernst Pauli**，西元 **1900 — 1958** 年）

想像觀眾進入棒球場準備就坐的場景，大家先從靠近球場的座位開始坐起……這可以用來比擬電子填入原子軌域的情形。棒球場裡的觀眾也好，原子軌域中的電子也罷，一個特定的區域中能有多少實體存在，是一件受到相關規則支配的事情。畢竟，一個小小的座位上若是擠了太多人，大家坐起來都會很不舒服。

物質為什麼有固定的外在？兩個物體為什麼無法占據相同空間？這些問題可透過包立不相容原理（簡稱 PEP）來解釋。我們之所以不會穿越地板掉下去，而質量大得驚人的中子星之所以不會崩陷，也都是一樣的道理。

說得更準確一點，包立不相容原理指出，兩個完全一樣的費米子（fermion，如電子、質子或中子）無法同時占據相同的量子態（quantum state），這也包括了費米子的自旋態在內。舉例來說，兩個電子必須有相反的自旋方向，才能夠占據相同的原子軌域。當一個原子軌域已經被一對自旋方向相反的電子所占據，除非其中一顆電子離開，否則其他電子無法進入該軌域。

包立不相容原理受到反覆驗證，是物理學中最重要的原理之一。作家米凱拉・馬西米（Michela Massimi）表示：「從光譜學到原子物理，從量子場論到高能物理，幾乎沒有任何一項科學原理像包立不相容原理有如此深遠的影響。」透過包立不相容原理，我們可以判斷，或了解作為週期表化學元素

分類基礎的電子組態以及原子光譜。科學作家安德魯・華森（Andrew Watson）寫道：「早在 1925 年，包立就提出了這項原理，當時現代量子理論或電子自旋的概念尚未出現。他的動機很單純：一定有什麼方法阻止原子中的電子崩陷至最低能量態……所以，包立不相容原理的存在，避免了電子——以及其他費米子——互相侵犯彼此的空間。」

左圖的藝術作品名為〈包立不相容原理，或者，為什麼狗無法忽然間穿越固體往下掉〉。物質為何有著固定的外在？我們為何不會穿越地板掉下去？以及質量大得驚人的中子星為何不會崩陷？包立不相容原理有助於解釋這些問題的答案。

參照條目　庫侖的靜電定律（西元1785年）；電子（西元1897年）；波耳原子模型（西元1913年）；中子星（西元1933年）。

薛丁格的波動方程式
Schrödinger's Wave Equation

埃溫・魯道夫・約瑟夫・亞歷山大・薛丁格（**Erwin Rudolf Josef Alexander Schrödinger**，西元 1887 — 1961 年）

物理學家亞瑟・米勒（Arthur I. Miller）表示：「薛丁格的波動方程式讓科學家得以詳細預測物質的行為，並能夠具體描繪出他們正在研究的原子系統。」薛丁格推導出這個方程式的時間，顯然是在和情婦前往瑞士滑雪勝地度假的時候，根據他本人的說法，這名情婦似乎讓他的智力和情慾雙雙爆發。薛丁格的波動方程式以波函數和機率來描述真實世界的根本。根據以下方程式，我們可以計算出粒子的波函數：

$$i\hbar \frac{\partial}{\partial t}\psi(r,\ t) = -\frac{\hbar^2}{2m}\nabla^2\psi(r,\ t) + V(r)\psi(r,\ t)$$

在這裡，我們不需要煩惱這個方程式的細節，只要知道是波函數，代表一顆粒子在位置 r 時間 t 的機率振幅（probability amplitude）；描述在空間中的變化；V(r) 是粒子在位置 r 的位能。就像描述漣漪在池塘中行進的方程式一樣，薛丁格波動方程式描述粒子（如一顆電子）在空間中行進時，機率波的分布情形。波峰對應著粒子最有可能出現的地方。想要了解原子中的電子能階，這個方程式也可以派上用場，且薛丁格波動方程式已成為量子力學（原子世界的物理學）的基石。雖然把粒子描述為波似乎很奇怪，但在量子的世界裡，這種奇怪的雙重性質有其必要。舉例來說，光可以被視為波，也可以被視為粒子（即光子），而像電子、質子這樣的粒子也會表現出像波一樣的行為。換個比喻方式，我們可以把原子中的電子想像成鼓面上的波，和波動方程式相關的振動模式則和原子的不同能階有關。

值得一提的是，由維爾納・海森堡、馬克斯・玻恩（Max Born）和帕斯誇爾・焦旦（Pascual Jordan）在 1925 年所發展的矩陣力學，能夠用矩陣來詮釋粒子的某些性質，這樣公式化表述方式，其實等同於薛丁格的波動方程式。

奧地利 1983 年版 1000 先令紙鈔上的薛丁格像。

參照條目　光的波動性質（西元1801年）；電子（西元1897年）；德布羅伊關係式（西元1924年）；海森堡測不準原理（西元1927年）；狄拉克方程式（西元1928年）；薛丁格的貓（西元1935年）。

互補原理 Complementarity Principle

尼爾斯・亨立克・大衛・波耳（**Niels Henrik David Bohr**，西元 1885 — 1962）

1920 年代末期，為了讓謎一般的量子力學變得合理，丹麥物理學家波耳提出「互補性」（complementarity）這種觀念，他認為，以光為例，光的行為有時像波，有時像粒子。作家路易莎・吉爾德（Louisa Gilder）寫道，對波耳而言，「互補性幾乎像是種宗教信仰，人們必須接受悖論（paradox）是量子世界的基礎，悖論無法得『解』，或者因為人們的『探究』而變得平凡。」波耳用一種不尋常的方式來使用『互補性』一詞，以波和粒子的互補性（或位置和動量的互補性）為例，這代表著其中一方完全存在的時候，互補的另一方則完全不存在。」1927 年，波耳在義大利科莫演講時曾說道，波和粒子是「抽象的概念，唯有藉由它們和其他系統的交互作用，才能觀察並定義它們的性質。」

有時候，物理界所稱的互補性和哲學界所稱的互補性，似乎在藝術理論中有所交集。科學作家寇爾（K. C. Kole）寫道，波耳「對立體派（cubism）著迷程度非常出名，後來他的一位朋友解釋這是因為立體派畫風使得『一個物體有多種化身，它會改變，看起來有時像張臉、有時像肢體，有時像一盆水果』波耳繼續發展他的互補性哲學，指出電子如何變化，如何時而像波，時而又像粒子。互補性就和立體派畫風一樣，容許互相矛盾的觀點共存於相同的自然框架中。」

波耳認為，以日常生活的觀點來審視次原子的世界並不恰當，他寫道：「我們對自然界有所描述，並不是為了揭露一個現象的真實本質，而是為了盡可能地追溯一種體驗當中各個面向之間的關係。」

1963 年，物理學家惠勒曾如此形容這項原理的重要性：「波耳的互補原理是這個世紀最具革命性的科學觀念，而且，他花了五十年的時候尋覓量子這個概念的完整意義，互補原理就是量子理論的核心所在。」

物理界所稱的互補性和哲學界所稱的互補性，似乎在藝術理論中有所交集。波耳對立體派（cubism）十分著迷，這種畫風讓「互相矛盾」的觀點得以共存，如左圖這幅出自捷克畫家尤金・伊凡諾夫（Eugene Ivanov）之手的作品。

參照條目　光的波動性質（西元1801年）；海森堡測不準原理（西元1927年）；薛丁格的貓（西元1935年）；EPR悖論（西元1935年）；平行宇宙（西元1956年）。

食物網 Food Webs

賈希茲（**Al-Jahiz**，西元 781 — 868/869 年）
查爾斯·艾爾頓（**Charles Elton**，西元 1900 — 1991 年）
雷蒙·林德曼（**Raymond Lindeman**，西元 1915 — 1942 年）

　　西元九世紀的阿拉伯作家賈希茲，是提出食物鏈觀念的始祖。他的著作超過 200 本，主題範圍廣泛，包括文法、詩歌和動物學。在有關動物學的著作當中，賈希茲討論了打獵為食的動物，以及淪為獵物的動物之間所存在的生存競爭。牛津大學的艾爾頓是 20 世紀最重要的動物生態學家之一，1927 年，他在其經典著作《動物生態學》（*Animal Ecology*）中提出現代生態學的基本原理，其中包括相當明確的食物鏈與食物網觀念，這是生態學當今的中心主題。

　　以最簡單的講法來說，食物的循環跟從著一種始於食物鏈基部——不會取食其他動物的物種位於食物鏈基部，如植物——止於最終捕食者，或稱最終消費者（ultimate consumer）的線性關係。一般而言，整個食物鏈可以分為三至六個取食層級。艾爾頓認為，這條簡單的食物鏈過分粗略地簡化了「誰吃誰」這件事情。食物鏈觀念無法描述真實的生態系，生態系中有多種捕食者與獵物，而且當環境中沒有喜好的獵物存在時，捕食者可能會選擇其他動物為食。此外，有些也會吃植物的食肉動物（carnivore）植物，其實該稱為雜食性動物（omnivore），反過來說，有些草食性動物（herbivore）偶爾也會吃肉。如今，生態界對食物網的偏好大於食物鏈，因為食物網才足以描述生態界中這些高度複雜的種間關係。

　　1942 年，林德曼提出提出假設，認為食物鏈中取食層級的數量受限於營養動態（trophic dynamic），也就是能量在生態系不同部分中有效轉移的現象。食物經過消化之後，能量儲存在消費者體內，而且能量只會以單一方向行進。當身體利用食物來滿足基本需求時，這些能量大部分以熱能的形式逸失，剩餘的能量則以廢棄物的型態排出。一般而言，食物中大約只有 10% 的能量可以轉移到下一個營養層級（或稱攝食層級）。因此，在食物鏈上，越高的層級所收到的能量越少，所以攝食層級很少超過四至五級。

阿拉斯加的卡特邁國家公園（Katmai National Park），是個觀察食物網的好地方，棕熊吃魚，魚吃其他小魚，或漂浮於水中的浮游生物。

參照條目　農業（約西元前1萬年）；生態交互作用（西元1859年）；昆蟲的舞蹈語言（西元1927年）。

海森堡測不準原理
Heisenberg Uncertainty Principle

維爾納‧海森堡（**Werner Heisenberg**，西元 1901 — 1976 年）

「不確定是唯一確定的事，」數學家約翰‧阿倫‧保羅斯（John Allen Paulos）寫道，「而知道如何與不安全相處是唯一的安全之道。」海森堡測不準原理描述的是：我們無法同時非常精確地得知一顆粒子的位置和速度。說得更具體一點，對於位置的測量越精確，對動量的測量就越不精確，反之亦然。在處理微觀尺度的原子和亞原子粒子時，測不準原理尤其重要。

海森堡發現測不準原理之前，大多數科學家相信，任何測量方式的精確程度僅受限於測量儀器的準確度。德國物理學家海森堡假設性地認為：就算我們可以打造出一台精確度無限大的測量儀器，仍然無法準確地同時測定一顆粒子的位置和動量（即質量速度）。測量一顆粒子的位置時，測量會對粒子的動量會造成何種程度的干擾，並不是這項原理關心的事情。我們可以準確地測量出一顆粒子的位置，結果就是對這顆粒子的動量一無所知。

哥本哈根詮釋（Copenhagen interpretation）是解釋量子力學的一種方法，對於相信這種詮釋的科學家來說，海森堡不確定原理代表的意思是：實際上，物質宇宙並非以決定論的形式存在，反倒比較像

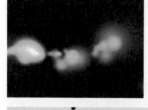

是一個機率的集合體。同樣地，面對光子這類的基本粒子，即便是就理論而言，我們仍無法以精確度無限大的方式來預測它們的行進路線。

阿諾德‧索末菲（Arnold Sommerfeld）曾是海森堡的老師，1935 年，索末菲在慕尼黑大學的教職理應由海森堡來接任，可惜的是，當時德國納粹要求必須以「德國物理」來取代包含量子理論和相對論在內的「猶太物理」，因此，即便海森堡並不是猶太人，前往慕尼黑就職一事仍然受阻。

第二次世界大戰期間，德國的核子武器計畫失敗，計畫負責人正是海森堡。這項計畫失敗的原因是缺乏資源？是團隊中少了適當的科學家？還是海森堡不想讓納粹擁有如此強大的武器？或者有其他因素？科學史學家至今仍為此爭論不休。

上圖：根據海森堡測不準原理，粒子以一種機率集合的形式存在，就算有精確度無限大的測量方法，我們仍無法預測粒子的行進路線。下圖：德國於 2001 年發行的郵票，以海森堡為主角。

參照條目 波耳原子模型（西元1913年）；薛丁格的波動方程式（西元1926年）；互補原理（西元1927年）。

昆蟲的舞蹈語言 Insect Dance Language

卡爾‧封‧弗瑞許（**Carl von Frisch** 西元 1886 — 1982 年）

　　覓食、交配，或環境中有威脅出現，需要發出警告時，動物會彼此溝通。許多動物利用費洛蒙（pheromone）來幫助交配行為的各階段能夠順利進行。動物的溝通並非僅限於同種個體之間，就像寵物能用表情和肢體語言來跟我們溝通。臭鼬的噴出的液體是一種效果極佳的防禦武器，可以嚇退熊或其他可能的捕食者，這種液體的氣味十分刺激，下風處 1.6 公里之外的人類，也能領略到它的威力。

　　溝通並不是脊椎動物的專利，有些最有趣的溝通行為發生在昆蟲身上。1920 年代，諾貝爾獎得主弗瑞許對昆蟲溝通做了一些開創性的研究，這位在德國慕尼黑大學工作的奧地利人種學家觀察後發現，西方蜜蜂（European honeybee，Apis mellifera）搜尋食物時，會以獨特的「舞蹈語言」來讓蜂巢中的其他成員知道食物所在的方位和距離。當外勤蜂（forager）不斷繞著小圈，跳起「圓圈舞」的時候，代表牠發現的食物很靠近蜂巢，距離在 50 至 100 公尺內；當外勤蜂跳起 8 字型的「搖擺舞」，則代表食物在遠方。

　　在美妙的求偶儀式中，西方蜜蜂還會利用一種牽涉到五種感官的複雜溝通鏈，每一種感官訊息都是信號，並且可以觸發求偶對象的後續行為。雄蜂可以憑藉視覺來辨認雌蜂，並轉身面向雌蜂。雌蜂會釋放雄蜂能夠藉嗅覺偵測到的化學物質。接近雌蜂時，雄蜂會用腳輕觸拍雌蜂，在過程中接收雌蜂釋放的化學物質。為了回應雌蜂，雄蜂會展開翅膀並振動翅膀，創作「求偶歌」，這是一種聽覺溝通的方式。只待雄蜂成功地依序完成整套求偶儀式，雌蜂才願意交配。

某些昆蟲具有發展良好的舞蹈語言，蜜蜂尤其如此，而蜜蜂的舞蹈語言也受到廣泛研究。右圖為圍繞著蜂巢的日本蜂（Apis cerana japonica），拍攝地點在日本。

參照條目　生態交互作用（西元1859年）；神經元學說（西元1891年）；食物網（西元1927年）。

狄拉克方程式 Dirac Equation

保羅・阿德里安・莫里斯・狄拉克（**Paul Adrien Maurice Dirac**，西元 1902 — 1984 年）

　　就像我們在在「反物質」這個條目所討論的，物理方程式有時會帶來一些公式發現者意想不到的概念或推論。物理學家弗朗克・韋爾切克（Frank Wilczek）曾針對狄拉克方程式發表論文，根據他的說法，這類方程式彷彿具備魔力。1927 年，狄拉克試著找出一種方式，以符合狹義相對論原則的方式來表示薛丁格波動方程式，以下是狄拉克方程式的一種寫法：

$$\left(\alpha_0 \, mc^2 + \sum_{j=1}^{3} \alpha_j \, p_j \, c \right) \Psi(x,t) = i\hbar \frac{\partial \Psi}{\partial t}(x,t)$$

　　1928 年，狄拉克發表了用來描述電子和其他基本粒子，且同時符合量子力學和狹義相對論的方程式。這個方程式預測了反粒子（antiparticle）的存在，並在某種程度上「預示」了科學家會從實驗中發現它們的存在。這個特色使得發現正子（positron，即電子的反粒子）這件事成為絕佳範例，說明數學在現代理論物理學領用中的用處。狄拉克方程式中，m 是電子的靜止質量（rest mass）；是約化普朗克常數（reduced Planck's constant = 1.054×10^{-34} J·S）；c 代表光速；p 是動量運算子；x 和 t 分別代表空間和時間座標；$\phi(x, t)$ 是波函數；α 是作用在波函數上的線性運算子。

　　物理學家弗里曼・戴森（Freeman Dyson）曾讚譽狄拉克方程式象徵著人類在理解真實這件事上的一個重要階段，「有時，發現一個基礎方程式會使我們對整個科學領域的了解在突然間有所進展。

1926 年的薛丁格方程式和 1927 年的狄拉克方程式就是這樣，它們為本來神祕難解的原子物理運作方式帶來奇蹟般的秩序，將化學和物理界中使人困惑的複雜現象簡化成兩行代數符號。」

狄拉克方程式是唯一一個出現在倫敦西敏寺的方程式，就刻在狄拉克的紀念地磚上。左圖是這塊紀念地磚的示意圖，可以看到簡化版的狄拉克方程式。

參照條目　電子（西元1897年）；狹義相對論（西元1905年）；薛丁格的波動方程式（西元1926年）；反物質（西元1932年）。

青黴素 Penicillin

約翰・廷得耳（**John Tyndall**，西元 **1820 — 1893** 年）
亞歷山大・福來明（**Alexander Fleming**，西元 **1881 — 1955** 年）
郝沃德・華特・傅婁理（**Howard Walter Florey**，西元 **1898 — 1968** 年）
恩斯特・伯利斯・闕恩（**Ernst Boris Chain**，西元 **1906 — 1979** 年）
諾曼・喬治・希特利（**Norman George Heatley**，西元 **1911 — 2004** 年）

蘇格蘭生物學家福來明在晚年重新思考他的發現時，回憶道：「1928 年 9 月 28 日，在黎明時分醒來的我，當然沒有打算藉著發現世界上第一種抗生菌，或稱細胞殺手，而為醫學界掀起一場革命。不過，我想我確實是這麼做了。」

度假回來的福來明，發現他的葡萄球菌（Staphylococcus）培養皿受到汙染，上頭長出了黴菌。他還注意到，在黴菌附近的細菌生長受到抑制，因此推論這種黴菌會釋出能夠抑制細菌生長的物質。很快地，福來明以培養液對這種黴菌進行純系培養，確定了這是青黴菌屬（Penicillium）的黴菌，並將培養液中這種黴菌產生的抗菌物質稱為青黴素。有趣的是，許多古代社會已經注意到黴菌具有藥效，愛爾蘭物理學家廷得耳甚至在 1875 年證明了青黴菌屬的真菌具有抗菌功效。然而，指出這種黴菌可以分泌抗菌物質，並分離出這種抗菌物質的人，福來明大概是第一個。後續的研究證明青黴素可以弱化細菌細胞壁的功能。

1941 年，澳洲藥理學家傅婁理、德國生化學家闕恩，以及英國生化學家希特利三人在英格蘭共同合作，終於把青黴素製成一種可用的藥物，證實青黴素能夠治癒小鼠和人類的感染現象。第二次世界大戰期間，美英政府決心盡可能地大量製造青黴素，藉以幫助戰場上的士兵，1944 年之前，靠著伊利諾州皮歐利亞（Peoria）一顆發霉的綱紋甜瓜，就製造出超過 200 萬劑的青黴素。

很快地，青黴素被用來對抗重要的細菌性疾病，如毒血症、肺炎、白喉症、猩紅熱、淋病和梅毒。遺憾的是，具有抗性的細菌品系已然演化出來，人類不得不尋求其他抗生素的幫助。能夠產生天然抗生素的不是只有黴菌，好比鏈黴菌屬（Streptomyces）的細菌可以產生鏈黴素（streptomycin）和四環素（tetracycline）。在對抗疾病的戰爭中，青黴素和人類後續發現的抗生素掀起了一場革命。

右圖為青黴菌的放大照，青黴菌可以產生青黴素。

參照條目 病菌說（西元1862年）、消毒劑（西元1865年）、氯化水（西元1910年）。

哈伯的宇宙擴張定律
Hubble's Law of Cosmic Expansion

愛德溫・鮑威爾・哈伯（**Edwin Powell Hubble**，西元 1889 — 1953 年）

宇宙學家約翰・修茲勞（John P. Huchra）表示：「宇宙正在擴張這件事可說是有史以來最重要的宇宙學發現，和指出宇宙沒有中心的哥白尼原理（Copernican Principle），以及討論夜晚時天空為何變黑的奧伯斯悖論（Olbers' Paradox）同為現代宇宙學的基石。這項發現除了逼得科學家去思考宇宙的動態模型，還暗指宇宙是有時間尺度或年齡可言的。這項發現主要來自哈伯對附近星系的距離估算。」

1929 年，美國天文學家哈伯發現，從地球上進行觀測，距離地球越遠的星系，退行的速度就越快。星系或星團之間的距離持續地增加當中，所以說，宇宙正在擴張。

對許多星系而言，根據星系的紅移（red shift），可以推估星系的速度（即星系遠離地球觀測者的運動）。所謂紅移是指：相較於發射源所發出的電磁輻射，地球觀測者接收到的電磁輻射波長有所增加，這是因為宇宙膨脹導致其他星系以高速遠離地球所在的星系。光的波長會因為光源和接收者之間的相對運動而有所改變，是一種可以用來說明都卜勒效應（Doppler Effect）的方式。如要判斷星系退行的速度，還有其他方法可用（受到局部重力交互作用所支配的物體，如單一星系中的恆星，就會有這種看似遠離彼此的運動）。

雖然，地球上的觀測者會發現所有遙遠的星團都正在快速遠離地球，但這不代表我們在宇宙空間中占有特殊位置。處於其他星系的觀測者也會發現星團正遠離他所在的位置，因為整個宇宙都在擴張。宇宙擴張是支持大霹靂的一項主要證據，自大霹靂之後，早期的宇宙開始演化，宇宙空間也隨之擴張。

幾千年來，人類仰望天空，思索自己在宇宙中的位置。右圖是波蘭天文學家尤漢尼斯・赫維留斯（Johannes Hevelius）和妻子伊莉莎白正在進行觀測的情形（繪於西元 1673 年）。伊莉莎白被視為最早期的女性天文學家之一。

參照條目　宇宙微波背景（西元1965年）；宇宙暴脹（西元1980年）；暗能量（西元1998年）。

哥德爾定理 Gödel's Theorem

寇特·哥德爾（**Kurt Gödel**，西元 **1906** — **1978** 年）

　　哥德爾是一位傑出的奧地利數學家，也是 20 世紀最聰明的邏輯學家之一。他的不完備定理（incompleteness theorem）應用範圍廣闊，除了數學領域之外，也涉及計算機科學、經濟學和物理學的領域。在普林斯頓大學時，哥德爾和愛因斯坦是非常親近的朋友。

　　哥德爾在 1931 年發表的理論，對邏輯學家和哲學家造成頗大的影響，這是因為哥德爾的理論暗指：在任何邏輯嚴謹的數學系統中，一定存在著無法用該系統公理加以證明或否定的命題或問題，因此，基本的算術公理可能存在著矛盾，這使得數學成為一門「不完備」的學科，這件事造成的影響我們至今還能感受得到，而且相關爭議仍未停歇。此外，幾百年來數學家試圖建立公理，為所有數學領域打造一套嚴謹基礎的想望，就這麼被哥德爾的理論終結了。

　　作家王浩（Hao Wang）在他的著作《對哥德爾的反思》（*Reflections on Kurt Gödel*）一書中，對這件事有所著墨：「哥德爾的科學觀點和哲學思維造成的衝擊持續擴大，其潛在的含義也會持續增加。對於哥德爾一些宏大的猜想，若想要有更肯定的確證或反駁，可能要再等個幾百年。」侯世達（Douglas Hofstadter）曾提到，哥德爾的第二定理還指出了數學系統本身就有侷限性，並且「暗指聲稱正規數論有一致性的說法其實都互相矛盾。」

　　1970 年，哥德爾用數學證明上帝存在一事，在同行之間流傳開來。這份內容不用一張紙就能寫完的證明引起一番不小的騷動。晚年的哥德爾患有妄想症，老覺得有人想要毒死他，1978 年，他拒絕進食，結束受精神崩潰和疑病症所苦的一生。

愛因斯坦和哥德爾於 1950 年代的合照，攝影者為奧斯卡·摩根斯坦（Oskar Morgenstern），地點在普林斯頓的高等研究所（Institute of Advanced Study Archives）。

參照條目　亞里斯多德的《工具論》（約西元前350年）；歐幾里得的《幾何原本》（約西元前300年）；康托爾的超限數（西元1874年）。

反物質 Antimatter

保羅・阿德里安・莫里斯・狄拉克（**Paul Adrien Maurice Dirac** 西元 1902 — 1984 年）
卡爾・大衛・安德森（**Carl David Anderson**，西元 1905 — 1991 年）

作家貝克寫道：「科幻小說裡的太空船，經常以『反物質驅力』做為動力來源，不過，反物質本身是真實存在的，在地球上，甚至有人造的反物質存在。反物質是物質的『鏡像』……反物質與物質無法長久共存——一旦接觸，兩者互毀（annihilatation）瞬間釋出能量。反物質指出了粒子物理學中深切存在的對稱性。」

英國物理學家狄拉克曾說過，藉由現代所研究的抽象數學，我們得以窺見未來的物理學。其實，狄拉克在 1928 年提出探討電子運動的方程式，就預測了反物質的存在，而後來科學家也真的發現了反物質。根據狄拉克的方程式，只要有一顆電子，必定就會有一個質量與之相同，並帶有正電的反粒子存在。1932 年，美國物理學家安德森在實驗中觀察到這種新的粒子，並稱之為正子。1955 年，柏克萊大學的貝伐加速器（ Bevatron，一種粒子加速器）製造出反質子（antiproton），同年，歐洲核子研究組織（CERN）的物理學家製造出史上第一個反氫原子。歐洲核子研究組織是全球最大型的粒子物理實驗室。

反物質的反應，如今已被實際應用在正子放射斷層攝影（positron emission tomography，簡稱PET）中。這種醫學影像技術需要偵測由正子放射追蹤核種（positron-emitting tracer radionuclide，一種原子核不穩定原子）所發射的伽瑪射線（高能輻射）。

現代物理學家持續提出假說來解釋為什麼可觀測宇宙（observable universe）似乎全由物質和非反物質組成。宇宙中是否存在由反物質支配的區域？

如果不仔細檢視，反物質幾乎和一般物質沒有分別。物理學家加來道雄（Michio Kaku）寫道：「你可以從反電子和反質子製造出反原子。理論上，就連反人類和反行星都是有可能存在的。然而，和任何一般物質接觸後，反物質和物質互毀，形成一陣突然爆發的能量。手上只要拿著一丁點反物質，任何人都會立刻爆炸，爆炸威力等同數千顆氫彈。」

1960 年代，布魯克赫文國家實驗室的研究人員在小腦腫瘤中注入放射性物質，待腫瘤吸收放射性物質後，再用偵測器（如左圖所示）加以研究。這些技術上的突破帶來更實用的腦部區塊造影儀器，好比今日所用的正子放射斷層攝影機。

參照條目　電子（西元1987年）；狄拉克方程式（西元1928年）；小男孩原子彈（西元1945年）。

中子 Neutron

詹姆士・查兌克爵士（**Sir James Chadwick**，西元 **1891** — **1974** 年）
伊涵・朱里歐—居禮（**Irène Joliot-Curie**，西元 **1897** — **1956** 年）
尚・弗德列克・朱里歐—居禮（**Jean Frédéric Joliot-Curie**，西元 **1900** — **1958** 年）

「查兌克發現中子的過程漫長而崎嶇，」化學家克羅伯寫道，「因為不帶電荷，所以中子不像離子般在穿過物質時會留下可供觀察的跡象，在威爾森的雲霧室（cloud chamber）中也看不到中子留下的痕跡，對實驗人員來說，中子是不可見的。」物理學家馬克・奧利芬特（Mark Oliphant）寫道：「查兌克是經過不斷地探尋，才發現中子的存在，發現中子並不如發現放射性和 X 光一樣是偶然事件。查兌克直覺地認為中子一定存在，而且從不放棄追尋。」

中子是一種次原子粒子，除了氫原子之外，所有的原子都含有中子。中子不帶淨電荷，質量略大於質子。中子和質子一樣，由三個夸克組成。位於原子核內的中子呈現穩定態，然而，自由中子（free neutron）會經歷貝他衰變（beta decay），這是一種放射性衰變，平均衰退期約為 15 分鐘。核分裂和核融合的反應期間，都會產生自由中子。

1931 年，居禮夫人之女兒伊涵（史上唯一得過兩次諾貝爾獎的科學家），及其夫婿朱里歐描述了以阿伐粒子（氦核）撞擊鈹（beryllium）時產生的神秘輻射，這種輻射會造成含氫石蠟中的質子鬆脫。

1932 年，查兌克進行了其他實驗，並指出這種新型的輻射是由一種不帶電荷，質量與質子相當的粒子——也就是中子——所組成的。因為自由中子不帶電荷，所以不會受到電場阻礙，可以深入物質之中。

後來，研究人員發現許多元素受到中子撞擊時，會產生核分裂反應，發生這種核反應時，重元素的原子核會分裂成兩個質量幾乎相等的較小碎片。1942 年，美國的研究人員證實這些在核分裂過程中產生的自由中子會引發連鎖反應，產生巨大能量，可以用於製造原子彈和核能發電廠。

右圖為布魯克赫文石墨研究反應爐（Brookhaven Graphite Research Reactor），是第二次世界大戰之後，美國第一座在承平時期建造的反應爐。建造這個反應爐的其中一項目的是透過鈾的核分裂反應來產生中子，進行科學實驗。

參照
條目
放射性（西元1896年）；原子核（西元1911年）；中子星（西元1933年）；核能（西元1942年）；標準模型（西元1961年）；夸克（西元1964年）。

暗物質 Dark Matter

費里茨・茲威基（**Fritz Zwicky**，西元 1898 — 1974 年）
葳拉・古柏・魯賓（**Vera Cooper Rubin**，西元 1928 — 2016 年）

　　天文學家肯・弗里曼（Ken Freeman）和科學教育家傑夫・麥納馬拉（Geoff McNamara）曾寫道：「雖然科學老師通常會告訴學生，宇宙就是由週期表上的元素所組成的，但事實不然。現在我們知道，大部分宇宙——約 96%——是由我們尚無法簡短描述的暗物質和暗能量（dark energy）所組成……」無論暗物質的組成為何，暗物質發射、反射出的光或其他形式的電磁輻射，都不到足供我們直接觀察的程度。科學家是藉由暗物質對可見物質所產生的重力效應，如星系的旋轉速度，來推斷它們的存在。

　　大部分的暗物質可能不是由標準的基本粒子——如質子、中子、電子和微中子（neutrino）——所組成，而是由一些假想粒子所構成，而且這些粒子聽起來很陌生，如惰性微中子（sterile neutrino）、軸子（axion），以及包括中性伴子（neutralino）在內的大質量弱作用粒子（Weakly Interacting Massive Particles，簡稱 WIMP），這些粒子不會和電磁場產生交互作用，因此無法輕易偵測到他們的存在。假想的中性伴子和微中子很相似，但質量較重，速度較慢。理論學家還認為，重力子——也就是一種可以傳遞重力的假想粒子——極有可能是一種暗物質，從鄰近的宇宙滲漏至我們所在的宇宙。把我們的宇宙想像成一張「漂浮」在更高空間維度中的膜，那麼可以將暗物質解釋為附近其他膜上的一般恆星和星系。

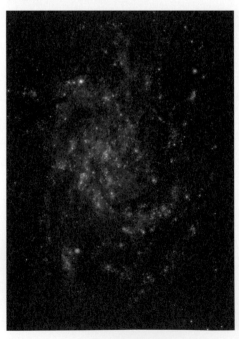

　　1933 年，天文學家茲威基對星系邊緣的運動有所研究，並藉此提出證據說明暗物質的存在，他認為星系的質量有很大一部分是偵測不到的。1960 年代末期，天文學家魯賓指出，螺旋星系中，大多數的恆星以近乎相同的速度繞著軌道轉動，暗示著在星系中，暗物質存在於恆星位置以外的地方。2005 年，卡迪夫大學的天文學家認為他們在室女座星系團（Virgo Cluster）中發現了一個幾乎全由暗物質組成的星系。

　　弗里曼和麥納馬拉寫道：「暗物質進一步地提醒了我們，人類不是宇宙的必要元件……組成人類的物質甚至不是組成大部分宇宙的物質……我們的宇宙是由黑暗構成的。」

天文學家路易絲・沃德斯（Louise Volders）在 1959 年的觀測結果，是證實暗物質存在的一項早期證據，她證明了 M33 螺旋星系（左圖是 NASA 雨燕衛星以紫外光拍攝的 M33）旋轉的速度和標準牛頓力學所預測的結果不同。

參照條目　牛頓的運動定律和萬有引力定律（西元 1687 年）；黑洞（西元 1783 年）；暗能量（西元 1998 年）。

聚乙烯 Polyethylene

雷吉諾德・奧斯瓦・吉布森（**Reginald Oswald Gibson**，西元 **1902 — 1983** 年）
麥可・威爾考克斯・佩蘭（**Michael Wilcox Perrin**，西元 **1905 — 1988** 年）
艾瑞克・法賽特（**Eric Fawcett**，西元 **1927 — 2000** 年）

　　工業合成的聚乙烯首次出現於 1933 年，可惜的是，這並不是第一種真正的聚乙烯。1898 年，德國化學家漢斯・馮・佩奇曼（Hans von Pechmann）在研究純重氮甲烷（diazomethane）時，偶然間製造出了聚乙烯。由於當時沒人有足夠的膽量以具有爆炸性和毒性的重氮甲烷進行大規模實驗，所以這件事一直被當成次要事件擱著，直到英國化學家吉布森以及加拿大籍的英裔物理學家法賽特嘗試讓乙烯氣體和苯甲醛（benzaldehyde）—— 1832 年，德國化學家・費德里希・烏勒（Friedrich Wöhler）和尤斯托斯・馮・李比希（Justus von Liebig）對官能基的研究，也是受到苯甲醛的啟發——在高壓高溫的環境下進行反應，結果產生蠟質的白色聚合物，這些全都是乙烯聚合後，由亞甲基（methylene，CH_2）形成的長鏈分子，而且，聚乙烯可以耐化學藥物和化學溶劑，又有可塑性，看來似乎是種非常實用的材料。

　　然而，直到英國化學家佩蘭在 1937 年找出正確的反應條件之前，要重現這種反應實在是令人挫折的一件事。這起反應第一次意外成功的原因，是因為剛好有微量的氧氣，後來則是改用較為少量，且更為可靠的自由基起始劑，在更溫和的條件下進行反應。第二次世界大戰期間，當可做為電子設備（如雷達設備）絕緣體的用途被人發現時，聚乙烯成了一種機密材料。到二戰尾聲時，人類已經大規模地製造聚乙烯，各種形式的聚乙烯也開始廣受歡迎。

　　如今，聚乙烯是全球最為常見的塑料聚合物。根據製造方式的不同（如鏈的長度，以及混合物中是否有添加任何支鏈化合物等等因素），聚乙烯可以呈現從彈性（低密度聚乙烯，即 LDPE）到剛性（高密度聚乙烯，即 HDPE）的多種性質。每一年，人類製造出來的聚乙烯多達數億噸，擠壓瓶、垃圾袋、運動用品和玩具等各種產品中都可以發現聚乙烯。有關聚乙烯的研究仍持續進行當中，總而言之，就一種因為錯誤而出現的材料來說，聚乙烯的表現令人印象深刻。

包括防穿刺的擊劍用具在內，無數的產品和材料當中都加入了用途多元的聚乙烯。

參照條目　橡膠（西元1839年）；塑膠（西元1856年）；摻雜矽 (西元1941年)。

中子星 Neutron Stars

費里茨・茲威基（**Fritz Zwicky**，西元 **1898 — 1974** 年）
喬絲琳・貝爾・伯內爾（**Jocelyn Bell Burnell**，生於西元 **1943** 年）
威漢・亨利希・瓦爾特・巴德（**Wilhelm Heinrich Walter Baade**，西元 **1893 — 1960** 年）

　　大量氫氣因受到重力吸引而開始崩陷時，恆星於焉誕生。恆星聚合時，溫度升高、有光產生，並且有氦形成。最後，氫燃料用盡的恆星開始冷卻，進入幾種可能的死亡狀態中的其中一種，如變成黑洞，或者塌縮成白矮星（相當小的恆星才會塌縮成白矮星）或中子星。

　　更特別的是，一顆巨大恆星在核燃料燃燒殆盡之後，中心區域因為受到重力影響而崩陷，接著會開始經歷一場超新星爆炸（supernova explosion），把所有外層物質給炸掉。這種重力崩陷過程可能會導致中子星形成，中子星幾乎全由不帶電荷的次原子粒子（也就是中子）所組成。因為包立不相容原理的關係，中子之間會互相排斥，所以中子星不會像黑洞那樣達到完全崩陷的狀態。一般而言，中子星的質量是太陽質量的 1.4 — 2 倍，但中子星的半徑大約只有 12 公里。說來有趣，中子星是由「中子態」（neutronium）這種特殊的物質所組成，中子態的密度非常高，一顆方糖大小的中子態可以容納的質量，相當於把整個人類族群壓碎後的質量。

　　脈衝星（Pulsar）是一種旋轉速度快，磁性高的中子星，可以發出穩定的電磁輻射，因為自轉的關

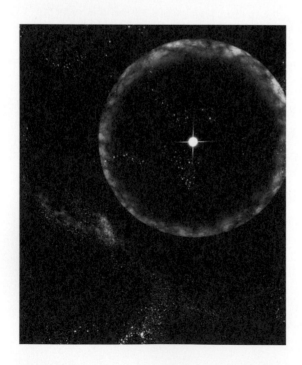

係，脈衝星的電磁輻射以脈衝的形式抵達地球。脈衝的間隔時間介於幾毫秒至幾秒之間，旋轉速度最快的脈衝星每秒旋轉超過 700 次！ 1967 年，當時還是研究生的伯內爾發現無線電訊號源似乎有穩定的閃爍頻率，因而發現了脈衝星的存在。1933 年，天體物理學家茲威基和巴德提出看法，認為宇宙中有中子星的存在，此時距離人類發現中子僅僅過了一年時間。

　　在《龍蛋》（*Dragon's Egg*）這本小說當中，生物居住在中子星上，因此重力場如此強大，以致於中子星上的山脈只有一公分高。

2004 年，一顆中子星經歷了一場「星震」（star quake），導致它發出明亮的閃光，所有的 X 光衛星因此暫時失去控制。這樣的爆震波源自於中子星扭曲的磁場，扭曲的磁場會使中子星的表面發生起伏變形（右圖為 NASA 提供的示意圖）。

參照條目　黑洞（西元1783年）；主星序（西元1910年）；包立不相容原理（西元1925年）；中子（西元1932年）。

西元 1935 年

EPR悖論 EPR Paradox

阿爾伯特・愛因斯坦（Albert Einstein，西元 1879 — 1955 年）
包利斯・波多斯基（Boris Podolsky，西元 1896 — 1966 年）
內森・羅森（Nathan Rosen，西元 1909 — 1995 年）
阿蘭・阿斯佩（Alain Aspect，生於西元 1947 年）

　　所謂量子糾纏（Quantum entanglement，簡稱 QE）指的是量子粒子之間的緊密關聯，如兩個電子或兩個光子之間的關係。一對一旦粒子發生糾纏，其中一顆粒子發生某種改變時，會立刻反映在另外一顆粒子上，無論兩顆粒子的距離只有幾英寸，或是相隔如行星之間那般遙遠。這種糾纏如此違背直覺，以致於愛因斯坦形容這現象「有如鬼魅」，而且，愛因斯坦認為，這證明了量子理論有瑕疵，特別是哥本哈根詮釋──哥本哈根詮釋認為在許多情況之下，量子系統以機率的形式存在，只有透過觀察才會有明確的狀態。

　　1935 年，愛因斯坦、波多斯基和羅森共同發表了一篇期刊論文，主題是著名的 EPR 悖論。想像兩個來自同一個發射源的粒子，它們的自旋狀態為相反狀態形成的量子疊加態（quantum superposition），分別以＋和－來表示。在進行測量之前，沒有人知道兩個粒子的自旋態為何。這時，兩顆粒子飛離彼此，一顆飛往佛州，另一顆飛往加州，根據量子糾纏現象，如果佛州的科學家對這顆粒子進行測量，發現它的自旋態是＋，那麼加州那顆粒子的自旋態立刻會呈現－，即便光速會限制超光速通訊（faster-than-light communication）的發生。然而，注意了，超光速通訊實際上從來沒有發生過。佛州的粒子無法透過量子糾纏現象傳訊給加州的粒子，因為佛州的科學家並未操控粒子的自旋態，粒子呈現＋與－的機率是相等的。

　　1982 年，物理學家阿斯佩以由同一顆原子在單一事件中所發射出來，行進方向相反的光子進行實驗，因此確保成對的光子之間是有關聯性的。結果證明 EPR 悖論中提到的瞬間連結確實會發生，即便這一對粒子的距離為任意大。

　　如今，量子糾纏現象在量子密碼學（quantum cryptography）領域中受到研究，目的是傳送出不留痕跡，讓別人無法監察刺探的訊息。現正在發展當中的簡單量子電腦可以執行平行運算，而且速度比傳統電腦更快。

右圖為「有如鬼魅的超距作用」示意圖。一旦一對粒子產生糾纏，其中一顆粒子發生某種改變立刻會反映在另一顆粒子上，即便兩者相距如星體之間那般般遙遠。

參照條目　互補原理（西元1927年）；薛丁格的貓（西元1935年）；量子電腦（西元1981年）。

薛丁格的貓 Schrödinger's cat

埃溫・魯道夫・約瑟夫・亞歷山大・薛丁格（**Erwin Rudolf Josef Alexander Schrödinger**，
西元 **1887 — 1961** 年）

　　薛丁格的貓總讓我想起鬼魂，或者可怕的殭屍——一種要死不活的生物。1935 年，奧地利物理學家薛丁格發表了一篇文章，提出這個非凡的悖論，這個悖論推導出的結果如此驚人，以致於時至今日仍是一個讓科學家感到困惑並持續關注的話題。

　　薛丁格對於當時新近提出的哥本哈根詮釋很不滿意，哥本哈根詮釋認為，就本質而言，一個量子系統（如一顆電子）在受到觀測之前，是以機率雲的形式存在。把層次拉高一點來說，這似乎意味著：在原子和粒子未受到觀測的時候去探究它們的行為，其實是沒有意義的。從某些角度來說，這代表真實是觀測者創造出來的狀態。在受到觀測之前，系統存在著所有的可能性。對我們的日常生活而言，這又意味著什麼？

　　讓我們想像把一隻活生生的貓放進箱子裡，這個箱子裡有放射源、蓋格計數器（Geiger counter），和一個密封的玻璃燒瓶，燒瓶裡裝著致命毒氣。當放射性衰變發生，蓋格計數器會偵測到這個事件，進而觸發機械開關讓槌子打破燒瓶，釋出毒氣取貓性命。接著再想像量子理論預測放射源每小時發射出一顆衰變粒子的機率為 50%。一小時後，這隻貓是死是活的機率相等。根據某些類型的哥本哈根詮釋，這隻貓似乎處在一個又死又活的狀態——是一種混合了兩種狀態的疊加狀態。有些理論學家認為，當你打開箱子進行觀測，觀測這個動作本身會使得疊加狀態「崩陷」，造成這隻貓要不是死，要不就是活。

　　薛丁格表示，他的實驗證明哥本哈根詮釋是無效的，而且愛因斯坦也同意。這項思想實驗也衍生出許多問題：何謂有效的觀測者？何謂蓋格計數器？一隻蒼蠅？貓可以觀測自己進而使自己的狀態崩陷嗎？對真實的本質，這個實驗想要表達的到底是什麼？

打開箱子觀察貓的這個舉動，會使得疊加狀態崩陷，讓薛丁格的貓若非生，即是死。幸好，左圖中的這隻貓還是活的。

參照條目　放射性（西元1896年）；蓋格計數器（西元1908）；互補原理（西元1927年）；EPR悖論（西元1935年）；平行宇宙（西元1956年）。

圖靈機 Turing Machines

艾倫・圖靈（**Alan Turing**，西元 1912 — 1954 年）

　　圖靈這位傑出的數學家和計算機理論學家，曾被迫成為人體試驗對象，接受藥物實驗來「反轉」他的同性戀傾向。儘管圖靈在破解密碼一事上的成就有助於縮短第二次世界大戰，並因此獲頒大英帝國勳章，仍無法使他免於迫害。

　　在英格蘭時，圖靈家中遭竊，他請來警方協助調查，一位歧視同性戀者的警官因懷疑圖靈是同性戀者而逮捕他。圖靈被迫在入獄一年，或接受實驗性藥物治療之間做出選擇，不想入獄的圖靈同意接受注射一年的雌激素。被捕事件過了兩年之後，42 歲的圖靈去世，朋友和家人莫不為此震驚。圖靈陳屍在床上，驗屍結果指出他是因為氰中毒而死，圖靈也許選擇了自我了斷，但事實如何我們至今仍不能確定。

　　許多歷史學家認為，圖靈可謂「現代計算機科學之父」。圖靈曾在他的重要著作〈論可計算數及其在判定問題上的一個應用〉（On Computable Numbers, with an Application to the Entscheidungs Problem，寫於 1936 年）這篇文章中，證明圖靈機（一種抽象符號的操縱裝置）可以處理任何以演算法表示的數學問題。圖靈機幫助科學家進一步了解計算的極限。

　　圖靈同時也是圖靈測試（Turing test）的創始人，圖靈測試讓科學家可以更清楚地去思考：就一臺機器而言，何謂「智能」？以及機器是否會有能夠「思考」的一天？圖靈認為，終有一天，機器能夠以再自然不過的方式和人類對話，自然到人類無法分辨和自己對話的究竟是人還是機器，那時的機器，就能夠通過他所提出的測試。

　　1939 年，圖靈發明了一種電機裝置，這種裝置可以破解納粹使用恩尼格瑪密碼機（Enigma code machine）所產生的密碼。這種由圖靈發明，被稱之為「炸彈」（Bombe）的機器，經過數學家戈登・魏奇曼（Gordon Welchman）的改良之後，成為破解恩尼格瑪密碼機通訊內容的主要工具。

右圖為「炸彈」的複製品。這種由圖靈發明的電機裝置有助於破解納粹使用恩尼格瑪密碼機所產生的密碼。

參照
條目　ENIAC（西元1946年）；資訊理論（西元1948年）；公鑰密碼學（西元1977年）。

細胞呼吸 Cellular Respiration

奧圖・費里茲・麥爾侯夫（Otto Fritz Meyerhof，西元 1884 — 1951 年）
阿爾伯特・聖捷爾吉（Albert Szent-Györgyi，西元 1893 — 1986 年）
卡爾・洛曼（Karl Lohmann，西元 1898 — 1978 年）
弗里茨・阿爾貝特・李普曼（Fritz Albert Lipmann，西元 1899 — 1986 年）
漢斯・阿道夫・克雷伯斯（Hans Adolf Krebs，西元 1900 — 1981 年）
保羅・博耶（Paul Delos Boyer，生於西元 1918 年）
彼得・米切爾（Peter Mitchell，西元 1920 — 1992 年）
約翰・恩斯特・沃克（John Ernest Walker，生於西元 1941 年）

　　每一種生物都需要能量，而且所有生物都以腺苷三磷酸（adenosine triphosphate，ATP）這種分子來攜帶能量。1929 年，德國化學家洛曼與麥爾侯夫合作時，發現了 ATP。ATP 有一個需要大量能量才能形成的磷酸鍵，磷酸鍵斷裂時會釋出能量。1941 年，美國生化學家李普曼提出看法，認為 ATP 就像一種可儲存的動力，隨時隨地提供能量。人體中有無數的腺苷二磷酸（adenosine diphosphate，ADP）和 ATP 來往穿梭，提供化學能，就像替各種蛋白質裝了電池。ATP 分子內建的結合袋（binding pocket）是一種不斷重複出現的標準模體（motif）。

　　英國生化學家米切爾發現了 ATP 合成酶，而博耶和沃克這兩位分屬美英兩國的生化學家則是進一步解釋這種酵素的功能：讓位於粒線體（mitochondria）這種特殊胞器中的細胞可以無時無刻地製造 ATP。這樣的模式跟聽起來跟細菌很像絕非偶然，在淵遠流長生物演化史上，粒線體曾是一種細菌，入侵早期的生物細胞之後，就這麼樣住了下來，如今，粒線體是 ATP 的專屬工廠。1937 年，德國出生的英國生化學家克雷伯斯以聖捷爾吉（因維生素 C 而聞名）的研究為基礎，揭開了 ATP 化學反應的第一部分，這是一個由檸檬酸（citric acid）開始的循環反應，反應的最後一個步驟會再次產生檸檬酸，以利反應繼續下去，過程中消耗含有兩個碳原子的乙酸鹽（碳水化合物和脂質分解所得），並釋出二氧化碳。克氏循環的產物直接進入另一個稱為氧化磷酸化（oxidative phosphorylation）的酵素反應當中，反應在消耗氧氣的同時會產生 ATP。你所吃的食物，和你所攝入的氧氣，終點就是這裡；而你所呼出的二氧化碳，源頭也是這裡——就在運轉永不止息的粒線體裡。

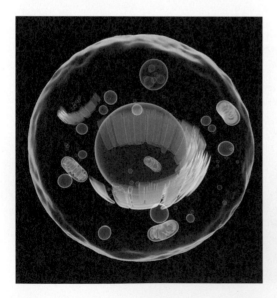

左圖是電腦生成的一般細胞模型，其中包含了主要的細胞結構，綠色的卵形構造就是粒線體。肌肉細胞內的粒線體數量更多。

參照條目　內燃式引擎（西元1908年）；光合作用（西元1947年）；內共生學說（西元1967年）。

超流體 Superfluids

彼得・列昂尼多維奇・卡比查（Pyotr Leonidovich Kapitsa，西元 1894 — 1984 年）
弗里茨・沃夫岡・倫敦（Fritz Wolfgang London，西元 1900 — 1954 年）
約翰・法蘭克・艾倫（John "Jack" Frank Allen，西元 1908 — 2001 年）
唐諾・麥瑟納（Donald Misener，西元 1911 — 1996 年）

超流體就像科幻電影中會爬動的液體生物，數十年來，這種詭異的行為激起了物理學家的好奇心。裝在容器中的液態氦，會展現爬上器壁離開容器的超流體行為。此外，如果裝載超流體容器會旋轉，超流體就會保持不動。超流體似乎會尋找微小的裂縫和孔洞穿透而出，因此若用一般容器裝載超流體，會產生滲漏情。把仍在杯子裡打轉的咖啡放在桌上，幾分鐘後，杯中的咖啡會靜止下來。如果杯子裡裝的是氦這種超流體，一千年後你的子孫往杯子裡，可能會發現超流體還在打轉。

好幾種物質具有超流性（Superfluidity），不過氦—4 受到最多相關研究，氦—4 是氦在自然界中最常見的同位素，含有兩個質子、兩個中子和兩個電子。在 λ 點（lambda temperature，2.17K，約攝氏零下 271 度）這種極低溫的臨界溫度之下，液態氦—4 會突然獲得流動能力，流動時沒有明顯的摩擦力，而且液態氦—4 的導熱性是正常液態氦的數百萬倍，導熱能力也比最佳的金屬導體高出許多。氦 I 指的是溫度在 2.17K 之上的液態氦；氦 II 則是指溫度在 2.17K 之下的液態氦。

物理學家卡比查、艾倫和麥瑟納在 1937 年發現了超流性。1938 年，物理學家倫敦指出低於 λ 點的液態氦由兩個部分組成，一部分是具有氦 I 特性的一般流體，一部分是本質上黏度為零的超流體。當組成原子開始占據同樣的量子態，且量子的波函數重疊時，一般流體會轉變成超流體。如在玻色—愛因斯坦凝態（Bose-Einstein Condensate）中，原子喪失個體區別，表現有如一個大型的塗布狀實體。因為超流體沒有內黏性（internal viscosity），所以在超流體內形成的漩渦會永遠旋轉下去。

右圖是從阿弗雷德・萊特納（Alfred Leitner）1963年拍攝的《超流體液態氦》影片中擷取的畫面。影片中的液態氦呈現超流體狀態，像一片薄膜似地從懸空的杯中爬出，在杯底外緣形成液滴。

參照條目　白努利的流體力學定律（西元1738年）、超導電性（西元1911年）、海森堡測不準原理（西元1927年）。

核磁共振 Nuclear Magnetic Resonance

伊西多·艾薩克·拉比（**Isidor Isaac Rabi**，西元 **1898 — 1988** 年）
菲力克斯·布洛赫（**Felix Bloch**，西元 **1905 — 1983** 年）
愛德華·米爾斯·珀塞爾（**Edward Mills Purcell**，西元 **1912 — 1997** 年）
理察·羅伯特·恩斯特（**Richard Robert Ernst**，生於西元 **1933** 年）
雷蒙·瓦漢·達馬迪安（**Raymond Vahan Damadian**，生於西元 **1936** 年）

「從事科學研究必須有強大的工具來解開自然界的秘密，」諾貝爾獎得主恩斯特如此寫道，「核磁共振（Nuclear Magnetic Resonance，NMR）已被證明是能夠提供最多資訊的科學工具之一，幾乎可以應用在各種領域，從固態物理到材料科學……甚至連了解人腦功能的心理學也用得上它。」

如果原子核中至少有一個未配對的中子或質子，那個這個原子核就會像是一顆小磁鐵。當有外來磁場施加其上，作用力會使得原子核像陀螺一樣旋進，或呈現搖搖晃晃的樣子。原子核不同自旋態之間的位能差會隨著外來磁場增加而增加。外加的靜磁場開啟之後，若再加入適當頻率的射頻（radiofrequency，RF）訊號，會導致原子核在不同自旋態之間躍遷。如果關閉射頻訊號，自旋態會弛緩，回到較低能態，並以與自旋反向有關的共振頻率（resonant frequency）產生射頻訊號。因為訊號會隨著當前的化學環境而改變，所以藉由這些核磁共振的訊號可以判別樣品中有哪些特定的原子核。核磁共振研究也因此提供了豐富的分子資訊。

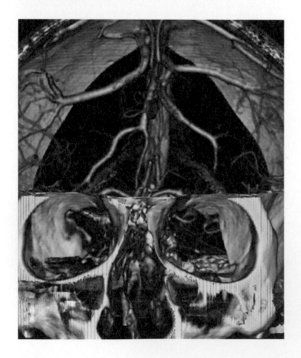

1937 年，物理學家拉比首次描述了核磁共振現象；1945 年，物理學家布洛赫、珀塞爾和同事們改進了這項技術；1966 年，恩賜特進一步發展出傅立葉變換（Fourier transform，FT）光譜，並展示如何用射頻脈衝來產生隨頻率而變的核磁共振訊號光譜；1971 年，達馬迪安醫生發現，在正常和惡性的細胞中，水的氫原子弛緩率（relaxation rate）有所不同，因而開啟了利用核磁共振來進行醫療診斷的可能性。1980 年代初期，核磁共振法開始被應用於核磁共振造影（magnetic resonance imaging，MRI），以顯現人體軟組織中普通氫原子核的核磁矩（nuclear magnet moment）特性。

左圖為實際的腦部血管 MRI/MRA（核磁共振血管造影）影像。這類的核磁共振影像研究常用於診斷腦動脈瘤。

參照條目 X光（西元1895年）；原子核（西元1911年）；超導電性（西元1911年）。

西元 1941 年

摻雜矽 Doped Silicon

約翰·羅伯特·伍德亞德（**John Robert Woodyard**，西元 1904 — 1981 年）

　　若要從工程師採用的物質中，選出一種對人類影響最大的物質，那會是什麼呢？可能是火藥，工程師把火藥應用在槍砲和炸彈中，透過奪走無數條生命，火藥固然發揮了影響力，但不是令人開心的影響；也許是鈾，在核子炸彈和核能發電廠中，工程師都會用到鈾；或者是瀝青，數十億人日常交通都和瀝青有關，或者是許多結構體會用到的混凝土，汽油呢？汽油替大多數的交通工具提供了動力。

　　最具影響力的物質，得獎的是……請下鼓聲……摻雜矽。1941 年，在 Sperry Gyroscope 公司服務的物理學家伍德雅德發明了摻雜矽。這種材料是電晶體的基礎，它以數不清的各種方式改變了我們的社會。看看周遭，數一數以各種形式使用到電腦的物體有多少。想一想，你一天花多少時間使用筆電、平板或智慧型手機？再想想那些透過網路連結的數十億臺電腦。

　　接著，想想我們的前景，「物聯網」（Internet of things）是接下來的主角，根據預測，只要再過個十年、二十年，透過網路連結的物體將達一百兆個。這些物體無所不在：家用設備、相機、感應器、車輛、追蹤裝置、無人機，住家以及住家保全系統。電腦之所以變得如此便宜、強大又聰明，都是因為摻雜矽，有了摻雜矽，萬事都可以透過電腦儲存，而電腦再透過網路互相連結。別忘了，還有機器人，不久的將來，機器人會大量出現在我們的生活當中。

　　就概念上而言，摻雜是一種簡單的過程。在純矽晶體中加入各種摻雜物，好比加入硼可以創造出有孔洞的區域，加入磷可以打造中有自由電子的區域。藉由適當地結合這些摻雜區，工程師可以製造出二極體和電晶體。有了電晶體，工程師就能製造放大器、接受器和電腦。我們的電腦和電子工業就是建立在摻雜矽之上。

右圖為一片矽晶，是一種薄片狀的半導體材質。

參照條目 電晶體（西元1947年）；積體電路（西元1958年）；ARPANET網路（西元1969年）。

核能 Energy from the Nucleus

莉澤·邁特納（**Lise Meitner**，西元 1878 — 1968 年）
阿爾伯特·愛因斯坦（**Albert Einstein**，西元 1879 — 1955 年）
利奧·西拉德（**Leo Szilard**，西元 1898 — 1964 年）
恩里科·費米（**Enrico Fermi**，西元 1901 — 1954 年）
奧托·羅伯特·弗里希（**Otto Robert Frisch**，西元 1904 — 1979 年）

所謂核分裂是指原子核（如鈾的原子核）分裂成較小碎片的過程，通常會產生自由中子、較輕的原子核，並釋放出巨大能量。當飛出的中子造成其它鈾原子核分裂時，就會形成持續不斷的連鎖反應。核子反應爐即是利用核分裂反應來產生能量，並調節反應使能量以受到控制的速率釋出。至於同樣利用核反應的核子武器，則是以快速、不受控制的速率來釋出能量。核分裂反應的產物通常具有放射性，因此核子反應爐會衍生出核廢料的相關問題。

1942 年，物理學家費米和他的同事在芝加哥大學體育場下方的壁球場中，利用鈾進行了一場受到控制的核子連鎖反應。費米此舉是以物理學家邁特納和弗里希在 1939 年的研究為基礎，這兩位物理學家指出，鈾的原子核會分裂成兩個部分，並釋出巨大的能量。1942 年的實驗中，費米以金屬棒來吸收中子，藉此控制反應速率。作家艾倫·韋斯曼（Alan Weismann）解釋道：「不到三年後，在新墨西

哥州的沙漠裡，他們進行一項完全相反的實驗。這次含有鈽（plutonium）在內的核反應以徹底失控為目的。反應釋出巨大的能量，而且在一個月內，這樣的行動重複了兩次，目標是日本的兩座城市……從此之後，人類對這種具有雙重致命性——巨大的毀滅和隨之而來的漫長的折磨——的核分裂反應是既害怕又著迷。」

第二次世界大戰期間，由美國所領導，預計打造史上第一顆原子彈的計畫，代號為曼哈頓計畫。物理學家西拉德一直很擔心德國科學家正在打造核子武器這

件事，因此在 1939 年起草一封打算呈給羅斯福總統的信，並說服愛因斯坦在信末簽名，提醒羅斯福注意這項威脅。值得一提的是，核子武器還有另一種類型，也就是利用核融合反應的氫彈（H-bomb）。

上圖：邁特納是發現核分裂反應的成員之一（照片攝於 1906 年）；下圖：圖中為第二次世界大戰期間，設置在田納西州橡樹嶺 Y — 12 廠的質譜型同位素分離器。利用同位素分離器，可以將鈾礦精煉成核分裂反應所需的原料。以製造原子彈為目標的曼哈頓計畫期間，工作人員祕密地辛勤工作。

參照條目　放射性（西元1896年）；E = mc²（西元1905年）；原子核（西元1911年）；小男孩原子彈（西元1945年）。

小男孩原子彈 Little Boy Atomic Bomb

朱利葉斯‧羅伯特‧歐本海默（Julius Robert Oppenheime，西元 1904 — 1967 年）
小保羅‧瓦非爾德‧蒂貝茨（Paul Warfield Tibbets, Jr，西元 1915 — 2007 年）

　　1945 年 7 月 16 日，在新墨西哥州的沙漠中，看著史上第一次原子彈爆炸場景的美國物理學家歐本海默，腦中響起《薄伽梵歌》（Bhagavad Gita）裡的一句話：「如今我成為死神，世界的毀滅者。」歐本海默是曼哈頓計畫的科學主任，這項計畫的目的是在第二次世界大戰期間打造出史上第一種核子武器。

　　核子武器爆炸是核分裂、核融合或兩種反應綜合的結果。原子彈通常以核分裂反應為基礎，讓鈾或鈽的某些同位素分裂成更輕的原子，透過連鎖反應釋出中子和能量。至於熱核彈（thermonuclear bomb，或稱氫彈），其毀滅威力一部分是來自核融合反應。尤其在極高溫的環境下，氫的同位素會結合，形成較重的元素並釋出能量。以核分裂彈來對熱核融合反應所需的燃料進行壓縮和加熱，才能達到這樣的高溫。

　　小男孩原子彈就是 1945 年 8 月 6 日投放在日本廣島的原子彈，由蒂貝茨上校駕駛艾諾拉‧蓋號（Enola Gay）轟炸機執行任務。小男孩原子彈約三公尺長，內含 64 公斤的濃縮鈾。轟炸機投出原子彈後，有四具雷達高度計負責偵測小男孩所在的海拔高度，若要發揮最大的毀滅威力，必須在海拔 580 公尺處引爆小男孩。四具雷達高度計中，只要有兩具偵測到正確海拔高度，小男孩內部的柯代裝藥（cordite charge）會先爆炸，將一塊鈾 -235 沿著圓筒往下發射，接觸到另一塊鈾 -235，引發自持核反應（self-sustaining nuclear reaction）。小男孩爆炸過後，蒂貝茨回憶道：「大量的煙塵……往上衝，出現高的不可思議，令人害怕的蕈狀雲。」一段時間過後，多達 14 萬人因此喪命——約有一半的人是在爆炸當下死亡，另一半則是因為輻射的漸進影響而喪命。後來，歐本海默說道：「科學中最重要的發現不是因為它們有用，所以被發現；而是因為它們有可能被發現，所以被發現。」

右圖為放在地窖拖車上的小男孩原子彈，照片攝於 1945 年 8 月。小男孩原子彈長度約三公尺。爆炸過了一段時間之後，多達 14 萬人因小男孩而喪命。

參照條目　馮格里克的靜電發電機（西元1660年）；放射性（西元1896年）、核能（西元1942年）。

濃縮鈾
Uranium Enrichment

讓我們來想像一下，1942 年曼哈頓計畫的工程師所面臨的情況：從地層中下挖出來的鈾幾乎完全都是鈾 -238，不過，鈾 -238 的原子中偶爾參雜著鈾 -235（不到 1%）的原子，鈾 -235 的原子才是工程師打造原子彈所需的材料，那麼，要如何從鈾 -238 的原子中分離出鈾 -235 的原子呢？

在工廠中，要分離兩樣東西，工程師有許多方法可以用。煉油廠利用不同物質的沸點和凝結溫度；礦場利用篩子來分離大小不同的砂礫碎石。如果鹽和沙混在一起，加入水可以使鹽溶解分離出沙，這是一種化學方法。不過，因為鈾 -238 和鈾 -235 的原子幾乎一模一樣，要分離它們實在很困難。

眾人想出許多不同的分離方法，用熱、磁、離心……最後，他們採用當時的首選——氣體擴散法（gaseous diffusion）。過程包含兩個步驟，先是把固態的鈾變成氣態的六氟化鈾（uranium hexafluoride），再讓氣體擴散通過數百張微孔膜，鈾 -235 原子通過微孔膜的機率略大於鈾 -238 原子。

聽起來很簡單，但要設計一個能夠確實執行這種分離過程的結構卻是一項巨大的工程挑戰。位於田納西州橡嶺的 K-25 工廠，是第一座全面性的大型氣體擴散工廠，於 1945 年啟用，當時斥資 500 萬美元（相當於今日的 800 萬美元），耗用電力占了全美用電的一大部分。K-25 堪稱龐然大物，至今仍是全球最大的建築物之一，大約占據 50 公頃封閉的土地，容納數千個氣體擴散室，以及相關的幫浦、密封牆、閥門和溫控設備等等。六氟化鈾的高度腐蝕性是工程師要面對的最大問題之一，當時新近發展出來的材料，如鐵氟龍（Teflon），有助於解決這個問題。

工程師以空前的保密功夫和令人吃驚的作業速度，打造了 K-25 以及其他工廠，讓它們上線運作，純化史上第一顆原子彈所需的鈾。第二次世界大戰之後，氣體擴散工廠仍持續進行鈾的純化作業，直到被效率更好的離心機所取代為止。

氣體離心機可用來產生濃縮鈾。右圖是位於美國俄亥俄州派克頓的氣體離心工廠，拍攝時間為 1984 年。

參照條目 原子核（西元1911年）；核能（西元1942年）；小男孩原子彈（西元1945年）。

ENIAC

約翰·莫奇利（**John Mauchly**，西元 **1907 — 1980** 年）
約翰·皮斯普·艾克特（**John Presper Eckert**，西元 **1919 — 1995** 年）

　　美國科學家莫奇利和艾克特在賓州大學打造出來的電子數值積分計算機（Electronic Numerical Integrator and Computer），簡稱 ENIAC，是史上第一臺由電子操縱、可編改程式的數位電腦，可以用來解決大範圍的計算問題。原本，打造 ENIAC 是為了替美國陸軍計算砲彈用的射表，然而，ENIAC 第一項重要的應用則是和氫彈設計有關。

　　1946 年，造價將近 50 萬美元的 ENIAC 啟用，此後幾乎是一路到了 1955 年 10 月 2 日關機之時才停止運作。ENIAC 內有超過 17000 支的真空管，以及大約 500 萬個手工焊接接點。資料的輸入和輸出則是由一臺 IBM 的讀卡打卡機負責。1997 年，揚·范德·史畢格（Jan Van der Spiegel）教授率領一群工程系的學生，把 30 噸重的 ENIAC「複刻」在一顆積體電路上！

　　1930 和 1940 年代其他重要的電子計算機還包括美國的阿塔那索夫貝理電腦（Atanasoff-Berry Computer，於 1939 年 12 月進行展示）、德國的 Z3（於 1941 年 12 月進行展示），以及英國的巨像電腦（於 1943 年進行展示），然而，這些機器都若非全然的電子裝置，就是用途不夠普遍。

　　ENIAC 專利書（專利號 3120606，於 1947 年提出申請）的作者寫道：「隨著日常生活中要進行複雜計算的日子來臨，運算速度成為至高無上的要素，這樣的需求如此之高，當今市面上沒有一臺機器能夠完全滿足現代計算法的需求……這項發明的目的就是把這等冗長的計算過程縮短為幾秒……」

　　時至今日，電腦已然入侵數學界的大部分領域，包括數值分析、數論，以及機率論。當然，數學家進行研究和教學工作時，使用電腦的頻率也在增加，有時得要利用電腦圖形才能獲得深刻的理解。有些著名的數學證明也是透過電腦的幫助才得以完成。

右圖為美國陸軍的 ENIAC 照片，ENIAC 是第一臺由電子操縱、可編改程式的數位電腦，可以用來解決大範圍的計算問題。ENIAC 第一項重要的應用和氫彈設計有關。

 參照條目 安提基瑟拉儀（約西元前125年）；計算尺（西元1621年）；巴貝奇的機械計算機（西元1822年）；圖靈機（西元1936年）；電晶體（西元1947年）。

恆星核合成 Stellar Nucleosynthesis

弗雷德・霍伊爾（Fred Hoyle，西元 1915 — 2001 年）

　　「要謙卑，因為你源自糞土；要高貴，因為你來自群星。」這句塞爾維亞的古諺提醒了我們：所有比氫和氦還要重的元素，若非恆星製造了它們，並在死去時發生爆炸將它們噴散出去，今日的宇宙中不會有它們的存在。雖然，像氫和氦這樣的輕元素在大霹靂發生後的幾分鐘內就已誕生，但後續較重元素的核合成（創造原子核的過程），則需要大質量恆星進行長時間的核融合反應才能完成。超新星爆炸期間，恆星核心爆炸所產生強烈的核子反應，可以快速地創造出原子量還要更重的元素。原子量極重的元素，如金和鉛，都是在超新星爆炸時的極端高溫和中子流環境下所產生的。下次看見朋友手指上的金戒指，記得想想大質量恆星所產生的超新星爆炸。

　　1946 年，天文學家霍伊爾率先展開理論研究工作，探討重原子核在恆星內部的生成機制，他認為，溫度極高的原子核可以組合成鐵元素。

　　下筆撰寫這篇文章時，我摸著辦公室裡的劍齒虎頭骨。若非恆星，根本不會有什麼頭骨。正如前面提到的，大多數元素，如骨骼中的鈣，一開始是在恆星的高溫內部中生成，恆星死亡時將它們噴散出去。若非恆星，在莽原上奔跑的老虎會像鬼魅一樣飄散不見，牠的血液中不會有鐵原子；牠呼吸的空氣中沒有氧原子；牠體內的蛋白質和 DNA 不會有碳原子。正在死去的古老恆星所創造的原子，分散到遙遠的遠方，最終圍繞著太陽聚集的行星上形成元素。若非超新星爆炸，不會有溼氣繚繞的沼澤，不會有電腦晶片、三葉蟲、莫札特，也不會有小女孩流下的眼淚。若非超新星爆炸，或許會有個天堂，但肯定不會有地球。

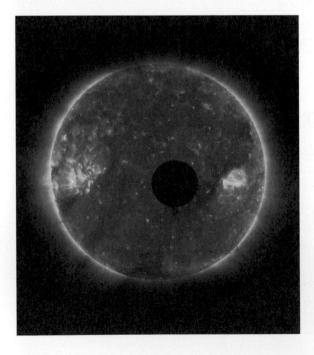

左圖為月球繞經太陽前面的照片，是 NASA 的 STEREO-B 太空船在 2007 年 2 月 25 日，以四種波長的極紫外光拍攝而得。因為衛星和太陽之間的距離大於地球和太陽之間的距離，所以月球看起來比平常小得多。

參照條目　以太陽為中心的宇宙（西元1543年）；E = mc²（西元1905年）、原子核（西元1911年）。

全像片 Hologram

丹尼斯・蓋博（**Dennis Gabor**，西元 1900 — 1979 年）

物理學家蓋博在 1947 年發明了全像攝影（Holography），這是一種將立體影像記錄下來之後再重現的技術。發表獲獎演說的時候，蓋博表示：「我不需寫出一條方程式，也不用展示一張抽象圖。當然了，在全像攝影中，幾乎可以討論各式各樣的數學，但想要解釋、了解全像攝影，其實只要透過物理論證就可以。」

想像面前有顆漂亮的桃子。全像片可以把從許多視點來看這顆桃子的結果儲存在底片上。要得到一張透射全像片（transmission hologram），得使用分光器將雷射光分成一道參考光束（reference beam）和一道物體光束（object beam）。參考光束不會和桃子產生交互作用，而是被鏡子反射後直接由底片記錄。物體光束則是瞄準這顆桃子，被桃子反射的物體光和參考光束相遇，在底片上形成干涉圖案。看著條紋和渦紋組成的圖案，完全看不出這是顆桃子。底片經過顯影之後，以和參考光束相同角度的光源照射全像片，可以在空間中重建桃子的立體影像。底片上那些有著細微間隔的紋路會使光線發生繞射或偏轉，進而形成立體影像。

「第一次看到全像片時，」物理學家喬瑟夫・卡斯柏（Joseph Kasper）和史蒂芬・費勒（Steven Feller）寫道，「你肯定會覺得迷惑，並心生懷疑。你可能會伸手去摸那個看似就在那兒的東西，結果發現沒有任何實體存在。」

透射全像片是讓光從後方照射在顯影過後的底片上，而反射全像片（reflection hologram）則是讓光從前方照射在底片上。有些全像片得用雷射光去照才能看見立體影像，但彩虹全像片（常見於信用卡上覆有反射鍍膜的防偽標籤）不需要使用雷射光就能看見成像。全像攝影還可以用光學的方式儲存大量資料。

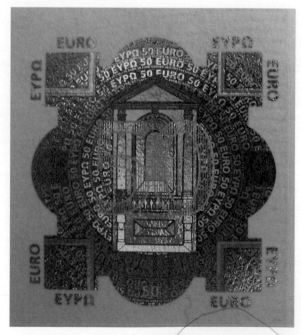

50 歐元紙鈔上的全像片。要偽造防偽全像片是非常困難的。

參照條目 牛頓的稜鏡（西元1672年）；光的波動性質（西元1801年）；雷射（西元1960年）。

光合作用 Photosynthesis

梅爾文・卡爾文（**Melvin Calvin**，西元 1911 — 1997 年）
山繆・古德諾・懷爾德曼（**Samuel Goodnow Wildman**，西元 1912 — 2004 年）
安德魯・阿姆・本森（**Andrew Alm Benson**，西元 1917 — 2015 年）
詹姆斯・艾倫・貝顯（**James Alan Bassham**，西元 1922 — 2012 年）

　　光合作用是一種安靜、未受注意的化學反應，它讓地球上所有生物得以生存。地球大氣層中原本的氧氣含量並不多，直到能行光合作用的微生物出現，它們把氧氣當作廢物排出體內（過程中逐漸殺死地球上原有的微生物，或驅使它們躲藏起來）。光合作用不只產生我們呼吸所需的氧氣，還有助於調節空氣中二氧化碳的含量。彷彿讓地球大氣變成可供呼吸的氣體還不夠似的，地球上幾乎所有生物，包括人類在內，都要仰仗以光合作用為基礎的全球食物鏈。

　　說來奇怪，整個光合作用所依賴的酵素，似乎是有史以來最笨拙的一種酵素。1947 年，懷爾德曼的報告指出，他在菠菜葉中發現一種數量極為豐富，扮演著關鍵角色的大型酵素。在實驗室，他們給這種酵素取了個暱稱—— Rubisco，也就是核酮糖 -1,5- 雙磷酸羧化酶 / 加氧酶（ribulose 1,5-bis-phosphate carboxylase/oxygenase 的簡稱（難怪需要簡化一下）。Rubisco 是卡爾文循環（Calvin cycle）——可謂細胞呼吸中克雷伯氏循環的植物界版本——不可或缺的要素，美國生化學家卡爾文和同事化學家貝顯、

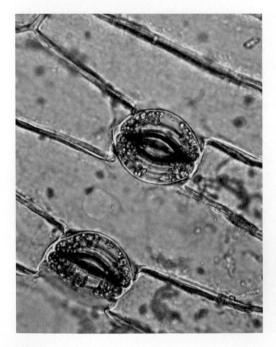

生物學家本森在共同合作時發現了卡爾文循環（植物細胞由更古老的外來生物，也就是葉綠體，取代了粒線體的功能）。

　　Rubisco 可能是地球上數量最豐富的蛋白質，一株植物可以有半數的重量都是由它所貢獻的。Rubisco 的數量之所以如此豐富，是因為它是一種慢得不可思議的酵素。較諸其他每秒可以處理幾千個分子變化的酵素，Rubisco 每秒只能處理三個分子變化。如此慢的反應速率可能是一種交換結果，使 Rubisco 獲得辨別二氧化碳和氧的能力，不過這是尚未定論的說法。幾十億來年的演化壓力，使如此重要的酵素展現如此奇異的行為，背後極可能有相當充分的理由，不過許多研究團體正進行試驗，看看能否改良 Rubisco，然後將它應用在人工光合作用上。

左圖的植物細胞內，可以清楚地看到綠色的葉綠體，Rubisco 就是在葉綠體中進行發揮它緩慢又奇異的功能。

參照條目　氮循環與植物化學（西元1837年）；細胞呼吸（西元1937年）；綠色革命（西元1961年）。

電晶體 Transistor

朱利葉斯‧埃德加‧利林菲爾德（**Julius Edgar Lilienfeld**，西元 1882 — 1963 年）
約翰‧巴丁（**John Bardeen**，西元 1908 — 1991 年）
華特‧豪澤‧布拉頓（**Walter Houser Brattain**，西元 1902 — 1987 年）
威廉‧布拉福‧肖克利（**William Bradford Shockley**，西元 1910 — 1989 年）

一千年後，當我們的子孫回顧歷史，可能會將 1947 年 12 月 16 日訂為人類資訊時代的開端。這一天，貝爾電話實驗室的物理學家巴丁和布拉頓把兩個上電極（upper electrode）與一片經過特殊處理的鍺（germanium）連接，而這片鍺的下方連接著第三個電極（也就是和電壓源連接的金屬片）。當他們將少量電流通入其中一個上電極時，有另一道大得多的電流流經其他兩個電極。電晶體於焉誕生。

相較於這項發現的重要性，巴丁的反應顯得有些淡定，當天傍晚，從廚房門走進家裡的巴丁含糊地告訴妻子：「今天我們有一些重要發現」，此外沒再多說任何一句。兩人的同事肖克利認為，這項裝置有無窮潛力，對了解半導體也有貢獻。當肖克利發現貝爾實驗室的電晶體專利書上只有巴丁和布拉頓的名字，卻沒有自己時，為此大為光火，後來，他設計了一種更好的電晶體。

電晶體是一種半導體裝置，可以應用在電子訊號的放大或開關上。半導體材料的導電性可透過輸入一個電訊號來加以控制。根據不同電晶體的設計，當電壓源或電流施加在電晶體的兩端其中一端時，會造成流經另一端的電流有所改變。

物理學家麥可‧黎奧丹（Michael Riordan）和莉蓮‧霍德森（Lillian Hoddeson）寫道，「很難想像現代生活中有比電晶體以及電晶體組成的微晶片更重要的東西。在每個清醒的時刻，人們將它們帶來的廣大好處視為理所當然──手機、自動櫃員機、腕表、計算機、電腦、汽車、收音機、電視機、傳真機、影印機、紅綠燈，以及數千種電子裝置。電晶體毫無疑問是 20 世紀最重要的人工製品，可謂電子時代的『神經細胞』」未來，由石墨烯（graphene，碳原子組成的薄片）和奈米碳管（carbon nanotube）打造出來，速度更快的電晶體將會變得實用。值得一提的是，物理學家利林菲爾德其實在 1925 年就替電晶體的早期版本提出專利申請。

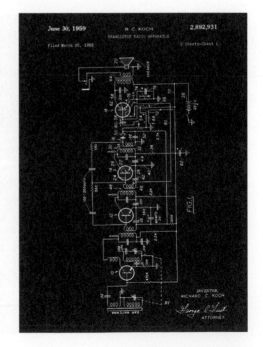

1954 年，Regency TR-1 收音機問世，這是史上第一臺具有實用價值，且投入量產的電晶體收音機。右圖是理察‧寇克（Richard Koch）電晶體收音機專利中的附圖，寇克是 TR-1 製造公司的員工。

參照條目 ENIAC（西元1946年）；積體電路（西元1958年）；量子電腦（西元1981年）。

資訊理論 Information Theory

克勞德・艾爾伍德・夏農（**Claude Elwood Shannon**，西元 1916 — 2001 年）

看電視、漫遊網路、播放 DVD 光碟，用電話聊個不停的青少年，通常從來沒有意識到這資訊時代的基礎，是建立在美國數學家夏農於 1948 年所發表的〈通訊的數學理論〉（A Mathematical Theory of Communication）一文之上。資訊理論是一門牽涉到資料量化的應用數學學科，可以幫助科學家了解各種系統儲存、傳輸和處理資訊的能力。資訊理論還涉及到資料壓縮，以及減少雜訊和失誤率的方法，藉由一個通道盡可能地讓更多資料能夠可靠地儲存和傳輸。資訊熵（information entropy）是資訊的度量單位，通常以儲存或傳輸所需的平均位元數來表示。資訊理論的數學背景，大部分建立在波茲曼和吉布斯兩位對熱力學的研究，第二次世界大戰期間，圖靈在破解納粹的恩尼格瑪密碼文件時，也用了相似的概念。

從數學、計算機科學到神經生物學、語言學和黑洞理論，許多領域都受到資訊理論的影響。資訊理論也有實際的應用層面，如破解密碼和復原電影 DVD 被刮傷後所出現的錯誤。1953 年，《財星》（*Fortune*）雜誌提到：「人類在和平時期的發展，在戰爭時期受到的保護，因為資訊理論廣泛應用而受惠的程度大於物理公式的證明，就算是愛因斯坦用著名公式證明原子彈或核能發電廠是可行的也一樣，這麼說一點都不為過。」

2001 年，長期與阿茲海默症對抗的夏農與世長辭，享年 84 歲。這一生中，他當過出色的雜耍特技師、獨輪車表演者，以及西洋棋棋手。令人難過的是，病痛纏身導致他無緣得見自己幫忙打造的資訊時代翩然來臨。

資訊理論可幫助技術人員了解各種系統儲存、傳輸和處理資訊的能力。從計算機科學到神經生物學，都是資訊理論的應用領域。

參照條目　電報系統（西元1837年）；光纖（西元1841年）；圖靈機（西元1936年）；ENIAC（西元1946年）。

量子電動力學 Quantum Electrodynamics

保羅・阿德里安・莫里斯・狄拉克（Paul Adrien Maurice Dirac，西元 1902 — 1984 年）
朝永振一郎（Sin-Itiro Tomonaga，西元 1906 — 1979 年）
理察・菲利浦斯・費曼（Richard Phillips Feynman，西元 1918 — 1988 年）
朱利安・西摩・許文格（Julian Seymour Schwinger，西元 1918 — 1994 年）

「量子電動力學（QED）可謂有史以來，討論自然現象的理論中，最為精準的一個，」物理學家葛林如此寫道，「透過量子電動力學，物理學家可以將光子的角色具體化為『光的最小可能封包』，並在一個就數學而言，具有完整性、可預期性和說服力的架構下，揭露光子和電子等帶電粒子的交互作用。」量子電動力學以數學來描述光與物質的交互作用，以及帶電粒子彼此間的交互作用。

1928 年，英國物理學家狄拉克建立了量子電動力學的基礎，1940 年代晚期，物理學家費曼、許溫格以及朝永振一郎進一步改善並發展這項理論。量子電動力學的立論基礎為：帶電粒子（如電子）會藉由發射及吸收光子來進行交互作用，光子就是傳遞電磁力量的粒子。說來有趣，光子是一種無法加以偵測的「虛擬」粒子，卻提供了交互作用所需的「作用力」，這是因為產生交互作用的粒子在吸收或釋出光子的能量時，行進速度和方向會發生改變。藉由彎彎曲曲的費曼圖（Feynman diagram），就能用圖示的方式來呈現這些作用力，讓人容易了解。費曼圖還可以幫助物理學家計算特定交互作用發生的機率。

根據量子電動力學理論，交互作用中所交換的虛擬光子數量越多（如更為複雜的交互作用），則整個過程發生的機率就越低。量子電動力學的預測精準度高得驚人，舉例來說，量子電動力學預測的單顆電子磁場強度，和實驗所得的數值相當接近，如果用這樣的精準度來測量紐約到洛杉磯的距離，得到誤差值會小於一根頭髮的直徑。

電動量子力學為後續理論奠下基礎，這些理論包括 1960 年代初期開始發展的量子色動力學（quantum chromodynamics），內容討論到透過膠子（gluon）這種粒子的交換，可以獲得一種使夸克聚集的強作用力。夸克是一種粒子，可以組成質子和中子等次原子粒子。

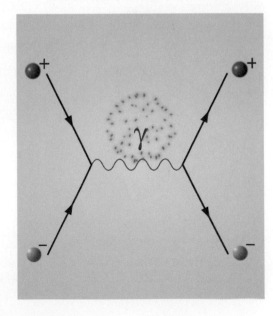

右圖是經過修改的費曼圖，描述電子和正子互毀後產生一顆光子，光子衰變後又產生一對新的電子和正子。

參照條目　電子（西元1897年）；光電效應（西元1905年）；標準模型（西元1961年）；夸克（西元1964年）；萬有理論（西元1984年）。

隨機對照試驗
Randomized Controlled Trials

奧斯汀・布拉福德・希爾（**Austin Bradford Hill**，西元 1897 — 1991 年）

　　設計試驗來評斷藥物治療的功效，這件事的困難程度高得驚人，說來有許多原因。舉例來說，醫生和受試者可能會以偏頗或非客觀的觀點來看待試驗結果。不同處理組之間的效果差異可能很細微，病人可能因為安慰劑效應而做出有利藥效評估的回應，覺得自己在接受信以為真的「假治療」（如服用無藥效的糖衣藥丸）後，身體狀況有所改善。

　　如今，測試藥物治療成效最可靠的其中一個方法就是隨機對照試驗（簡稱 RCT）。處理組的選擇應是隨機的，如此一來每位病人被分配到研究範圍內各種處理組的機率是相同的。舉例來說，參加試驗的每位受試者被隨機地分配到兩個組別中的其中一組。一組預定接受 X 藥物的治療，一組預定接受藥物的治療。隨機對照試驗是一種雙盲試驗，也就是說，主要的研究人員和病人都不知道病人是被分配到處理組（接受新藥物治療）或對照組（接受標準療法）。出於道德考量，通常在研究人員和醫生真的無法確定偏好的治療方式成效如何時，才會進行隨機對照試驗。

　　涉及隨機對照試驗的早期臨床研究中，最有名的就是英國統計學家希爾於 1948 年發表在《英國醫學期刊》（*British Medical Journal*）上的文章——〈以鏈黴素治療肺結核〉（Streptomycin Treatment of Pulmonary Tuberculosis）。這項研究中，病人隨機地拿到一個密封信封，信封裡有一張紙卡，紙卡上寫著 S 或 C，S 代表接受鏈黴素治療並臥床休息，C 則是對照組，病人只需要臥床休息。結果，鏈黴素有顯著的療效。

　　臨床流行病學家莫瑞・恩金（Murray Enkin）曾針對這項試驗寫下一段話：「公正地說，這是迎接醫學新時代來臨的里程碑。無數這樣的試驗奠下了如今所謂「實證醫學」的基礎。隨機對照試驗的觀念被理所當然地視為臨床決策方法的一種典範轉移。」

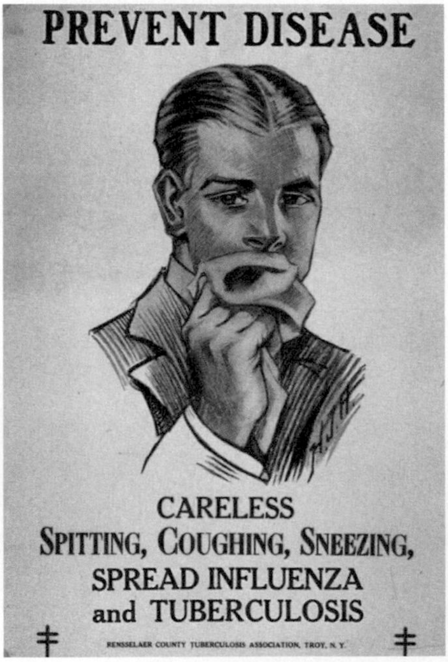

PREVENT DISEASE
CARELESS SPITTING, COUGHING, SNEEZING, SPREAD INFLUENZA and TUBERCULOSIS
RENSSELAER COUNTY TUBERCULOSIS ASSOCIATION, TROY, N.Y.

左圖為公共衛生宣導海報，目的在遏止肺結核的傳播。1948 年，希爾發表了一項隨機對照試驗的研究結果，證實了鏈黴素可以治療肺結核。

參照條目　亞里斯多德的《工具論》（約西元前350年）；科學方法（西元1620年）；安慰劑效應（西元1955年）。

放射性碳定年法 Radiocarbon Dating

威拉德‧法蘭克‧利比（**Willard Frank Libby**，西元 **1908 — 1980** 年）

「如果你對探索事物的年代有興趣，那麼 1940 年代的芝加哥大學是個好去處，」作家比爾‧布萊森（Bill Bryson）如此寫道，「當時利比正值發明放射碳定年法之際，這種方法讓科學家可以準確地判讀骨骼或其他有機殘骸的年代，在此之前，這是一件沒人做得到的事⋯⋯」

放射性碳定年法測量含碳樣本中碳 14 這種放射性元素的含量。這種定年法的根基是：宇宙射線擊中氮原子時會產生碳 14。接著，碳 14 被植物吸收，而動物又吃了植物。動物活著的時候，體內的碳 14 含量約與大氣中的碳 14 含量相等。碳 14 會以一個已知的指數速率持續衰變成氮 14，一旦動物死亡，不再從環境中補充碳 14 之後，動物遺骸的碳 14 會慢慢減少。只要樣本的年齡不超過六萬年，那麼藉由偵測樣本中的碳 14 含量，科學家可以估計樣本的年代。年代更為久遠的樣本中，碳 14 含量通常會低到難以精準測量的程度。因為放射性衰變的關係，碳 14 的半衰期約為 5730 年，也就是說，每經過 5730 年，樣本中的碳 14 含量就會減半。因為大氣中碳 14 的含量會隨著時間有些許變化，所以要透過少量的校正來改善定年的精準度。再者，1950 年代期間，因為原子彈試驗的關係，大氣中的碳 14 含量增加。利用加速器質譜法（Accelerator mass spectrometry），可以從幾毫克的樣本中偵測出碳 14 的含量。

放射性碳定年法出現之前，對於早於埃及第一王朝（約西元前 3000 年）的年代難有可靠的判斷，這讓亟欲知道克魯馬儂人（Cro-Magnon people）是何時在法國拉斯科洞窟（caves of Lascaux）中留下壁畫，或者上一次冰河時期究竟何時結束的考古學家十分沮喪。

因為碳是極為常見的元素，所以對於多材料都有可能進行放射性碳定年研究，這些材料包括考古挖掘出來的古老骨骸、煤炭、皮革、木材、花粉、鹿角等等。

參照條目　奧爾梅克羅盤（約西元前1000年）；放射性（西元1896年）；原子鐘（西元1955年）。

時光旅行 Time Travel

阿爾伯特・愛因斯坦（**Albert Einstein**，西元 **1879 — 1955** 年）
寇特・哥德爾（**Kurt Gödel**，西元 **1906 — 1978** 年）
基普・史蒂芬・索恩（**Kip Stephen Thorne**，生於西元 **1940** 年）

　　時間是什麼？時光旅行是有可能的嗎？幾個世紀以來，這些問題引起了哲學家和科學家的興趣。如今，我們已經確知時光旅行是有可能發生的。舉例來說，科學家已經證明，比起位於實驗室參考坐標系中的靜物，高速移動的物體老化速度慢得多。如果你搭上一具速度接近光速的火箭前往外太空，當你再回到地球時，會發現已經過了好幾千年。科學家已經用許多種方式證實時間變慢，或說「膨脹」（dilation）的效應。好比 1970 年代，科學家利用飛機上的原子鐘說明了這些時鐘走得比地球上的時鐘慢一些。在非常巨大的質量附近，時間也會明顯地變慢。

　　雖然聽起來似乎很困難，但在理論上已經可以用許多不同方式打造出回到過去的時光機，而且看來不會違背任何已知的物理定律。這些方式大部分是仰賴極高的重力，或是蟲洞（wormhole，一種可以穿越時空的假設性「捷徑」）。對牛頓而言，時間就像一條筆直流動的河，沒有什麼能讓這條河偏斜轉向。愛因斯坦認為，雖然這條河永遠無法自成一圈，但它可以彎曲，藉以比喻回到過去的時光旅行。1949 年，數學家哥德爾進一步提出，這條河可以往回彎折自成一圈，尤其，哥德爾發現愛因斯坦方程

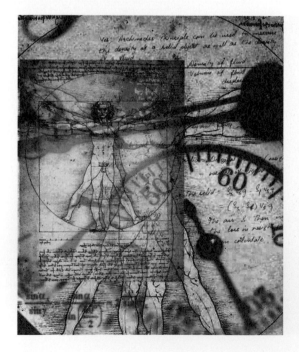

式的一個微擾解（disturbing solution），使得在一個旋轉的宇宙中，回到過去的時光旅行成為可能。這是史上第一次，回到過去這件事有了數學基礎！

　　回顧整個歷史，物理學家發現，如果一個現象沒有明確排除其發生的條件，最後通常會發現這種現象是存在的。如今，頂尖的科學實驗室有越來越多和時光機器相關的設計，包括瘋狂如索恩的蟲洞時光機、和宇宙弦有關的戈特環（Gott loop）、戈特殼（Gott shell）、提普勒—范思達康柱體（Tipler and van Stockum cylinder），以及柯爾環（Kerr ring）。未來的幾百年，或許我們的子孫將以我們目前無法揣摩的程度去探索時空。

如果時間和空間一樣，那麼，就某種意義而言，過去是否仍然存在？就像即便你離開了家，但家還是在那兒一樣。如果可以回到過去，你最想拜訪哪位天才？

參照條目 狹義相對論（西元1905年）；廣義相對論（西元1915年）；原子鐘（西元1955年）。

西洋棋電腦 Chess Computer

艾倫‧圖靈（**Alan Turing**，西元 **1912 — 1954** 年）
克勞德‧艾爾伍德‧夏農（**Claude Elwood Shannon**，西元 **1916 — 2001** 年）

1950 年，美國數學家夏農寫了一篇文章，內容是如何設計程式電腦下西洋棋。1951 年，英國數學家和計算機科學家圖靈率先開發出可以完成整個棋局的程式。此後，軟體工程師改善軟體，硬體工程師改善硬體，1997 年，由 IBM 量身訂做的計算機——深藍——首次擊敗了最厲害的人類棋手。在那之後，西洋棋電腦的軟硬體年復一年持續進步，人類一直沒有反敗為勝的機會。

如何打造一臺會下西洋棋的電腦？答案是採用機器智慧（machine intelligence），就下西洋棋而言，機器智慧和人類智慧相當不同，它是以蠻力（brute force）來解決下西洋棋會遇到的問題。

想像棋盤上有一組棋子。工程師打造出一種方法，讓電腦為棋子的排列方式「評分」。評分的項目可能包括棋盤兩邊的棋子數量、棋子的位置、國王是否受到保護等等。現在，想像有一個極為簡單的西洋棋程式，你玩黑棋，電腦玩白棋，而你才剛走了一步。程式會試著將每個白棋移動到每個可能的有效位置，然後在每次移動時對棋盤進行評分。接著，電腦會選擇分數最高的那一步棋。這個程式的棋術不是太厲害，但它是可以下西洋棋。

如果電腦更進一步呢？把每個白棋移動到每個可能的位置，然後，針對每一個白棋棋步，設想黑棋的相應棋步，之後再對所有棋盤進行評分。這下子，需要電腦要評分的可能棋步，數量大大增加，但電腦的棋術也進步了。

如果，電腦再往前好幾步呢？這時電腦要評分的棋盤數量暴增到一個新的層級，電腦的棋術也更好了。1996 年，深藍獲勝的時候，每秒鐘可以評斷兩億個棋盤的分數。它記住了所有開局模式和第一著棋，可以找出效率不彰的棋步，進而大量刪減棋步。2017 年，AphaZero 用不到一天的時間自學，擊敗了獲得全球西洋棋冠軍的電腦程式！

右圖為 IBM 的超級電腦，名為深藍。

參照
條目　計算尺（西元1621年）；巴貝奇的機械計算機（西元1822年）、ENIAC（西元1946年）；電晶體（西元1947年）。

費米悖論 Fermi Paradox

恩里科‧費米（**Enrico Fermi**，西元 **1901** — **1954** 年）
法蘭克‧德瑞克（**Frank Drake**，生於西元 **1930** 年）

　　文藝復興時期，對古老文本和新知識的重新發現，隨著智識轉化（intellectual transformation）、好奇心、創意、探索、實驗席捲了中世紀的歐洲。想想看，和外星生物接觸會有怎樣的後果？來自外星的科學、技術和社會資訊將帶來另一種更加深刻的文藝復興。有鑑於我們的宇宙既古老又遼闊——據估計，光是我們的銀河系就有 2500 顆恆星——於是物理學家費米在 1950 年提出個問題：「為什麼我們至今仍未與任何外星文明有所接觸？」當然，可能的答案有很多：先進的外星生物的確存在，只是我們不知道罷了；或者，宇宙中有智慧的外星生物非常稀少，以致於我們可能永遠無法相遇。費米提出的問題——就是如今我們熟知的費米悖論——激起了物理學、天文學到生物學的相關學術研究。

　　1960 年，天文學家德瑞克提出一條方程式來估計在我們的銀河系中，可能接觸到的外星文明數量有多少：

$$N = R^* \times f_p \times n_e \times f_l \times f_i \times f_c \times L$$

　　N 代表銀河系中可能含有的外星文明的數量，舉例來說，外星科技或許可以產生我們偵測得到的

無線電波。R^* 表示銀河系恆星形成的年均速率；f_p 是這些恆星中，有行星者所占的比例（目前已偵測到的太陽系外行星有數百個）；n_e 是就每個有行星的恆星而言，其行星中像地球這樣可能有生命存在的行星，平均數量為多少；f_l 則是前項所指的行星中，確實有生命形態存在的行星所占的比例；f_c 代表在所有外星文明中，有多少比例能夠發展出向外太空發送訊號的科技，進而被地球人所偵測到；L 是這些文明向外太空發送我們所能偵測到的訊號為時有多長。這條公式中有許多難以判定的參數，因此就它存在意義而言，讓我們注意到費米悖論的複雜程度，大過於解決這個問題。

有鑑於我們的宇宙既古老又遼闊，物理學家費米在 1950 年提出個問題：「為什麼我們至今仍未與任何外星文明有所接觸？」

參照條目　時光旅行（西元1949年）、米勒—尤列實驗（西元1952年）、人類首次進入太空（西元1961年）。

海拉細胞 HeLa Cells

喬治・奧圖・蓋（George Otto Gey，西元 1899 — 1970 年）
海莉耶塔・拉克斯（西元 1920 — 1951 年）

　　醫學研究人員會在實驗室裡培養人體細胞，藉此研究細胞功能並開發疾病的治療方法。這些細胞受到冷凍保存，供不同的研究人員共用。然而，大部分的細胞株分裂一定次數之後就會死去。1951 年，這個狀況有了突破，美國生物學家蓋從子宮頸腫瘤中取出細胞加以培養，打造了第一個永生不死的人體細胞株。這些細胞來自一位並不知情的捐贈者——海莉耶塔・拉克斯——因此稱為海拉細胞，直到今天，海拉細胞仍在繼續增殖。面對所有開口索求海拉細胞的科學家，蓋一律慷慨放送，於是這些以海拉細胞為材料所進行的相關研究，成就了超過六萬篇的科學論文和 11000 項專利。

　　作家蕾貝嘉・史克魯特（Rebecca Skloot）寫道：「如果把人類曾培養過的海拉細胞都堆疊起來，它們的重量超過 5000 萬公噸，相當於 100 座帝國大廈。對於小兒麻痺疫苗的開發，揭開癌症、病毒和原子彈效應的秘密，海拉細胞都有重要的貢獻，並幫助引領醫學界一些重要的進步，好比體外人工授精、選殖和基因圖譜，而且，海拉細胞的買賣金額已有數十億美元之譜。」

　　海拉細胞含有一種活躍的端粒酶（telomerase），這種酵素會持續地修復染色體的末端，否則在正常情況下，經過多次細胞分裂的染色體，末端會因為受損過於嚴重而導致細胞無法繼續增殖。海拉細胞的基因組成超乎尋常，含有人類乳突病毒 18 的基因，以及好幾個人類染色體的額外複本。海拉細胞生產力如此之高，甚至可以附在空氣粒子上傳播，進而汙染實驗室裡許多其它的培養細胞。

　　31 歲時，拉克斯因癌症擴散而撒手人寰，直到幾十年後，家人才知道她的「不朽傳奇」。海拉細胞還曾被送到太空中，測試低重力對它的影響；從愛滋病到有毒物質的檢驗，海拉細胞也都派得上用場。

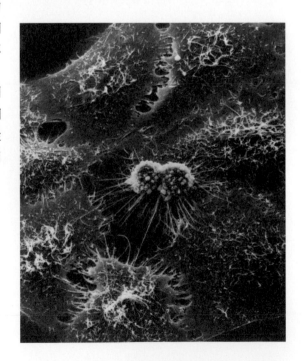

掃描式電子顯微鏡下正在分裂的海拉細胞。

 參照條目　癌症病因（西元1761年）；細胞分裂（西元1855年）；發現病毒（西元1892年）；染色體遺傳學說（西元1902年）。

細胞自動機 Cellular Automata

約翰・馮紐曼（John von Neumann，西元 1903 — 1957 年）
斯塔尼斯拉夫・馬爾欽・烏拉姆（Stanis aw Marcin Ulam，西元 1909 — 1984 年）
約翰・何頓・康威（John Horton Conway，生於西元 1937 年）

　　細胞自動機是一種簡單的數學系統，可以對各種有複雜行為的物理現象進行模擬，應用範圍包括模擬植物的散布、動物（如藤壺）的增殖、化學反應的振盪，以及森林野火的蔓延。

　　有些典型的細胞自動機是由網格構成，網格有兩個狀態，即受占據和未受占據。一個網格是否受到占據，取決於對鄰近網格進行簡單數學分析的結果。數學家為細胞自動機定義規則，設置遊戲，接著讓這場遊戲在自動機的世界中自我發展。雖然支配細胞自動機的規則很簡單，但它們能產生非常複雜，有時看似隨機生成的模式，彷若翻騰的流體流動或密碼系統輸出的結果。

　　1940 年代，烏拉姆開始相關領域的早期研究，用簡單的晶格來模擬晶體的生長。烏拉姆建議數學家馮紐曼利用相似的方法來打造自複製系統，如會製造其它機器人的機器人。1952 年左右，馮紐曼創造了史上第一臺二維細胞自動機，每個網格有 29 種狀態，他以數學的方式證明，在一個給定的網格宇宙中，特殊的模式可以無止盡的自我複製下去。

　　康威所發明的「生命遊戲」（Game of Life）是最有名的雙態二維細胞自動機，透過馬丁・加納德（Martin Gardner）在《科學人》雜誌上的介紹而廣為人知。儘管規則簡單，但其中的網格細胞可以展現包括滑翔機在內的多元行為和形式，也就是說，這些網格排列出一種可在自動機世界中移動的方式，甚至可以透過交互作用來執行運算。2002 年，史蒂芬・渥富仁（Stephen Wolfram）的著作《一種新科學》（*A New Kind of Science*）出版，他在書中補充說明，事實上，細胞自動機這樣的概念對所有科學學科都有重要影響。

附近色素細胞受到活化或抑制，會導致芋螺的外殼上出現細胞自動機能夠產生的圖案。這些圖案像是一維細胞自動機根據第 30 號規則所輸出的結果。

參照條目　圖靈機（西元1936年）；資訊理論（西元1948年）；混沌和蝴蝶效應（西元1963年）；碎形（西元1975年）。

西元 1952 年

米勒—尤列實驗 Miller-Urey Experiment

哈洛・尤列（**Harold C. Urey**，西元 **1893** — **1981** 年）
史丹利・米勒（**Stanley Miller**，西元 **1930** — **2007** 年）

　　幾千年來，人類一直試圖了解生命的起源。要有生命，總要在某個時間點產生生化反應，而且，根據推測，生命之初的生化反應會簡單許多。不過，最初的生命形式究竟是什麼模樣？這種生命形式的後續進展如何？同樣的事情可能在其他星球上再次發生嗎？如果會，那樣的過程和我們所知的過程會有多相似？目前為止，以上這些問題都沒有一個令人滿意的答案。

　　1952 年，美國化學家米列和尤里跨出了重要的一步。他們的想法是打造一個可信的「無生物」（prebiotic）大氣環境，對其加熱，使其遭受等同於閃電的條件，看看會生成怎樣的化合物。他們在容器內加入水、甲烷、氨和氫，將容器密封起來之後，加熱使水溫升高，在水蒸氣中發射電火花，接著讓整個系統冷卻，讓冷凝水得以回到水層當中。讓這樣的過程重複發生，第一天之內就出現了有顏色的化合物，兩週之後，超過 10% 的甲烷變成了更為複雜的化合物，而且，分析這些混合物的結果令人大感吃驚：至少蘊含了 20 種重要胺基酸的其中 11 種，還有許多簡單的碳水化合物以及各式各樣的其他分子。近代對樣本進行重新分析的結果顯示，內含所有重要的胺基酸，其中一些胺基酸的含量原本是低於偵測極限的。

　　此後，科學家利用了地球初期大氣可能的各種成分和條件，進行許多相似的實驗。幾乎每一項實驗都產生了大量的簡單有機化合物，其中有許多是我們如今所知的生命基本要素。透過原始氣體中的氰化氫（hydrogen cyanide）和甲醛（formaldehyde），這些有機化合物可以形成更複雜的結構。這些實驗結果的樣本，其化合物組成和默奇森隕石（Murchison meteorite）極其相似，透過光譜分析可以發現，這些化合物當中有許多出現在恆星、彗星和星雲周遭。看來，宇宙就像小小的生物分子之間游泳。

位於 NASA 的米勒—尤列實驗複刻品。注意反應腔室中已經出現了暗色的混合物。在宇宙之中，似乎有許多機會可以合成出這些有機分子。

參照條目 推翻自然發生論（西元1668年）；費米悖論（西元1950年）；達爾文的天擇說（西元1859年）。

DNA 結構 DNA Structure

莫里斯‧休‧弗德烈克‧威爾金斯（**Maurice Hugh Frederick Wilkins** 西元 1916 — 2004 年）
法蘭西斯‧哈利‧康普頓‧克里克（**Francis Harry Compton Crick**，西元 1916 — 2004 年）
羅莎琳‧艾爾西‧富蘭克林（**Rosalind Elsie Franklin**，西元 1920 — 1958 年）
詹姆斯‧杜威‧華生（**James Dewey Watson**，生於西元 1928 年）

　　英國記者麥特‧瑞德利（Matt Ridley）寫道：「透過 DNA 的雙股螺旋結構，我們能得到的新領悟多得驚人——包括我們的身體和心智、我們的過去和未來、還有我們的犯罪和疾病。」DNA（即去氧核醣核酸 deoxyribonucleic acid 的簡寫）分子可被視為一種攜帶遺傳資訊的「藍圖」，還可以控制蛋白質的產生，以及受精卵形成之後複雜的細胞發育過程。建築物的藍圖只要稍有差錯，可能導致房屋倒塌或漏水，DNA 也一樣，DNA 序列若受到突變影響產生改變，可能導致疾病發生。因此，了解 DNA 所攜帶的訊息可以讓我們找出包括開發新藥物在內的疾病療法。

　　就分子層級而言，DNA 就像一道有著許多不同梯級（指的就是鹼基）的螺旋樓梯，每個梯級代表著蛋白質合成所需的密碼。DNA 組成的結構稱為染色體，人類的基因組大約有 30 億個 DNA 鹼基對，分布於精細胞或卵細胞所含的 23 個染色體中。一般而言，一個基因就是一段含有大量資訊的 DNA 序列，如和特定蛋白質有關的訊息。

　　1953 年，分子生物學家華生和克里克利用分子模擬、X 光，以及來自威爾金斯和富蘭克林等其他科學家的資料，發現了 DNA 的雙螺旋結構。如今，透過 DNA 重組，可以將新的 DNA 插入生物體內，製造出基因改造生物。新插入的 DNA 序列迫使生物製造我們需要的產物，如可以用在人類身上的胰島素。藉由研究犯罪現場留下的 DNA，有助法醫判別可能的犯罪凶手是誰。

　　1961 年 12 月，人類對 DNA 中遺傳密碼的了解有了重大突破，這件事登上了紐約時報：「生命科學進入一個全新的領域，這項重大革命的潛在重要性大過於原子彈或氫彈。」

DNA 的一部分分子模型。

參照條目　孟德爾的遺傳學（西元1865年）；染色體遺傳學說（西元1902年）；表觀遺傳學（西元1983年）；聚合酶鏈反應（西元1983年）；人類基因組計畫（西元2003年）；基因療法（西元2016年）。

原子鐘 Atomic Clocks

路易斯・埃森（Louis Essen，西元 1908 — 1997 年）

幾百年來，時鐘變得越來越精準。早期的機械鐘，如 14 世紀的多弗城堡鐘，每天誤差有七分鐘；17 世紀時，鐘擺鐘變得普及，時鐘也精準到足以記錄時和分的地步；20 世紀，振盪的石英晶體使時鐘精準到每天誤差不到一秒的程度；1980 年，出現 3000 年誤差不到一秒的銫原子鐘；2019 年，NIST-F1 原子鐘——噴泉式的銫原子鐘——達到每 6000 萬年誤差一秒的精準度。

原子鐘之所以精準，是因為它牽涉到計算一顆量子兩種不同能態之間的週期性事件。相同的同位素原子（核子數量相同的原子）無論到哪兒都是一模一樣的，可以藉此打造獨立運作的原子鐘，測量事件之間相同的時間間隔。銫原子鐘是一種常見的原子鐘，銫原子在能態之間躍遷時，會產生一種微波頻率，使銫原子開始以其自然共振頻率（9,192,631,770 赫茲，或週秒）發出螢光，以這個頻率對秒定義。結合世界各地的許多原子鐘的測量結果並取其平均，就可以定義國際時標（international time scale）。

原子鐘的重要應用可以全球定位系統（global positioning system，GPS）來說明。GPS 是一種以衛星為基礎的系統，讓使用者得以判斷自身所在的地面位置。為了確保精準度，衛星必須發出準確定時的無線電脈衝，接收裝置則是利用這些無線電脈衝來判斷所在位置。

1955 年，英國物理學家路易斯・埃森（Louis Essen）依據銫原子的能態躍遷，打造了史上第一座精準的原子鐘。為了提升時鐘的精準度並降低成本，世界各地的實驗室正持續研究以其它原子或方法為基礎的時鐘。

2004 年，美國國家標準暨技術研究院（National Institute of Standards and Technology，NIST）展示了右圖這種極小的原始鐘，內部的機件大約只有米粒大小。這個原子鐘具備雷射和一個含有銫原子蒸氣的腔室。

參照
條目　日晷（約西元前3000年）；時光旅行（西元1949年）；放射性碳定年法（西元1949年）。

避孕丸 Birth-Control Pill

瑪格麗特・希金斯・桑格（Margaret Higgins Sanger Slee，西元 1879 — 1966 年）
教宗保祿六世（Pope Paul VI，Giovanni Montini；西元 1897 — 1978 年）
葛雷戈里・平克斯（Gregory Pincus，西元 1903 — 1967 年）
法蘭克・班傑明・柯爾頓（Frank Benjamin Colton，西元 1923 — 2003 年）
卡爾・翟若適（Carl Djerassi，西元 1923 — 2015 年）

　　口服避孕藥，或稱避孕丸，是 20 世紀最具有社會意義的醫學進展之一。避孕丸提供一種簡單有效的方法來避免懷孕，使更多女性得以念完大學並投入職場。1930 年代，研究人員確定，孕期中會出現的高濃度黃體固酮（progesterone），也可以用來哄騙身體，使身體表現出懷孕的行為，進而避免每個月發生排卵。1950 年代早期，美國化學家翟若適和柯爾頓各自獨立發現製造化學化合物來模擬天然黃體固酮的方法。美國生物學家平克斯證實，接受黃體固酮注射，可以阻止哺乳動物的卵巢排卵。

　　桑格是提倡節育的知名人士，她幫助平克斯籌措開發人類荷爾蒙型避孕丸所需的經費。平克斯選用柯爾頓的配方，1955 年，他和同事宣布臨床試驗結果，證明了這種藥丸的功效。除了抑制排卵，改變子宮頸黏液狀態來阻止精子進入子宮，改變子宮內膜的狀態來阻止受精卵著床，都可以強化避孕效果。1960 年，美國政府核准避孕丸上市，賽爾藥廠（Searle drug company）命之為「Enovid」。

　　原始的避孕丸配方包含動情激素（estrogen），這會造成一些不良的副作用，然而，現代的避孕丸配方已大幅減少荷爾蒙劑量，並降低因服用避孕丸而罹患卵巢、子宮內膜和結腸癌的機率。一般而言，女性若有抽菸，因服用避孕丸而發生心臟病或中風的機率較高。如今，避孕丸有許多不同的荷爾蒙配方——好比有僅含黃體素（progestin，黃體固酮的一種）的配方——有的避孕丸提供固定的荷爾蒙劑量，有些則是每週變化。

　　1968 年，包括避孕丸在內的人工節育方式受到教宗保祿六世的譴責。雖然避孕丸在美國快速普及，但在 1972 年之前，販賣避孕藥給未婚女性在康乃狄克州是非法行為！

左圖這幅迷幻風格的畫作說明女性新時代的「藥後天堂」。1960 年代，使許多女性得到更大的自主權的避孕丸，對性革命也有所貢獻。

參照條目　發現精子（西元1678年）；細胞分裂（西元1855年）；染色體遺傳學說（西元1902年）。

安慰劑效應 Placebo Effect

亨利·諾斯·畢闕（**Henry Knowles Beecher**，西元 1904 — 1976 年）

　　醫學專家夏皮羅夫婦（Arthur and Elaine Shapiro）寫道：「由古至今，各種治療方式組成的全景圖提供了強大的證據，讓我們堅信，直到最近之前，醫療史其實就是安慰劑效應的歷史……舉例來說，17 世紀出版的《倫敦藥典》（*London Pharmacopoeia*），前三版的內容中包括許多無用的藥物，如松蘿屬的植物（usnea，橫死者頭骨上的苔蘚），以及維戈藥膏（Vigo's plaster，由毒蛇肉、活青蛙和蟲子製成）。」

　　如今，所謂安慰劑，通常是指糖衣藥丸這種偽藥，或者是假手術（sham surgery，只有切開皮膚但沒有繼續深入）這種過程，對於相信醫療處置是有用的病人而言，這些方法仍會使病人的病情出現可察覺的變化或實際改善。安慰劑效應指出病人的預期有其重要性，並點出了腦在心理健康所扮演的角色，在疼痛程度這種主觀感受上尤其如此。

　　1955 年，美國醫生畢闕記錄第二次世界大戰中著名的案例，在嗎啡供應不足時，案例中的士兵接受生理食鹽水注射後，疼痛感覺都有明顯緩解。看來，安慰劑效應的其中一種機制和內生性類鴉片（endogenous opioid，由腦子產生的天然止痛劑），以及多巴胺（dopamine）這種神經傳導物質的活動有關。

　　有一項以小鼠為材料的研究是這樣的，同時給予抑制免疫系統的化合物和具有甜味的化合物，一段時間後，小鼠產生制約，以致於只給甜味劑的時候，小鼠也會產生免疫抑制反應。因此，人類的安慰劑效應可能和制約有關。如稱安慰劑是一種興奮劑，則會導致受試者的血壓上升；如稱安慰劑是酒精，則會導致受試者產生酒醉反應。通常，藥丸的顏色和大小會使知覺有效性（perceived effectiveness）產生顯著差異。在不同的社會與國家，安慰劑效應也會有程度上的不同。反安慰劑效應 (nocebo effect) 是指安慰劑的負面效應，例如相信惰性藥物會帶來不舒服的副作用時，病人在服用安慰劑後感到疼痛。

　　由於安慰劑效應會受到預期心理的影響，所以藥丸的顏色、大小和形狀都會影響安慰劑效應。就刺激性藥物而言，紅色的藥丸比較適合興奮劑，而顏色看起來很「涼快」的藥丸比較適合當鎮定劑。至於膠囊則是常被認為裡頭裝了有特殊功效的藥物。

　參照條目　科學方法（西元1620年）；心理學原理（西元1890年）；心理分析（西元1899年）；隨機對照試驗（西元1948年）；古典制約（西元1903年）、心智理論（西元1978年）。

核糖體 Ribosomes

阿爾伯特・克勞德（**Albert Claude**，西元 **1898 — 1983** 年）
喬治・帕拉德（**George Palade**，西元 **1912 — 2008** 年）

　　細胞分離法（cell fractionation）和電子顯微鏡兩相結合，開啟了生物學的新領域，使得我們可以看見細胞的內容物，並判定其生物功能。1930 年代，洛克斐勒大學的比利時生物學家克勞德發明了細胞分離法：把細胞磨碎，使其釋出內容物，再透過不同的離心速度分離不同重量的內容物。1955 年，克勞德的學生，羅馬尼亞裔美籍的帕拉德改善了細胞分離法，並透過電子顯微鏡來研究這些細胞碎片。帕拉德是發現並描述細胞中「微小顆粒」（small granule）—— 1958 年被命名為核糖體——的第一人，他還發現核糖體是細胞內蛋白質合成的所在。克勞德和帕拉德（後者常受譽為現代細胞生物學之父，且被認為是史上最具影響力的細胞生物學家）在 1974 年共同獲得諾貝爾獎。

　　核糖體可謂蛋白質工廠。所有生物體內的每一個細胞都含有核糖體，像工廠一樣接受遺傳密碼的指揮，執行蛋白質的合成任務。蛋白質合成率高的細胞，如胰臟細胞，內有數百萬個核糖體。DNA 將打造特定蛋白質所需的指令傳送給傳訊 RNA（messenger RNA，mRNA），接著，轉送 RNA（Transfer RNA，tRNA）將胺基酸送進核糖體內，這些胺基酸在核糖體內依序地被添加至逐漸變長的蛋白質鏈上。

　　真核細胞（eukaryotic cell，動物、植物、真菌的細胞）和原核細胞（prokaryotic cell，細菌的細胞）的核糖體，在結構和功能上都很相似。各界的生命形態中都能找到核糖體，代表核糖體的演化發生在生命演化過程的早期。帕拉德確認了核糖體是由大、小次單元（subunit）所組成，且在原核細胞及真核細胞中，核糖體的密度（每單位體積的質量）略有差異。在細菌性感染的治療上，核糖體有實際的重要性，有些抗生素，像是紅黴素（erythromycin）和四環素，會選擇性地抑制細菌細胞的蛋白質合成，而不會影響病人體內的細胞。

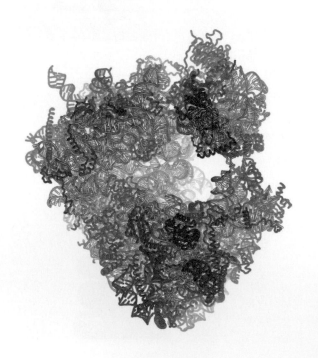

製造蛋白質是核糖體的主要功能。左圖為真核細胞的核糖體模型，真核細胞的核糖和原核細胞的核糖體在結構上是有差異的。

參照條目　細胞核（西元1831年）；酵素（西元1878年）；青黴素（西元1928年）；破解合成蛋白質所需的遺傳密碼（西元1961年）。

平行宇宙 Parallel Universes

休·艾弗雷特三世（**Hugh Everett III**，西元 **1930 — 1982** 年）
馬克斯·泰格馬克（**Max Tegmark**，生於西元 **1967** 年）

　　如今，許多重要的物理學家認為，其他的宇宙與我們的宇宙平行存在著，這些宇宙可視之為不同的蛋糕層、奶昔中的氣泡，或一棵不斷分支的樹上冒出的新芽。有些平行宇宙的理論指出，藉由一個宇宙洩漏至鄰近宇宙的重力，我們有機會實際偵測到這些宇宙的存在。舉例來說，遙遠恆星所發出的光，會因受到不可見物體的重力影響而扭曲，而這個不可見物體存在於與恆星相距僅有幾毫米的平行宇宙中。多重宇宙這樣的整體概念，並沒有聽起來那樣令人難以置信。美國研究人員大衛·羅布（David Raub）在 1998 年發表他對 72 位頂尖物理學家所做的問卷調查結果，有 58% 的物理學家（包括霍金在內）都相信某種形式的多重宇宙理論。

　　和平行宇宙有關的理論形形色色，以艾弗雷特三世 1956 年發表的博士論文〈普適波函數理論〉（The Theory of the Universal Wavefunction）為例，他認為，宇宙持續地「分支」成為無數的平行世界。艾弗雷特三世提出的理論被稱為量子力學的多世界詮釋（many-worlds interpretation），這項理論假設在量子的層級上，每當宇宙（即「世界」）遭遇路徑選擇時，其實會跟從各種不同的可能性。如果這項理論為真，那麼在某種意義上，各種奇怪的世界是「存在」的。在許多世界中，希特勒贏得了第二次世界大戰。有時，「多重宇宙」所指稱的概念是：所謂的真實，是由多重宇宙——也就是一套可能存在的宇宙——所構成的，而我們可以直接觀測到的宇宙，只是其中一部分。

　　如果我們的宇宙是無窮的，那麼可能存在和可觀測宇宙一模一樣的副本，而這些副本宇宙上存在著一模一樣的地球和一模一樣的你。根據物理學家泰格馬克的說法，平均而言，這些可觀測宇宙的副本，與我們最近的距離大約為 10 至 10^{100} 公尺。不僅你個人存在著無窮副本，你個人的各種變化也存在著無窮副本。混沌宇宙暴脹（chaotic cosmic inflation）理論也指出不同宇宙的存在——你個人可能存在著無窮的副本，但這些副本以美醜各異的奇特方式變化著。

有些量子力學的詮釋方式認為，在量子的層級上，每當宇宙遭遇路徑選擇時，其實會跟從各種不同的可能性。多重宇宙的觀念暗指我們的可觀測宇宙，只是真實的一部分，而這樣的真實還包含著其他宇宙。

參照條目 光的波動性質（西元 1801 年）；薛丁格的貓（西元 1935 年）；宇宙暴脹（西元 1980 年）；量子電腦（西元 1981 年）。

抗鬱劑 Antidepressant Medications

羅蘭・庫恩（**Roland Kuhn**，西元 1912 — 2005 年）

1952 年，正在接受開發的肺結核新藥——異菸鹼異丙醯（iproniazid）——被發現可以有效地治療抑鬱症，在 1958 年成為核可用藥，三年後，異菸鹼異丙醯因為被發現會對肝臟會造成嚴重損害而遭撤銷核可。1955 年，瑞士有一間精神病院以伊米帕明（imipramine）來治療患有思覺失調症（schizophrenia）的病人，但沒有正面結果。精神病醫生庫恩找來 40 名抑鬱症患者試用此藥，結果全都是正面的：病人變得更有朝氣，說話聲音變得有力，可以進行有效地溝通，慮病妄想的症狀全都消失。庫恩在 1957 年發表他的研究結果。

伊米帕明上市後的商品名為妥富腦（Tofranil），是三環抗鬱劑（tricyclic antidepressant，因化學結構中有三個環而得名）中的第一個成員。三環抗鬱劑會抑制去甲基腎上腺素（norepinephrine，舊名：正腎上腺素）和血清素（serotonin，受抑制程度較低）這些神經傳導物質的再吸收，使得腦部一開始有更多神經傳導物質可以使用，然而，三環抗鬱劑會帶來令人不適的副作用，如口乾、便祕、體重增加，以及性功能障礙。

在伊米帕明之後不久，醫學界又發現另一種同樣有抑制作用的抗鬱劑，也就是所謂的單胺氧化酶抑制劑（monoamine oxidase inhibitor，MAOI），這類藥物可藉由分解血清素和去甲基腎上腺素，來抑制單胺氧化酶的作用。單胺氧化酶抑制劑的副作用甚至比三環抗鬱劑更危險，所以如今已鮮為醫囑用藥。

1987 年，商品名為百憂解（Prozac）的第二代抗鬱劑，獲得美國食品藥物管理局的核可。百憂解和其他類似的藥物是選擇性血清素再吸收抑制劑（selective serotonin reuptake inhibitor，SSRI），顧名思義，它們可以抑制發生在突觸中的血清素再吸收作用。這類藥物受到廣大迴響，上市三年內，百憂解成為精神病醫生最大宗的醫囑用藥，到了 1994 年，百憂解已是全球第二大暢銷藥物。百憂解沒有其他抗鬱劑所產生的許多副作用，甚至有數百萬完全沒有精神病的人使用百憂解，用它來強化自己的個性、減輕體重，或提升注意力廣度（attention span）。

許多種百香果的花中含有 β-咔啉駱駝蓬生物鹼（beta-carboline harmala alkaloid），是一種具有抗鬱性質的單胺氧化酶抑制劑。

參照條目　莫爾加尼「受難器官的呼喊」（西元1761年）；神經元學說（西元1891年）；大腦功能分區（西元1861年）；心理分析（西元1899年）；認知行為治療（西元1963年）。

太空衛星
Space Satellite

　　想想一般的衛星，好比拍攝地球照片的衛星。從一方面說來，它並沒有那麼複雜：將一部高解析度的數位相機連接在望遠鏡上，望遠鏡的作用有如鏡頭；太陽能板和電池負責供應電力；衛星上有用來和地球通訊的無線電，另外還有一根天線。說穿了，衛星真的沒有什麼了不起，在任何遠程攝像系統上，應該都能找到相同的構造——相機本身、電源和無線電鏈結（radio link）。

　　那麼，這樣一顆衛星的成本何以要價數百萬美元？絕大部分是和讓衛星能在太空中飛行的特殊考量有關。在無法接近的嚴峻環境中，工程師必須使衛星保持運作。率先遭遇這些挑戰的是在 1957 年發射史上第一顆太空衛星——史普尼克一號（Sputnik 1）——的俄羅斯科學家。此後，衛星變得更為複雜精密。

　　以現代衛星搭載的電腦為例，在太空中，無法使用一般的電腦。在製造衛星用電腦時，一切構件都必須接受輻射強化，以避免宇宙線、太陽粒子和其他形式的輻射干擾電路。衛星用電腦具備三重冗餘（triple redundant，即用三個相同系統執行同一功能），以及一個用來偵測三系統中是否有其一發生故障的表決系統。

　　衛星必須時時刻刻保持正確的方向，這通常需要結合太陽追蹤器（sun tracker）、恆星追蹤器（star tracker）和反應輪（reaction wheel）才能做到。為了改變衛星的方向，反應輪可以加速或減速。此外，衛星還需要推進器和大量的燃料（如 150 公斤的燃料），以維持十年或更長的運作時間。

　　衛星所用的太陽能電池也不是一般的太陽能電池，而是經過輻射強化的高效能電池；衛星用的電池也非普通電池，工程師必須打造可以應付數萬次充放電循環，並能夠運作超過十年的特殊鎳氫電池。

　　還有最後一件事：衛星得接受大量的可靠度測試、驗證、冗餘……包括在無塵室內進行組裝，在高度真空的環境下進行測試，接受振動試驗等等。一旦出錯，想要修復衛星是不可的事，而且，衛星得在太空中運作好幾年的時間。所有作業程序和一切特殊的構件造就了打造衛星的高昂成本。

參與 STS-49 任務的三位成員抓著 4.5 噸重的國際遠程通訊組織衛星（INTELSAT VI），照片攝於 1992 年。

參照條目　人類首次進入太空（西元1961年）；哈伯望遠鏡（西元1990年）、全球定位系統（西元1994年）。

分子生物學的中心法則
Central Dogma of Molecular Biology

法蘭西斯・克里克（**Francis Crick**，西元 1916 — 2004 年）
詹姆斯・杜威・華生（**James D. Watson**，生於西元 1928 年）
霍華德・特明（**Howard Temin**，西元 1934 — 1994 年）
大衛・巴爾的摩（**David Baltimore**，生於西元 1938 年）

　　1958 年，也就是華生和克里克發現 DNA 雙螺旋結構的五年後，克里克提出了分子生物學的中心法則，並在一篇刊登於 1970 年《自然》（*Nature*）期刊的文章中推廣這個觀念。就其根本而言，這條中心法則所說的是：遺傳資訊只會單向流動，將 DNA「轉錄」（transcription）為 RNA，再將 RNA「轉譯」（translation）為蛋白質。

　　一段 DNA 分子上的遺傳資訊被「轉錄」為一段新組成的 mRNA，mRNA 以 DNA 雙股的其中一股為模板，製造出一段副本。接著，mRNA 從細胞核移動到細胞質，與核糖體結合，核糖體將 mRNA 攜帶的遺傳資訊轉譯為為密碼子（condon），一個密碼子由三個核苷酸組成，對應一個胺基酸，胺基酸則被添加至逐漸增長的胜肽鏈上。最後一步則是透過有絲分裂（mitosis）將 DNA 忠實地複製到子細胞中。

　　按照中心法則最初的說法，DNA 至 RNA 的轉錄過程不會逆向發生。然而，1970 年威斯康辛大學麥迪遜分校的特明，以及麻省理工學院的巴爾的摩各自獨立發現了反轉錄酶（reverse transcriptase），因而顛覆了中心法則的前提，這項發現也使得兩人在 1975 年共同獲得諾貝爾獎。隨後，科學家發現反轉錄酶存在於人類免疫缺乏病毒（HIV）之類的反轉錄病毒（retrovirus）中，可以將 RNA 轉變為 DNA。此外，分子生物學的中心法則還有另一項例外：並非所有的 DNA 都和蛋白質合成有關。人體的 DNA 有 98% 是非編碼 DNA（noncoding DNA，又稱「垃圾 DNA」），目前為止，非編碼 DNA 的生物功能尚未確定。

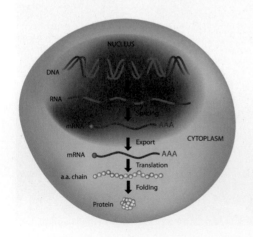

　　另外，還有語義的問題，1998 年，克里克的自傳《多麼瘋狂的追求：科學發現的個人觀點》（*What Mad Pursuit: A Personal View of Scientific Discovery*）出版，他在書中提到使用「法則」一詞並不明智，回想起來，當初應該使用「假說」才更為合適。「法則」是不容懷疑的，顯然不適用於此例。

左圖說明了遺傳資訊的流向：從 DNA 至 RNA，再到胺基酸的產生，胺基酸結合形成蛋白質。

參照條目　DNA結構（西元1953年）；核糖體（西元1955年）；破解合成蛋白質所需的遺傳密碼（西元1961年）；表觀遺傳學（西元1983年）。

積體電路 Integrated Circuit

傑克·基爾比（**Jack St. Clair Kilby**，西元 1923 — 2005 年）
羅伯特·諾頓·諾伊斯（**Robert Norton Noyce**，西元 1927 — 1990 年）

「人類發明積體電路這件事似乎是注定的，」科技歷史學家瑪莉·貝利斯（Mary Bellis）說道，「兩位個別不知道彼此活動的發明家，幾乎在同時間發明了幾乎一模一樣的積體電路，或稱 IC。」

在電子學的領域，IC，或稱微晶片（microchip）是一種依賴半導體裝置的微型電子線路，如今，從咖啡機到戰鬥機，無數的電子設備都使用了積體電路。透過外加電場可以控制半導體材料的的導電性，單石積體電路（以單晶製作而成）發明後，傳統上各自分散的電晶體、電阻器、電容器和所有導線，如今可以全部整合在一個半導體材料製成的單晶（或晶片）上。相較於手動組裝各自分離的個別元件，如電阻器和電晶體，利用光刻技術（photolithography）可以更有效率地打造積體電路，光刻技術可以選擇性地將光罩上的幾何圖形轉移到矽晶片這類材料的表面上。因為元件的體積小，且擺放得相當緊密，積體電路的運作速度也隨之提升。

1958 年，物理學家基爾比發明了積體電路。六個月後，獨立研究的物理學家諾伊斯也發明了積體電路。諾伊斯使用的半導體材料是矽，基爾比則是使用鍺。如今，郵票大小的晶片中可容納超過十億個電晶體。有鑑於積體電路在功能和密度上的躍進，以及價格的下跌，高登·摩爾（Gordon Moore）這位技術專家說道：「如果汽車工業進步的程度像同半導體工業一樣快速，那麼一加侖的汽油就能讓一臺勞斯萊斯行駛 50 萬哩，而且把它扔了會比為它找個停車位更划算。」

基爾比發明積體電路時是德州儀器公司的新進員工，那時正值七月底，公司所有員工都放假去了。到了九月，基爾比已經打造出積體電路的工作模型，隔年 2 月 6 日，德州儀器公司為積體電路提出專利申請。

從右圖可以看到封裝後的微晶片（畫面左邊正方形的大型元件），其中整合了容納電晶體裝置等許多微小元件的積體電路。封裝可以保護體積極小的積體電路，並讓晶片和電路板得以連接。

參照條目 ENIAC（西元1946年）；電晶體（西元1947年）；量子電腦（西元1981年）。

抗體的結構 Structure of Antibodies

保羅・艾利希（**Paul Ehrlich**，西元 1854 — 1915 年）
羅德尼・羅伯特・波特（**Rodney Robert Porter**，西元 1917 — 1985 年）
傑拉德・莫利斯・埃德爾曼（**Gerald Maurice Edelman**，西元 1929 — 2014 年）

　　19 世紀中的病菌說認為，許多疾病是由微生物所引起，而人們想要知道的是，人體如何抵禦這些外來的入侵者？如今，我們知道抗體——又稱免疫球蛋白（immunoglobulin）——是一種具有保護性質的蛋白質，在我們體內循環，負責辨別並中和外來物質，也就是所謂的抗原（antigen），如細菌、病毒、寄生生物、外來的移植組織和毒液。B 漿細胞（plasma B cell，一種白血球細胞）負責產生抗體，每一個抗體都具有胺基酸組成的兩條重鏈和兩條輕鏈。這四條胺基酸鏈互相連接，形成一個 Y 型的分子。Y 型兩臂前端的變異區負責與抗原結合，形成一種標記，是免疫系統其他成員發動攻擊時的辨認目標。人體內有數以百萬計的不同抗體，它們的前端結構略有不同。抗體也可以直接與抗原結合，進而中和抗原，以避免病原入侵或是傷害細胞。

　　在血液中循環的抗體，是體液免疫系統（humoral immune system）中的要角。其他的免疫系統成員——吞噬細胞（phagocyte）——作用有如單細胞生物，可以吞噬並消滅較小顆粒。與入侵者結合的抗體形同為入侵者作了標記，使其成為吞噬細胞消滅的對象。

　　檢測病人體內是否特殊抗體存在，可以讓醫生懷疑或排除病人是否罹患某些疾病（如萊姆病）。自體免疫疾病（Autoimmune disorder）的成因是因為病人體內的抗體與健康細胞結合。有時，將抗原注入動物體內，然後分離出動物血清中所含的抗體，可以製造用於人類身上的免疫血清（antiserum）。

　　1891 年左右，艾利希創造了「抗體」（原文為德文，antikorper）一詞，他還提出了一種機制，說

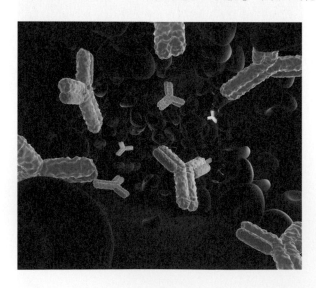

明細胞上的受器和毒素會以鎖鑰模型的方式緊密結合，進而觸發抗體的產生。英國生化學家波特和美國生物學家埃德爾曼約在 1959 年各自獨立研究，闡明了抗體的 Y 型結構，並發現了重鏈與輕鏈的存在，兩人因而榮獲 1972 年的諾貝爾獎。

Y 型抗體在血液中循環的示意圖。

參照條目　天花疫苗（西元1798年）；病菌說（西元1862年）；發現病毒（西元1892年）。

雷射 Laser

阿爾伯特・愛因斯坦（**Albert Einstein**，西元 **1879 — 1955** 年）
利昂・高德曼（**Leon Goldman**，西元 **1905 — 1997** 年）
查爾斯・哈德・湯斯（**Charles Hard Townes**，西元 **1915 — 2015** 年）
西奧多・哈羅德・梅曼（**Theodore Harold "Ted" Maiman**，西元 **1927 — 2007** 年）

「在許多實際應用上，雷射這項科技有其重要性，」雷射專家傑夫・赫克特（Jeff Hecht）寫道：「從醫學到消費性電子商品，再到通訊和軍事科技……和雷射相關的研究造就了 18 位諾貝爾獎得主。」

「laser」其實是「light amplification by stimulated emission of radiation」（受激輻射式光波放大）的字首縮寫，牽涉到愛因斯坦於 1917 年提出的「受激發射」（stimulated emission），是一種和次原子有關的過程。受激發射的過程中，一顆具有適當能量的光子會造成一顆電子掉落至較低能階，導致第二顆光子生成。第二顆光子和第一顆光子為同調態，兩者有相同的相位、頻率、偏振和行進方向。如果光子受到反射致使它們重複地穿越相同原子時，就會發生放大現象並發出強烈的輻射束。雷射是被製造出來的，因此可以發出各種不同頻率的電磁輻射。

1953 年，物理學家湯斯和他的學生製造出史上第一道微波雷射（又稱邁射，maser），但它無法持續發出輻射。1960 年，梅曼利用脈衝操作製造出第一道實際可用的雷射。1961 年，皮膚科醫生高德曼成為雷射治療黑色素瘤（melanoma，一種皮膚癌）的史上第一人，後來，相關技術被用來移除胎記或刺青，這種方式留下的傷疤非常微小，因為具備優異的速度和精準度，自此之後，眼科、牙科和許多其他領域都採用了雷射手術。LASIK 眼科手術利用雷射光束來改變角膜的形狀，藉以矯正病人近視和遠視的問題；前列腺手術中，可用雷射來蒸發腫瘤；讓血紅素吸收綠色雷射光可以產生凝血作用，阻止血管繼續出血；讓灼熱的手術雷射光沿著組織移動，可以藉以燒灼開放的血管使其封閉。

右圖的光學工程師正在研究幾道雷射光的交互作用，探尋在載具上裝置雷射武器系統來防禦彈道飛彈攻擊的可能性。美國定向能源局正研究控制雷射光束的技術。

參照條目 縫合術（約西元前3000年）；牛頓的稜鏡（西元1672年）；光的波動性質（西元1801年）。

破解合成蛋白質所需的遺傳密碼
Cracking the Genetic Code for Protein Biosynthesis

喬治・加莫夫（**George Gamow**，西元 1904 — 1968 年）
法蘭西斯・克里克（**Francis Crick**，西元 1916 — 2004 年）
羅莎琳・富蘭克林（**Rosalind Elsie Franklin**，西元 1920 — 1958 年）
羅伯特・威廉・霍利（**Robert William Holley**，西元 1922 — 1993 年）
哈爾・葛賓・科拉納（**Har Gobind Khorana**，西元 1922 — 2011 年）
馬歇爾・沃倫・尼倫伯格（**Marshall Warren Nirenberg**，西元 1927 — 2010 年）
詹姆斯・杜威・華生（**James D. Watson**，生於西元 1928 年）
J・海恩里希・馬特伊（**J. Heinrich Matthaei**，生於西元 1929 年）

　　1953 年，華生、克里克和富蘭克林確認了 DNA 的雙螺旋結構是由四個核苷酸所組成，分別為：腺嘌呤（adenine，A）、胸腺嘧啶（thymine，T）、胞嘧啶（cytosine，C）和鳥糞嘌呤（guanine，G），在 RNA 分子中，胸腺嘧啶則是被尿嘧啶（uracil，U）取代。不過，DNA 所含的遺傳資訊，究竟是如何轉化為蛋白質的生物合成呢？

　　俄羅斯物理學家加莫夫認為，由三個核苷酸組成的密碼子可以最多可定義 64 種胺基酸，這數量遠超過建構蛋白質所需的共 20 種胺基酸。1961 年，尼倫伯格和美國衛生研究院的馬特伊在反應物中加入單一個核苷酸，藉此確定了對應胺基酸的密碼子。他們發現 UUU 會產生苯丙胺酸（phenylalanine），破解了遺傳密碼中的第一個字母。不久後，科學家發現 CCC 會產生脯胺酸（proline）。威斯康辛大學麥迪遜分校的科拉納以兩個核苷酸重複組成的更複雜序列進行實驗，他所用的第一個序列是 UCUCUCUCUCUC……得到的蛋白質序列是絲胺酸—白胺酸—絲胺酸—白胺酸……隨後，他確認了其他密碼子所代表的胺基酸。

　　1964 年，康乃爾大學的霍利發現並確立了 tRNA 的化學結構，tRNA 扮演聯繫 mRNA 和核糖體的

角色。製造蛋白質所需的資訊先是附著在 tRNA 上，接著在核糖體中轉譯為 mRNA。在 mRNA 中，每一個 tRNA 只認得一組由三個核苷酸組成的密碼子，而且 tRNA 只會和 20 種胺基酸的其中一種結合，透過一次加入一個胺基酸的過程，蛋白質逐漸形成。尼倫伯格、科拉納和霍利共同獲得 1968 年的諾貝爾獎。

　　除了一些變異之外，所有生物使用的遺傳密碼都非常相似，根據演化論的觀點，這表示遺傳密碼在生命演化史的非常早期就已建立。

左圖說明了密碼子（由三個核苷酸為一組所構成，可使用的核苷酸包括 A、T、C、G 或 U）及其對應的胺基酸。

參照條目　DNA結構、核糖體（西元1955年）；分子生物學的中心法則（西元1958年）；人類基因組計畫（西元2003年）。

人類首次進入太空
First Humans in Space

尤里・加加林（**Yuri Gagarin**，西元 **1934** — **1968** 年）
艾倫・雪帕德（**Alan Shepard**，西元 **1923** — **1998** 年）

1957 年，蘇聯成功發射史普尼克一號，象徵著太空時代的來臨，也開啟了美俄兩國之間史詩般的地緣政治競賽，內容牽涉到科技、軍事和道德優越感。俄國人藉由史普尼克二號率先將動物送上太空，那是一隻名為萊卡（Laika）的狗，美國則上把猴子和黑猩猩送上太空，不過雙方政府都知道，唯有宣稱把人送上太空，才能贏得這場太空競賽的下一次巨大勝利。

蘇聯的載人太空飛行計畫名為東方計畫（Vostok），和史普尼克號一樣，是改裝既有的洲際彈道飛彈火箭，使其搭載一個小型的乘客艙。為了獲得首批太空人（cosmonaut，在俄語中有太空水手之意）的殊榮，大約 20 名蘇聯空軍駕駛員受到秘密篩選，最後由上尉加加林雀屏中選。當時，美國的載人太空飛行計畫——水星計畫（Project Mercury）同時進行當中，美國修改紅石飛彈（Redstone missile）來搭載小型的乘客艙，最後從空軍、海軍和海軍陸戰隊中選出七名試駕員，這七人甚至在飛行之前就已一夕成名。最後選出來自海軍的雪帕德，他成為水星計畫第一次任務的駕駛員。

東方計畫和水星計畫初期都有發射無人載具失敗的經驗，在政府領導人授權人駕飛行之前，兩國團隊都須證明他們的火箭能夠搭載無人太空艙。1961 年初，在第一次發射載人火箭這件事上，美蘇兩國可謂旗鼓相當，然而 1961 年 4 月 12 日，蘇聯率先成功地發射東方一號（Vostok 1），把加加林送上太空並繞行地球一圈，再次贏得巨大的國際性勝利。三週後，美國成功發射自由七號（Freedom 7）太空艙完成次軌道飛行，雪帕德因而成為進入太空的第二人，也是首位進入太空的美國人。

俄國又一次搶得先機。不過，就在雪帕德完成飛行不久後，美國提高了賭注：甘迺迪總統在國會演說中宣布太空總署將在接下來的十年內把人類送上月球。

1961 年 4 月 12 日早晨，太空人加加林準備登上東方一號太空船。坐在他後方是備援太空人吉爾曼・蒂托夫（German Titov），1961 年 8 月，蒂托夫駕駛東方二號，成為繞行地球軌道的第二人。

參照條目 萊特兄弟的飛機（西元1903年）；農神五號火箭（西元1967年）；人類首次登月（西元1969年）。

綠色革命 Green Revolution

諾曼・布勞格（**Norman Borlaug**，西元 1914 — 2009 年）

1950 至 1987 年間，全球人口成長翻倍，從 25 億人變成 50 億人，這是一波驚人的成長，而且人類糧食供應早已呈現吃緊狀態。以 1943 年為例，印度的一場飢荒奪走 400 萬條人命，相當於印度 6% 的人口。

人口激增期間醞釀出另一個問題：就當時的生產水準而言，全球的作物不可能產出讓每一個人都能吃飽的糧食。預防大規模飢荒的行動於 1961 年展開，進而拯救了超過十億人的性命，也就是後來所稱的綠色革命。在美國生物學家、人道主義者布勞格的提倡之下，生物學家和工程師合作將先進的農業技術推廣至全球，而布勞格也成為這些行動的發言人。

糧食生產得以改進的重要因素，發生在生物學的層次，靠著育種以及後來的遺傳工程來打造更優良的穀物（如小麥和稻米）品種。生物學家採用工程師解決問題的方法——試著育出可以利用更多氮的植物，同時讓植物將氮用在提升產量而非莖幹生長上。生物學家希望育出莖幹粗短的植株，好讓植株不會倒伏，此外，他們還想縮短收成時間。生物學家找到矮種的植株，使其與具備其他有用特徵的植株雜交，育成高產量的作物品種。

這些新品種植株需要水和肥料，工程師以灌溉工程和提升肥料產量的新方法來回應這些需求。接著，他們還想更進一步：在氣候溫暖的地區，有可能達成一年兩穫的目標，前提是得要有足夠的水分支應第二期作物的生長。像印度這樣的國家，由雨季支應第一期作物所需的水分，但得另想方法為第二期作物儲水。因此，工程師在印度打造了數千座新水庫，蓄存季風帶來的雨水。如今，印度可種植兩倍的糧食作物。這些改良的成效驚人。全球糧食產量加倍再加倍。即便人口持續成長，但糧食供應的速度更快。科學和工程學合作打造了這場農業革命。

許多創新工程因應綠色革命而生，其中包括新品種的稻米，這些新品種作物可為飢荒地區帶來更多糧食。

參照條目　農業（約西元前1萬年）；動物馴養（約西元前1萬年）；稻米栽培（約西元前7000年）；光合作用（西元1947年）。

西元 1961 年

標準模型 Standard Model

默里·蓋爾曼（**Murray Gell-Mann**，生於西元 **1929** 年）
謝爾登·李·格拉修（**Sheldon Lee Glashow**，生於西元 **1932** 年）
喬治·茨威格（**George Zweig**，生於西元 **1937** 年）

「到了 1930 年代，物理學家已經知道，所有的物質都是由三種粒子組成：電子、中子和質子，」作家巴特斯比如此寫道，「不過，後來又開始出現一連串多餘的粒子——微中子、正子和反質子（antiproton）、介子（pion）和緲子（muon）、k介子（kaon）、λ 粒子（lambda）和 Σ 粒子（sigma）。」

透過理論和實驗相結合的結果，可以用一種稱為標準模型的數學模型，來解釋目前物理學家所觀察到的大多數粒子的物理特性。標準模型將基本粒子分為兩類：玻色子（boson，如可以傳遞作用力的粒子）和費米子。費米子包括各種夸克（質子和中子皆由三個夸克組成）和輕子（lepton，如電子和微中子，後者在 1956 年被發現）。要偵測微中子非常困難，因為它們的質量微乎其微（但並不是零），而且幾乎可以不受干擾地穿越一般物質。如今，透過粒子加速器撞擊原子，並觀察撞擊產生的碎片，我們得已知道許多次原子的存在。

根據標準模型的解釋，物質粒子彼此交換包括光子和膠子在內等可以傳遞作用力的粒子時，會產生作用力。希格斯粒子（Higgs particle）是標準模型所預測的基礎粒子，可以用來解釋其他基本粒子為何具有質量。一般認為，不具質量的重力子之間發生交換時會產生重力，不過目前尚未透過實驗方法偵測到重力子的存在。其實，標準模型並沒有將重力納入其中，因此不完備。有些物理學家試著將重力加入標準模型，以建構一個大一統理論（grand unified theory，簡稱 GUT）。

蓋爾曼在 1961 年提出八重道（Eightfold Way）粒子分類系統，不久，他和茨威格在 1964 年提出夸克的觀念。1960 年，物理學家格拉修的統一理論可謂邁出了建立標準模型的早期步伐。

右圖為宇宙級加速器（Cosmotron），是全球第一座可在十億電子伏特（electron volt，或 GeV）環境下提供能量來發射粒子的加速器。1953 年，宇宙級同步加速器達到其設計時的完全運轉能量，即 3.3 億 GeV，科學家用它來研究次原子粒子。

參照條目　弦論（西元1919年）；中子（西元1932年）；夸克（西元1964年）、萬有理論（西元1984年）；大強子對撞機（西元2009年）。

混沌和蝴蝶效應
Chaos and the Butterfly Effect

雅克・所羅門・哈達馬（**Jacques Salomon Hadamard**，西元 1865 — 1963 年）
朱爾斯・亨利・龐加萊（**Jules Henri Poincaré**，西元 1854 — 1912 年）
愛德華・諾頓・勞倫茲（**Edward Norton Lorenz**，西元 1917 — 2008 年）

對古代人類而言，混沌代表著未知的靈界——險惡、可怕的幻象映照出人類對一個無法控制的世界感到害怕，因而需要將心中的憂懼具象化。如今，混沌理論是一門令人興奮、正在新興茁壯的領域，廣泛研究對初始條件極為敏感的現象。混沌行為雖然通常看似「隨機」且無法預測，但它們常遵守著嚴格的數學規則，而這些數學規則是衍生自可以用公式闡明並對其加以研究的方程式。研究混沌理論時，電腦圖學（computer graphics）是一項重要的工具，從隨機發出閃光的混沌玩具，到香菸形成的煙縷和渦流，大體而言，混沌行為是不規則且沒有秩序的，其他的例子還包括天氣型態、一些神經和心臟的活動、股票市場，以及某些電腦的電子網路。通常，在許多視覺藝術作品上，也會應用到混沌理論。

在科學界，有些著名且清晰的例子可以說明混沌物理系統的存在，如流體中的熱對流、超音速飛機上的壁板顫振（panel flutter）、化學領域中的振盪反應、流體力學、族群成長、衝擊週期性振動牆面的粒子、各種鐘擺和旋轉運動、非線性電路，以及挫屈樑（buckled beam）。

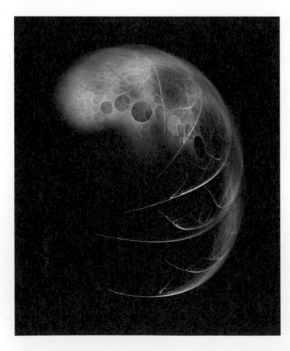

1900 年左右，哈達馬和龐加萊等數學家研究運動物體的複雜軌跡，這是混沌理論的早期根源。1960 年代早期，麻省理工學院的氣象學家勞倫茲利用一套方程式系統來模擬大氣中的對流現象，儘管只是用了些簡單公式，但勞倫茲很快發現混沌的重要特色——只要初始狀態稍有一絲變化，就會導致無法預期的不同結果。1963 年，勞倫斯在他發表的文章中解釋道，在世界某處蝴蝶振翅之後，會對幾千公里外的天氣狀況產生影響。如今，這種敏感現象就是我們所稱的「蝴蝶效應」。

左圖為羅傑・強斯頓（Roger A. Johnston）所創的混沌數學模式。混沌行為雖然通常看似「隨機」且無法預測，但它們常遵守著嚴格的數學規則，而這些數學規則是衍生自可以用公式闡明並對其加以研究的方程式。初始狀態的極細微變化都會導致全然不同的結果。

參照
條目　哥德爾定理（西元1931年）；細胞自動機（西元1952年）、碎形（西元1975年）。

西元 1963 年

認知行為療治療
Cognitive Behavioral Therapy

伊比推圖（**Epictetus**，西元 55 — 135 年）
阿爾伯特·艾利斯（**Albert Ellis**，西元 1913–2007 年）
亞倫·天金·貝克（**Aaron Temkin Beck**，西元 1921 年）

　　強調錯誤想法會產生負面情緒的認知行為治療（簡稱 CBT），是一種有著古老淵源療法。希臘斯多葛（Stoic）思想流派的哲學家伊比推圖（Epictetus）曾在《警言雋語》（*Enchiridion*）中寫道：「事物本身並不擾人，看待事物的觀點才擾人。」實施認知行為療治療時，為了改變病人的反應和感覺，精神治療師會幫助病人以新的方式來看待情況和環境。如果病人可以分辨出不適當或不合理的想法，就可以反對這些想法。因此而獲得改善的行為，對病人而言是一種更深入的訓練，而且對更有建樹的思考方式也有強化作用。通常，接受這種療法的病人要寫事件日記，記錄相關的感受和想法。

　　1950 年代，美國精神分析學家艾利斯使認知行為治療有了具體模樣，一部分是因為他不喜歡古典精神分析那種看似沒有無效率又不直接的本質。艾利斯希望治療師可以深入幫助客戶，改變那些無益的思考模式。1960 年代，美國精神科醫師、精神分析學家貝克成為現代認知行為治療的主要推手。

　　在許多和抑鬱、失眠、焦慮、強迫症、創傷症候群、飲食失調、慢性疼痛和精神分裂有關的案例中，已證實認知行為治療通常是有用的。治療師會診時，有時會要求病人以一種可經檢驗的假設方式來重新架構自己的想法，如此一來，病人可以脫開原本的信念，以更為客觀的方式檢驗自己的想法，並得到不同觀點。舉例來說，有過一次失敗的工作面試經驗後，一個沮喪的人可能會以偏概全地認為自己再也找不到工作。對恐懼症和強迫症的患者而言，漸次接觸使其產生恐懼的刺激來源，有時可以減緩症狀。面對抑鬱症患者，治療師可能要求他們安排一些可以帶來快樂的小活動（如和朋友見面喝杯咖啡）。這麼做不僅可以修正病人的行為，還可以檢驗病人的信念或假設——如「沒有人喜歡跟我在一起」。認知行為治療還可以搭配藥物來處理非常嚴重的心理疾患。

透過認知行為治療，並且讓病人在受控制的環境中逐漸接觸蜘蛛，通常可以治療恐蛛症（arachnophobia）。功能性磁振造影的研究指出，認知行為治療能以各種有用的方式影響病人的腦子。

參照條目　心理學原理（西元1890年）；心理分析（西元1899年）；古典制約（西元1903年）；抗鬱劑（西元1957年）；心智理論（西元1978年）。

腦側化 Brain Lateralization

懷爾德‧潘菲爾德（**Wilder Penfield**，西元 1891 — 1976 年）
赫伯特‧賈斯珀（**Herbert Jasper**，西元 1906 — 1999 年）
羅傑‧沃爾科特‧斯佩里（**Roger Wolcott Sperry**，西元 1913 — 1994 年）
麥可‧葛詹尼加（**Michael Gazzaniga**，生於西元 1939 年）

1940 年代，在麥基爾大學的蒙特婁神經病學研究所，著名的加拿大神經外科醫生潘菲爾德在治療患有嚴重癲癇的病人時，用手術的方式破壞被他認為是造成癲癇發作的特定腦區。手術前，他以非常微弱的電刺激來區分腦部的運動皮質區和感覺皮質區，還和他的同事，神經學家賈斯珀一起找出了對應這些刺激的身體部位，兩人共同建立了小人圖（homunculi map），指明會受到腦部運動和感覺區所影響的特定身體部位。

加州理工學院在 1960 年代進行的研究，讓我們進一步了解腦側化（即功能專門化）的現象。大腦的左右半球在外觀上幾乎一模一樣，但執行的功能卻迥然相異。一般而言，左右腦透過胼胝體（corpus callosum）這種厚實的神經纖維束來進行溝通。1940 年代起，為了治療嚴重的癲癇，醫生會將病人胼胝體的一大部分給切斷，導致病人產生腦裂，這樣的手術方式如今已經非常罕見。生物心理學加斯佩里和他的研究生葛詹尼加以腦裂的人類和猴子為材料，獨立檢驗大腦左右半球的功能。1964 年左右，他們發現大腦左右半球都具備學習功能，但對於右半腦所學習的事物或所經歷的體驗，左半腦並無知覺，反之亦然。

根據這些研究結果推導可知，左右半腦發生特化以負責執行不同功能。左腦主要負責分析、言辭和語言處理的任務，而右半腦則是處理感官、創意、感覺和面部辨識。腦裂的發現讓斯佩里獲得 1981 年的諾貝爾獎。

每個人常被冠上是左腦思考者或右腦思考者的稱號。據說，左腦思考者是邏輯較好、實事求是的直線思考者，在乎組織和推理；右腦思考者則是感覺導向、憑直覺做事，富有創意和音樂性的人。雖然這些在雞尾酒派對上是有趣的話題，但背後並沒有令人信服的解剖或生理證據加以支持，而且多數科學家認為這是無稽之談。

據說，左腦控制具有分析性、組織性的思維，而右腦則是會對創造力產生影響。這種區分左右腦特質的說法很常見，但神經科學家通常對此抱持懷疑。

參照條目　大腦功能分區（西元1861年）；神經元學說（西元1891年）、心理分析（西元1899年）。

夸克 Quarks

默里・蓋爾曼（Murray Gell-Mann，生於西元 1929 年）
喬治・茨威格（George Zweig，生於西元 1937 年）

　　歡迎來到粒子動物園。1960 年代，理論學家發現，如果基本粒子——如質子和中子——其實並非最基本的粒子，而是由夸克這種更小的粒子所組成，這樣想有助於了解各種基本粒子之間的關係和模式。

　　夸克一共有六種類型，或說六種「風味」（flavor），分別是上、下、魅、奇、頂和底。其中只有上、下夸克是穩定的，也是宇宙中最常見的夸克。其他較重的夸克是在高能碰撞下產生的（附帶一提，還有另一類包括電子在內，稱為輕子的粒子，它們並非由夸克組成。）

　　1964 年，物理學家蓋爾曼和茨威格各自獨立提出夸克的觀念，到了 1995 年，藉由粒子加速器進行的實驗提供證據，說明六種夸克的存在。夸克帶有非整數的電荷，好比上夸克帶有 2/3 的正電荷，下夸克則是帶有 1/3 的負電荷。不帶電荷的中子由兩個下夸克和一個上夸克組成，帶有正電的質子則是由兩個上夸克和一個下夸克組成。色力（color force）這種強大的近程力將夸克緊密束縛在一起，而膠子則是負責傳遞色力的粒子。描述這些強作用力的理論稱為量子色動力學。在《芬尼根的守靈夜》（Finnegans Wake）一書中讀到「給馬斯特馬克來三個夸克」（Three quarks for Muster Mark）這無厘頭的句子之後，蓋爾曼決定稱這些粒子為夸克。

　　大霹靂發生不久後，因為溫度太高，強子（hadron，及質子和中子之類的粒子）無法生成，宇宙中充滿了夸克—膠子這樣的電漿。茱蒂・瓊斯（Judy Jones）和威廉・威爾森（William Wilson）兩位作家寫道：「夸克為我們的知識帶來一場衝擊，它們的本質有三面……一面是無法盡數的微粒、一面是構成宇宙的根本，另一方面，象徵著科學界最為野心勃勃同時又最為含糊不清的一面。」

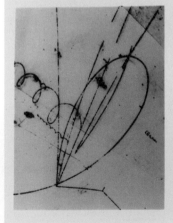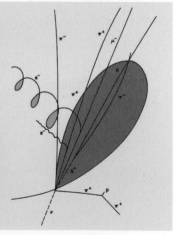

在布魯克赫文國家實驗室的氣泡室（bubble chamber）裡，科學家以左邊的粒子軌跡圖做為證據，說明帶魅重子（charmed baryon，三個夸克組成的粒子）的存在。微中子從下方進入（以右圖的虛線示之），與質子發生碰撞，產生了留下軌跡的額外粒子。

參照條目　電子（西元1897年）；中子（西元1932年）；量子電動力學（西元1948年）；標準模型（西元1961年）。

宇宙微波背景
Cosmic Microwave Background

亞諾・艾倫・彭齊亞斯（**Arno Allan Penzias**，生於西元 1933 年）
羅伯特・伍德羅・威爾遜（**Robert Woodrow Wilson**，生於西元 1936 年）

　　宇宙微波背景（簡稱CMB）是一種充斥於宇宙間的電磁輻射，是 137 億年前大霹靂發生耀眼的「爆炸」之後殘存的遺物，我們的宇宙就在其中演進。隨著宇宙的冷卻和膨脹，高能光子（如位於電磁頻譜中伽瑪射線和 X 光區段的光子）的波長增加，並偏移到低能的微波區段。

　　1948 年左右，宇宙學家加莫夫和他的同事認為，我們或許可以偵測到這種微波背景輻射。1965 年，紐澤西貝爾實驗室的兩位物理學家，彭齊亞斯和威爾遜測量到一種和熱輻射場有關，溫度約為 3K（攝氏零下 270.15 度）的神祕超量微波雜訊。他們檢查各種可能造成這種背景「雜訊」的原因，包括清理大型戶外偵測器上的鴿子大便，最後確認自己真的觀察到宇宙中最古老的輻射，並為大霹靂模型提供了證據。值得一提的是，因為來自遙遠宇宙的光子能量抵達地球需要時間，所以每當我們看向太空，同時也在看著過去。

　　1989 年發射的衛星——宇宙背景探測者（Cosmic Background Explorer）——進行了更精準的測量，測得的溫度為 2.735K（約攝氏零下 270.42 度）。透過宇宙背景探測者，研究人員還能夠測量背景輻射強度的微小波動，這些波動和星系這類宇宙結構的生成有關。

　　就科學發現而言，運氣是很重要。作家布萊森寫道：「雖然彭齊亞斯和威爾遜發現宇宙輻射之時，並未懷抱著尋找它的想望，也不知道它是什麼，也未曾在任何論文中描述或解釋它的性質，但他們摘下了 1978 年的諾貝爾獎桂冠。」將天線連接至類比電視上，確定沒有轉到任何電視頻道，然後，「你所看見的跳動雜訊中，大約有 1% 是大霹靂留下的古老遺物。下一回，當你抱怨沒有電視可看的時候，別忘了你總是還有宇宙誕生可看。」

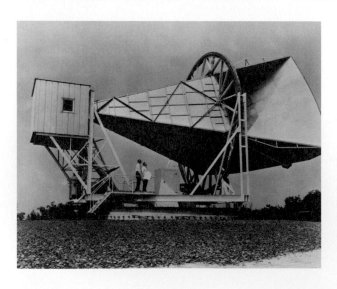

左圖為紐澤西貝爾實驗室的喇叭型反射天線，建造時間為 1959 年，是和通訊衛星相關的開創性工程。彭齊亞斯和威爾遜就是利用這項裝置發現了宇宙微波背景。

參照條目　望遠鏡（西元1608年電磁頻譜（西元1864年）；X光（西元1895年）；哈伯的宇宙擴張定律（西元1929年）；宇宙暴脹（西元1980年）。

動態隨機存取記憶體 Dynamic RAM

羅伯特・丹納德（**Robert Dennard**，生於西元 **1932** 年）

每一台電腦都需要 RAM，也就是隨機隨取記憶體（random access memory）。電腦的中央處理器（CPU）需要一個地方來儲存程式和資料，以便快速存取——也就是與 CPU 時鐘的運作同步。中央處理器每執行一個指令，都得從 RAM 中讀取指令，此外，CPU 也會將資料移入或移出 RAM。

想像你是一位 1960 年代末期的工程師，正在考慮可做為電腦記憶體的選項，此時有兩種可能：一是核心記憶體，也就是由微小鐵磁環編織而成的金屬網格，但核心記憶體的問題很多：價格昂貴，而且又大又重；第二種可能是由標準電晶體電路製成的靜態 RAM，每一個記憶體位元需要好幾個電晶體，而且，考慮到當時積體電路的發展情況，晶片上不可能放置太多記憶體。

不過，1966 年，在減少電晶體數量並添加晶片記憶格這件事上，任職於 IBM 的美國電子工程師丹納德嘗試了不同的做法。他利用電容器來儲存一個位元的資料，探究動態 RAM 這種想法的可能性。電容器充電時代表 1，放電時代表 0，表面上看來這種做法似乎很荒謬，因為電容器會漏電，如果你在電容器製成的記憶體中儲存了 1，然後什麼也不做，電容器在十分之一秒內就會漏電，忘記剛剛所儲存的 1。

不過，大大減少電晶體數量是這種方法的優勢，因此，晶片上的記憶格增加了。為了解決漏電的問題，所有的電容器必須接受週期性的讀取（如每隔幾毫秒讀取一次）及重新寫入，讓所有儲存了 1 的電容器可以重新充滿電。這就是在 1970 年首度出現的動態 RAM（DRAM），所謂「動態」代表這種方式必須透過不斷再新（refresh）來維持電容器的充電狀態。

DRAM 上的記憶格小了許多，因此價格沒有靜態 RAM 來得貴，如今所有桌上型電腦、筆記型電腦和智慧型手機使用的記憶體都是 DRAM。這是個絕佳的例子，說明為了縮減成本，工程師可以採用一開始看似荒謬的方法。

右圖為電腦用的同步動態隨機存取記憶體（SDRAM）。

參照條目　計算尺（西元1621年）；巴貝奇的機械計算機（西元1822年）；ENIAC（西元1946年）；電晶體（西元1947年）。

內共生學說 Endosymbiont Theory

康斯坦丁‧梅列施柯夫斯基（**Konstantin Mereschkowski**，西元 1855 — 1921 年）
琳‧馬古利斯（**Lynn Margulis**，西元 1938 — 2011 年）

　　內共生學說有助於我們了解演化，因為這項學說解釋了真核生物（植物、動物、真菌和原生生物）細胞中胞器的來源。共生現象可發生在各種層級的生物組織上，牽涉其中的是兩種為了彼此利益而合作，藉以獲得競爭優勢的生物，好比幫助植物授粉的昆蟲，或是幫忙動物消化食物的腸道細菌。在真核細胞中，粒線體和葉綠體都是產生能量的胞器，有了能量，細胞功能才得以發揮。粒線體是細胞發生呼吸作用的所在，粒線體利用氧氣來分解有機分子，進而形成 ATP；而植物細胞中的葉綠體——也就是光合作用進行的場所——則是藉由太陽提供的能量，以二氧化碳和水為材料來合成葡萄糖。

　　一次增加一樣胞器。根據內共生學說，含有粒線體的微小細菌，如 α - 變形菌（alpha proteobacteria），受到原始真核生物（原生生物）的細胞所吞噬。為了確保共生關係的存在，細菌（如今稱之為共生生物）貢獻了自己體內正在演化的粒線體，也就是能量工廠，而真核細胞則是提供細菌所需的保護和養分。藉由相似的過程，真核細胞吞噬了能行光合作用的藍綠菌（cyanobacterium），這些藍綠菌隨後演化成葉綠體。上述這樣的初級內共生現象中，一種生物吞噬了另一種生物，當這種初級內共生現象的產物被另一種真核生物所吞噬，便形成次級內共生現象，如此一來，整合額外胞器的基礎於焉形成，真核生物能夠存活的環境也因此擴大。

　　1905 年，俄羅斯植物學家梅列施柯夫斯基（他排斥達爾文的演化論，並積極提倡優生學）首次提出葉綠體的內共生學說，到了 1920 年，這樣的想法擴及至粒線體。直到 1967 年，受到麻州大學阿默斯特分校生物學教授馬古利斯（已故天文學家薩根的前妻）的再次提倡之後，內共生學說才受到科學界的重視。她所撰寫的論文如今被視為內共生學說的里程碑，然而這篇論文在獲得接受前，先是遭到了十五份期刊的拒絕。

左圖說明了毒蠅傘（Amanita muscaria）和樺樹的共生關係。毒蠅傘以礦物質和二氧化碳交換樺樹提供的糖和氧氣。

參照條目　達爾文的天擇說（西元1859年）；細胞呼吸（西元1937年）；光合作用（西元1947年）。

心臟移植 Heart Transplant

詹姆斯・哈迪（**James D. Hardy**，西元 1918 — 2003 年）
克里斯欽・尼斯林・巴納德（**Christiaan Neethling Barnard**，西元 1922 — 2001 年）
羅伯特・科夫勒・賈維克（**Robert Koffler Jarvik**，生於西元 1946 年）

記者蘿拉・費茲派翠克（Laura Fitzpatrick）寫道：「自信史年代開始以來，大部分時間，許多醫生認為心臟是一種不可思議的構造，是靈魂持續悸動的所在，是精密到難以干預的器官。」然而，1953年，人類發明心肺機之後，心臟移植——讓心臟受損的受贈者換上一顆來自捐贈者的健康心臟——成為一件可能的事。心肺機可以在手術過程中暫時取代心肺功能，確保病人有足夠的血氧。

1964 年，美國外科醫生哈迪執行史上第一起心臟移植手術，將黑猩猩的心臟（沒有人類心臟可用）移植到垂死病人的身上。黑猩猩的心臟在病人體內跳動，但黑猩猩的心臟太小，無法維續病人的生命，90 分鐘後，這位病人去世。世上第一起成功的人對人心臟移植手術發生在 1967 年，南非的外科醫生巴納德從一位因車禍喪命的年輕女性身上取得心臟，將之移植到患有心臟病，時年 54 歲的路易斯・瓦斯坎斯基（Louis Washkansky）身上。一天後，瓦斯坎斯基醒了過來，並且能夠開口說話。服用避免排斥外來器官組織的免疫抑制藥物導致瓦斯坎斯基罹患肺炎，他在術後一共存活了 18 天。

1972 年，環孢素（cyclosporine）這種衍生自真菌的化合物被人發現之後，器官移植手術變得越來越成功。環孢素既可以抑制器官排斥，又能讓免疫系統的重要部分維持正常功能，抵抗一般性的感染。接受心臟移植手術的病人，癒後不再渺無希望。再舉個最為極端的例子，美國的湯尼・休斯曼（Tony Huesman）在接受心臟移植後一共活了 31 年。如今，可移植的器官包括心臟、腎臟、肝臟、肺臟、胰臟和小腸。1982年，美國研究人員賈維克執行史上第一顆永久性人工心臟的移植手術。

右圖這幅作品名為〈移植、復活和現代醫學〉。充滿創意的藝術家畫了一顆從樹上生長出來的心臟，象徵受贈心臟的病人重獲新生，以及有如「奇蹟」般的現代移植手術。

參照
條目 帕雷的「理性外科」（西元1545年）；循環系統（西元1628年）；輸血（西元1829年）；人工心臟（西元1982年）。

農神五號火箭
Saturn V Rocket

讓農神五號火箭高呼一聲「工程學！」。從那龐大的體積，到強大的力量，再到由它協助完成的任務，農神五號可謂史上最驚人的火箭，締造了許多紀錄，包括約 118 噸的低地球軌道酬載容量。

根據當時的技術水準，工程師如何打造出這樣的龐然大物？構思農神五號火箭時，大多數工程師仍在使用計算尺。再者，他們是如何這般快速地打造出農神五號？1957 年，美國尚未成功地發射任何東西進入地球軌道，然而，到了 1967 年，農神五號火箭已然輕輕鬆鬆地往地球軌道飛去。

F-1 發動機是其中一項關鍵。說巧不巧，在美國太空總署成立之前的幾年，工程師已著手替一項空軍計畫開發這種發動機，這也代表，F-1 發動機在真正被需要之前，已經經過測驗並可以順利運作。F-1 發動機是史上最大的單發動機（single engine），推力高達 150 萬磅。將五具 F-1 發動機放置在火箭的第一節，一共可產生 760 萬磅的推力，這是一件好事，因為滿載的燃料加上酬載，農神五號火箭總重量約為 3000 噸。要發射農神五號，每一具發動機在三分鐘之內得燃燒將近 45 萬公斤的煤油和液態氧。

第一節一旦脫離，農神五號的重量就少了 2300 公斤，火箭的第二節和第三節靠著燃燒液態氫和液態氧將其餘酬載送上軌道。

第三節火箭的頂端有一個稱為裝置單元（Instrument Unit）的重要環形構件。裝置單元的直徑近七

公尺，高度一公尺，重量為兩噸，內含有電腦、無線電、監測儀器、雷達、電池，以及在飛行期間控制三節火箭，並與地面塔臺通訊的其他系統。當時微處理器尚未出現，因此農神五號的首腦是一臺客製化，具有三重冗餘的 IBM 迷你電腦。

工程師打造出這種可拋式的龐然大物，用它把人類送上月球，再用它把太空實驗室（Skylab）送進太空。農神五號可謂真正的工程奇蹟。

在佛羅里達州甘迺迪太空中心，阿波羅四號（太空船017 號／農神 501 號）太空任務發射升空。

參照條目　萊特兄弟的飛機（西元1903年）；人類首次進入太空（西元1961年）；人類首次登月（西元1969年）。

ARPANET 網路 ARPANET

唐諾・戴維斯（**Donald Davies**，西元 **1924 — 2000** 年）
保羅・巴蘭（**Paul Baran**，西元 **1926 — 2011** 年）
勞倫斯・羅伯茲（**Lawrence Roberts**，生於西元 **1937** 年）

1950 年代，全世界總共只有幾百臺電腦，不過，到了 1960 年代，已經有許多銷售數千臺電腦的公司存在。1965 年，迪吉多公司（Digital Equipment Corporation，DEC）推出 PDP-8，迷你電腦於焉誕生。

想要使用一臺電腦需要哪些設備？你需要一臺終端機和一條專用的通訊線路。想要使用兩臺電腦的話，你就需要兩臺終端機和兩條線路。人們開始思考透過網路將電腦連結在一起，這麼一來就能讀取多臺電腦。電子工程師打造硬體，讓聲音信號數位化之後，以數位資料的形式送出。1961 年問世的T1 線路，每秒可以傳送 150 位個位元，這樣的頻寬足以容納 24 通電話。電話線可以傳輸數位資料之後，會發生兩件事：一是透過電話線將電腦連結在一起，一是利用電腦和它們之間的連結來執行不同任務。把這一切整頓起來，網際網路就誕生了。

史上第一個類似網際網路的電腦連結發生在 1969 年，採用美國工程師巴蘭、威爾斯科學家戴維斯，以及林肯實驗室的羅伯茲所發展的想法和概念，透過 ARPANET（Advanced Research Projects Agency Network，高等研究計畫署電腦網路）網路將四臺電腦連接起來。後來，這個小型網路開始成長，到了1984 年，ARPANET 連結的電腦數量達到 1000 臺，到了 1987 年則是 10000 臺。

NCP（Network Control Program，網路控制程式）和 IMP（Interface Message Processor，介面訊息處理器）是早期網際網路所用的兩項關鍵技術。這兩項技術的結合打造出可連結所有電腦的分封交換網路（packet-switched network）。當主電腦（host computer）想要將資料傳輸給另一台電腦時，必須將資訊分解成許多小型的資料包，然後按照目的地位置將這些資料包傳送給 IMP。IMP 再和其他相連的 IMP 合作，將資料包傳送到預定的接受電腦。這兩臺電腦並不知道，也不會在乎資料包如何在網路之間傳輸。一旦抵達目的地，資料包會進行重編（reassemble）。後來，TCP/IP（Transmission Control Protocol/Internet Protocol，傳輸控制協定／網際網路協定）取代了 NCP，路由器取代了 IMP，那時，工程師所打造出來的網路，就是我們如今熟悉的網際網路。

右圖為史上第一個 IMP 的前面板。加州大學洛杉磯分校Boelter 3420 實驗室就是用它把第一個訊息發送到網路上。

參照條目　電話（西元1876年）；ENIAC（西元1946年）；電晶體（西元1947年）；全球資訊網（1990年）。

人類首次登月 First on the Moon

尼爾・阿姆斯壯（Neil A. Armstrong，西元 1930 — 2012 年）
愛德恩・奧德林（Edwin G. "Buzz" Aldrin，生於西元 1930 年）
麥可・柯林斯（Michael A. Collins，生於西元 1930 年）

　　加加林成為第一位進入太空的人類之後，美國和蘇聯之間的競賽焦點迅速轉移到下一個重大的里程碑：讓太空人登陸月球，並讓他們安全返回地球。為了完成登陸月球及成功返航的目的，蘇聯的東方計畫重新調整，採用更大的火箭和登陸系統。美國面臨的挑戰則是在太空競賽中打敗蘇聯，並完成遇刺身亡的甘迺迪總統在 1961 年許下的目標：「在接下來的十年內把人類送上月球。」

　　1961 至 1969 年間，美國進行了一系列越來越先進的任務，先是水星計畫的單太空人飛行，後是雙子星計畫的雙人地球軌道對接和會合飛行，最後是三人飛往月球的阿波羅任務。1968 年，阿波羅八號完成一項重要的空前任務：首次將人類送上月球軌道，在月球軌道上眺望整個地球，人類也第一次看見了月球背面。1969 年初，阿波羅十號重複完成同樣的壯舉，這次任務如同是登陸月球的完整預演，並在返航前將太空人送到距離月球表面 16 公里以內的地方。與此同時，俄國人繼續秘密進行他們的月球太空人計畫，1969 年幾次重大的無人載具發射失敗事件，使他們的計畫進度大幅落後，然而，這也為美國打開了勝利的大門。

　　1969 年 7 月 20 日，美國迎來了這場勝利，全世界看著阿姆斯壯和奧德林成為首次登陸月球的人類，並在月球上行走、工作。阿姆斯壯和奧德林著陸的地方是靜海衝擊盆地（樣本定年結果顯示其歷史有 36 至 39 億年之久）上古老的火山熔岩流，他們花了兩個半小時的時間採集樣本和探勘地形。24 小時之內，他們重新升空，在月球軌道和指揮艙駕駛員柯林斯會合，展開為期三天的返航航程，以世界英雄之姿回到地球。

上圖：奧德林在月球細緻的粉末狀土壤上留下鞋印；
下圖：阿波羅 11 號的太空人奧德林卸下老鷹號登月小艇上的科學設備，地點在靜海，照片由阿姆斯壯所拍攝。

參照條目　萊特兄弟的飛機（西元 1903 年）；人類首次進入太空（西元 1961 年）；農神五號火箭（西元 1967 年）。

遺傳工程 Genetic Engineering

保羅・伯格（**Paul Berg**，生於西元 1926 年）

　　說到工程，我們通常會想到打造出一個新物體的畫面：新的建築物、新的裝置、新的機械。遺傳工程不同於此，遺傳工程旨在修補一個既有的複雜系統，而且是我們尚未完全了解的系統，即基因組（genome）。遺傳工程將新的基因加入基因組中，創造出新的反應。

　　遺傳工程的前身是選拔育種。育種者選育想要的特徵。透過選拔育種，這世上才有了各種品種的狗。

　　不過，遺傳工程不是這樣。1972 年，美國生化學家伯格創造出第一個重組的 DNA 分子，開創遺傳工程的先河。遺傳工程師以自然界絕對不可能發生的方式，將新的基因注入基因組中，好比伯格就是結合了兩種病毒的 DNA。其他更為近代的遺傳工程應用包括將水母身上會發出綠色螢光蛋白質的基因加入魚或小鼠的體內，打造出螢光鼠這樣的生物；把對殺草劑免疫的植物基因添加至大豆的基因組，這麼一來，殺草劑就無法影響大豆的生存。

　　再最舉一個最為奇特的例子：遺傳工程師把蜘蛛體內負責產絲的基因加入到山羊體內，導致山羊乳中出現蜘蛛絲所含的蛋白質，這麼做的目的是從山羊乳中萃取出蜘蛛絲蛋白質，用以打造超級強韌，並具備高度彈性的材料。

　　要將一個生物的基因注入另一個生物體內，有許多種不同方式可用，基因槍是一種廣受歡迎的工具。這項技術很簡單，令人驚訝的是它真的有用。將準備添加至其他生物體內的基因以液體的形式加入至微小鎢或金粒子中，基因槍像散彈槍一樣將這些粒子射出至充滿目標細胞的培養皿上。一些遭到射穿但並未死亡的細胞，就可獲得新基因。

　　將一個生物的基因注入另一個生物體內，遺傳工程師得以藉此創造出新生物。透過大腸桿菌來產生人類所需的胰島素，就是遺傳工程最有益的一個例子，1980 年由遺傳工程所開發的胰島素，如今已受到數百萬人的使用。

右圖螢光魚是史上第一種作為寵物用的基改生物（genetically modified organism，GMO），2003 年 12 月於美國首次銷售。

參照條目 孟德爾的遺傳學（西元1865年）；染色體遺傳學說（西元1902年）；海拉細胞（西元1951年）；DNA結構（西元1953年）；表觀遺傳學（西元1983年）。

費根堡常數 Feigenbaum Constant

米切爾·傑伊·費根堡（**Mitchell Jay Feigenbaum**，生於西元 1944 年）

　　描述一種現象的特徵時，如動物族群的消長或某些電子電路的反應，簡單的公式也能產生驚人的多樣性和混沌行為。單峰映射（logistic map）是其中一個特別有趣的公式，這是個模擬族群成長的公式，1976 年，生物學家羅伯特·梅（Robert May）根據比利時數學家皮埃爾·弗朗索瓦·韋呂勒（Pierre Francois Verhulst，西元 1804 — 1849 年）早期研究族群變化模型的結果，向世人推廣這個公式。這個公式可以寫成 $x_{n+1} = r x_n (1 - x_n)$，x 代表在時間點 n 的族群。x 的定義和生態系中的族群最大值有相對關係，因此數值會介於 0 和 1 之間。族群成長和飢餓的速率受到 r 值的控制，族群會經歷許多變化。舉例來說，當 r 值增加，族群可聚合成單一數值，或者產生分枝（bifurcate），在兩個數值之間擺盪，進而在四個、八個數值間擺盪，最後成為渾沌狀態，初始族群只要稍有變化，就會產生非常不同，又無法預測的結果。

　　連續兩個分枝點之間的距離比率會趨近費根堡常數，即 4.6692016091……，這是美國數學家費根堡在 1975 年發現的數字。說來有趣，雖然費根堡一開始認為這個常數適用於單峰映射這類的映射，但他也發現這個常數可應用於所有這類的一維映射上。這表示許多混沌系統會以相同的速率分枝，因此可以用費根堡常數來預測系統中何時會出現混沌。目前已發現許多物理系統在進入混沌狀態前，都會出現這種分枝的行為。

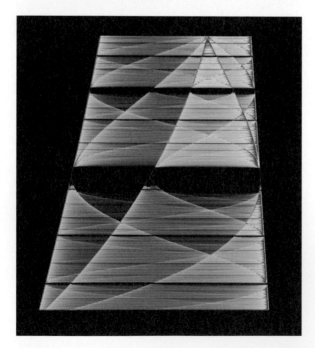

　　費根堡很快意識到他發現了一個重要的「普適常數」（universal constant），並說道：「那天傍晚，我打電話告訴雙親我發現了一件非常重要的事，一旦了解了它，我就出名了。」

左圖是一幅順時鐘旋轉了 90 度的分枝圖，出自史蒂文·惠特尼（Steven Whitney）之手。說明只有 r 這個變化參數的簡單公式，也能展現不可思議的豐富變化。分枝圖中的節點可視為混沌狀態中輕薄短小的分枝曲線。

參照條目　細胞自動機（西元1952年）；混沌和蝴蝶效應（西元1963年）；碎形（西元1975年）。

碎形 Fractals

本華・曼德博（Benoît B. Mandelbrot，西元 1924 — 2010 年）

電腦產生的碎形圖案如今已隨處可見。從電腦藝術海報上的彎曲圖樣，到最為嚴謹的物理期刊所使用的插圖，科學家對碎形越來越感興趣，此外，令人頗為吃驚的是，就連藝術家和設計師也對碎形興致勃勃。數學家曼德博在 1975 年創造了「碎形」一詞，用以描述看來複雜的各種曲線集合，在能夠快速執行大量計算的電腦問世之後，出現了許多前所未見的碎形。碎形通常具備自相似性（self-similarity），也就是在原本的圖案中可發現規模較小，但與原圖案完全一樣或相似的副本，而且，在不同放大倍率下，這樣的細節會繼續下去，彷彿永無止盡的俄羅斯套娃。有些碎形只存在於抽象的幾何空間中，其他碎形則可以模擬自然界中的複雜物體，如海岸線和血管分枝情形。由於電腦產生的炫目碎形圖案如此迷人，在上個世紀裡，相較於其他數學發現，碎形最能激起學生對數學的興趣。

物理學家之所以對碎形有興趣是因為，有時候，利用碎形可以描述真實現象中的混沌行為，如行星運動、流體流動、藥物的擴散、跨產業的關係，以及機翼的振動（混沌行為通常會產生碎形圖案）。傳統上，當物理學家或數學家看見複雜的結果，通常會尋找造成這種結果的複雜成因。相反地，許多展現出極複雜變化的碎形，卻是源自於最簡單的公式。

研究碎形的早期學者包括：卡爾・維爾史懆斯（Karl Weierstrass），他在 1872 年提出在每一點都連續但無法加以微分的函數，以及在 1904 年對科赫雪花（Koch snowflake）這種幾何圖形進行討論的海格・馮・科赫（Helge von Koch）。在 19 世紀及 20 世紀初，有幾位數學家探討了複數平面上的碎形，然而，少了電腦的幫助，他們無法完全體會或目睹這些圖案。

右圖為出自列斯之手的碎形。碎形通常具備自相似性，意即在圖案中，各種結構主題會以不同尺度規模重複出現。

參照條目　笛卡兒的《幾何學》（西元1637年）；帕斯卡三角形（西元1654年）；混沌和蝴蝶效應（西元1963年）。

公鑰密碼學 Public-Key Cryptography

羅納德‧洛林‧李維斯特（Ronald Lorin Rivest，生於西元 1947 年）
阿迪‧夏米爾（Adi Shamir，生於西元 1952 年）
倫納德‧邁斯‧艾得曼（Leonard Max Adleman，生於西元 1945 年）
貝利‧惠特菲爾德‧迪菲（Bailey Whitfield Diffie，生於西元 1944 年）
馬丁‧愛德華‧赫爾曼（Martin Edward Hellman，生於西元 1945 年）
瑞夫‧墨克（Ralph C. Merkle，生於西元 1952 年）

　　一直以來，密碼學家總想發明一種傳送加密訊息的方法，可以擺脫那厚重累贅，羅列著加密、解密密鑰，且一旦落入敵人手中便使得密碼輕易遭受破解的密碼書。以德軍為例，在 1914 至 1918 年間，他們就有四本密碼書落入英國情報人員手裡。英國負責破解密碼的單位，也就是所謂的「40 號房」（Room Forty）破解了德軍的通訊內容，讓協約國在第一次世界大戰中取得重要的戰略優勢。

　　為了解決密鑰管理的問題，1976 年，加州史丹佛大學的迪菲、赫爾曼和墨克共同研究公鑰密碼，這是一種利用一對密鑰——公鑰加上私鑰——來傳送加密訊息的數學方法。私鑰保持秘密狀態，而值得注意的是，就算公鑰廣為流傳也不會有任何安全疑慮。這些密鑰有數學上的相關性，不過，無論使用任何實際的方法，都無法從公鑰中衍生出私鑰。唯有相對應的私鑰才能解開和公鑰一起加密的訊息。

　　為了進一步了解公鑰加密的方式，讓我們想像住家門前的郵箱，街上任何一個人都能朝郵箱裡塞東西，公鑰就像這戶人家的地址。然而，唯有擁有住家鑰匙的人才能收下這些郵件，閱讀其中內容。

　　1977 年，麻省理工學院的科學家李維斯特、夏米爾和艾得曼認為，可以利用數字極大的質數來保護訊息。對電腦而言，計算兩個大質數的乘積很簡單，但是反過來，要從乘積推找出原本相乘的是哪兩個大質數，那就很困難了。值得一提的是，早期的電腦科學家就已經為英國情報單位開發了公鑰加密的方法，然而，因為國家安全的考量，這項研究工作被視為機密。

在現代密碼學的時代來臨之前，訊息的加密和解密工作由恩尼格瑪密碼機進行。納粹用來產生密件的恩尼格瑪密碼機有幾個弱點，比方說，如果密碼書落到敵人手中，訊息的內容就無法保密。

參照
條目　埃氏質數篩選法（約西元前240年）；證明質數定理（西元1896年）；ENIAC（西元1946年）。

心智理論 Theory of Mind

大衛・普雷馬克（**David Premack**，西元 **1925 — 2015** 年）

想像他人的感覺或想法，而後做出適當回應，是人際發展中最重要的技能之一。現代發展科學以嬰兒、孩童、黑猩猩，甚至是嚙齒類動物為對象，密切地研究這種能力已有大約三十年的時間。

發展心理學家稱這種能力為「心智理論」（簡稱 ToM），世界上有好幾個主要宗教奉心智理論為圭臬，不過，在心理學的領域，有關心智理論最早期的一項完整描述，由普雷馬克和蓋伊・伍德拉夫（Guy Woodruff）在 1978 年提出。正規而言，心智理論指的是兒童能夠了解其他人也有想法、信仰、目標和情緒。沒有心智理論，兒童無從意識到社交線索或他人意圖，通常，這樣的孩子是患有自閉症的。

正常的兒童在四至五歲左右時，心智理論通常已經發展完整。科學家在七至九個月大的嬰兒身上發現心智理論發展的關鍵前兆，這時候的嬰兒已經知道透過一些簡單的動作，如用手指著某項東西，或是伸手去拿某項東西就可以引導別人的注意力。到了即將屆滿一歲之際，嬰兒開始了解到，人都是有意圖的。不過，一直要到四至五歲，兒童才真正了解他人的感受或思維，與他人的行為之間是有關連的。

神經科學家利用腦成像技術證明了，前額葉皮質就是在這個年紀快速成熟。對於患有自閉症的兒童來說，那就不是這麼回事了，不過，有些人為介入的方式可以改善自閉症兒童的腦部反應。

在展現同理心和關懷別人這樣的行為上，心智理論扮演著相當關鍵的角色。具備這樣的能力，我們才有可能勝任社會生活。研究心智理論，大幅地提升了我們對兒童人際關係、情緒和認知發展的了解。心智理論同時提升我們對鏡像神經元（mirror neuron）的接受程度。

到了四、五歲的年紀，正常的兒童已經知道一個人的行為和他的感受及想法有關，這是發展出同理心和社會能力的關鍵步驟。

參照條目 心理學原理（西元1890年）；心理分析（西元1899年）；古典制約（西元1903年）；安慰劑效應（西元1955年）；認知行為治療（西元1963年）。

重力透鏡
Gravitational Lensing

　　物理學家愛因斯坦在 20 世紀初提出的廣義相對論，其中一項最重要的特徵就是：在質量極大的物體附近，時間和空間都會彎曲。時空彎曲這樣的想法，致使愛因斯坦和其他科學家預測——遙遠天體發出的光線，在經過巨大前景物體的重力場時會有所彎曲。1919 年，英國天文物理學家亞瑟・斯坦利・愛丁頓（Arthur Stanley Eddington）證實了這項預測，他注意到在日食期間，太陽附近的恆星會稍微偏離原本的位置。1930 年代，愛因斯坦持續研究這項效應，愛因斯坦和其他人——包括瑞士裔美籍天文學家茲威基——推測，質量更大的物體——如星系和星團——作用幾乎就像透鏡一樣，會使遙遠物體發出的光產生彎曲和放大。

　　天文學家花了好幾十年的時間，才觀察到這種重力透鏡現象的證據。相關首例發生在 1979 年，亞利桑那州基特峰國家天文臺（Kitt Peak National Observatory）的天文學家似乎發現了雙類星體（twin quasar，即兩個非常靠近的活躍星系核）。事實證明，這兩個類星體其實是同一個天體，其所發出的光受到前景星系的強重力場作用所彎曲，並分裂為兩個部分。

　　自此之後，科學家發現更多重力透鏡的相關例證，這樣的效應似乎以三種方式發生：形成明顯多個或部分影像（通常是弧形）的強重力透鏡作用；在大範圍區域中，造成恆星或星系位置稍有微偏移的弱重力透鏡作用；還有微重力透鏡事件，即任一顆遙遠恆星（甚或是行星）因為受到大質量前景物體——如另一顆恆星或另一個星系——的重力透鏡作用而暫時變亮。

　　一開始，重力透鏡是在偶然的狀況下被科學家發現並加以研究，然而，最近有許多天文研究一直刻意地搜尋重力透鏡事件，目的是獲得和遙遠星系性質有關，在沒有透鏡放大作用時無法看見的獨特測量數值，並藉由透鏡作用了解這些星系和星系團本身的性質。

左圖為哈伯太空望遠鏡於 1999 年所拍攝的照片，畫面中的細薄弧線就是受到 Abell 2218 星系團中受到重力透鏡作用的星系。遙遠星系發出的光線，因為受到大質量前景星系的重力透鏡作用而彎曲，形成有如被抹開的光環，就是所謂的愛因斯坦環（Einstein ring）。

參照條目　牛頓的運動定律和萬有引力定律（西元1687年）；黑洞（西元1783年）；廣義相對論（西元1915年）。

宇宙暴脹 Cosmic Inflation

阿蘭・哈維・古斯（**Alan Harvey Guth**，生於西元 1947 年）

根據大霹靂理論，137 億年前，我們的宇宙處於極端緻密且高溫的狀態，自那之後，空間開始不斷擴張。然而，大霹靂理論並不完備，因為它無法解釋幾項我們經由觀測所知道的宇宙特質。1980 年，物理學家古斯提出，大霹靂發生之後的 10^{-35} 秒，宇宙開始擴張（或稱暴脹），僅僅花了 10^{-32} 秒的時間，原本比一顆質子還小的宇宙變成了一顆葡萄的大小，體積增加了 50 個數量級。如今，即便可觀測宇宙中較為遙遠的部分相隔如此之遠，遠到我們認為它們在過去似乎並未相連，但我們所觀測到的宇宙背景輻射溫度是相對恆定的，這時只有採用引宇宙暴脹的觀念才能解釋這些區域一開始是如何互相接近（並達到相同的溫度），然後以大於光速的速度分開。

此外，整體而言，宇宙似乎是「平坦」的這件事——即除了靠近具有高重力場的物體而產生偏移以外，平行的光線何以保持平行？——也可以用宇宙暴脹的觀念來加以解釋：在早期的宇宙中，任何的彎曲都會因為宇宙暴脹而變得光滑，就像你拉伸球的表面，直至球的表面變平為止。大霹靂發生之後的 10－30 秒，暴脹停止，宇宙以用較為緩和的速度繼續擴張。

微觀尺度下，暴脹界域中的量子波動（quantum fluctuation）放大至宇宙尺度，成為構成宇宙中較大型結構的種子。科學作家喬治・穆瑟（George Musser）寫道：「暴脹的過程始終讓宇宙學家驚奇不已。這項理論暗指像星系這樣巨大的天體，其實是源自於極其微小的隨機波動。望遠鏡成了顯微鏡，讓物理學家看向天空尋找自然界的根源。」古斯提道，暴脹理論讓我們得以「思考一些令人著迷的問題，好比遙遠的地方是否持續有大霹靂正在發生？以及，基本上，一種超級先進的文明是否具備讓大霹靂重新再現的能力？」

右圖為威爾金森微波各向異性探測器（Wilkinson Microwave Anisotropy Probe，WMAP）所產的圖像，可以看出在 130 多億年前的早期宇宙，宇宙背景輻射的分布相對均勻。根據宇宙暴脹理論，圖中不規則的地方就是星系的種子。

參照條目 宇宙微波背景（西元1965年）；哈伯的宇宙擴張定律（西元1929年）；平行宇宙（西元1956年）；暗能量（西元1998年）。

量子電腦 Quantum Computers

理察‧菲利浦斯‧費曼（Richard Phillips Feynman，西元 1918 — 1988 年）
戴維‧伊萊薩‧多伊奇（David Elieser Deutsch，西元 1953 年）

　　首批認為量子電腦有其可能性的科學家之中，包括了費曼在內，1981 年，費曼思考著一個問題：小型電腦究竟可以多小？他知道，當電腦終於小到原子尺度的時候，量子力學中那些奇特的定律就得派上用場了。1985 年，物理學家多伊奇想像這樣一臺電腦實際上會如何運作，他意識到那些傳統電腦永遠也算不完的運算，在量子電腦上可以快速完成。

　　量子電腦使用量子位元（qubit），而非電腦慣常所用，以 0 或 1 來表示資訊的二進位碼。量子位元可以同時代表 0 和 1，是由粒子的量子態——好比個別電子的自旋態——所形成。量子態的疊加可以使量子電腦有效地在同時間測試量子位元各種可能的組合方式。1000 個量子位元的系統可以在眨眼間測試 2^{1000} 個可能的解，效能遠超過傳統的電腦。2^{1000}（將近 10^{301}）究竟是多少？為了讓各位有個概念，整個可觀測宇宙中的原子大約是 10^{80} 個。

　　物理學家麥可‧尼爾斯（Michael Nielsen）和艾薩克‧常（Isaac Chuang）曾寫道：「人們很容易將量子電腦視為電腦演進過程中另一種會隨著時間退去的科技潮流……這麼想是錯的，因為資訊處理而言，量子電腦雖是個抽象的範例，但在技術上有許多不同的執行方式。」

　　當然，要打造一臺實際可用的量子電腦還要面臨許多挑戰。電腦周圍環境中最輕微的交互作用或雜訊都會干擾電腦的運作。「量子工程師……首先得把資訊輸入系統中，」作家布萊恩‧克列格（Brian Clegg）寫道，「接著啟動電腦運作，最後，得到結果。這些階段都很重要……這就像雙手遭到反綁的時候，還得在黑暗中想辦法完成一幅複雜的拼圖。」

2009 年，美國國家標準暨技術研究院的物理學家利用右圖左中的離子阱（ion trap）證實了量子電腦能夠可靠地處理資訊。黑色的狹縫會將離子困在其中，只要改變施加在黃金電極上的電壓，科學家可以讓離子在離子阱的六個區域中移動。

參照條目　互補原理（西元1927年）；EPR悖論（西元1935年）；平行宇宙（西元1956年）；積體電路（西元1958年）。

人工心臟 Artificial Heart

羅伯特・賈維克（Robert Jarvik，生於西元 1946 年）

健康的人，終其一生心臟不會停止跳動，在七、八十年的跳動期間，心臟至少抽送 1900 萬公升的血液。不過，要是出了問題得要換掉心臟的時候，可供換心手術使用的心臟數量不足會是個大麻煩。因此，工程師開始試著設計、打造機械式的人工心臟。然而，人體內這顆天然的唧筒實在難以複製。

要讓人工心臟得以運作，醫生和工程師得解決四個問題：一、找到一種具備正確化學性質的材料，以免引起病人的免疫反應或體內凝血；二、找出一種不會傷害血球細胞的抽送機制；三、想出驅動人工心臟運作的方式；四、人工心臟體積得要小到可以放入胸腔。

1982 年，美國科學家賈維克所率領的團隊設計出賈維克七號心臟（Jarvik-7 heart），這是史上第一個能夠滿足上述要求的可靠裝置。這顆人工心臟像人體心臟一樣有兩個心室，它所使用的材料可以避免人體產生排斥反應，且其結構平滑無縫的程度足以避免凝血作用發生。賈維克七號心臟的抽送機制是在兩個心室中使用氣球般的隔膜，隔膜膨脹時會將血液推進單向的瓣膜中，而不會傷害血球細胞。利用位於體外的空氣壓縮機，以穿過腹腔壁的管路將空氣脈衝送往人工心臟，是這項裝置唯一的妥協之處。這顆人工心臟的基本設計是成功的，且之後改良成 Syncardia 人工心臟，因此受惠的病人超過 1000 位，其中一位病人在接受心臟移植手術之前，依賴人工心臟存活了將近四年的時間。Abiocor 心臟則是採用了另一種方法，將電池和感應式充電系統完全植入病人體內，這種人工心臟也有隔膜，不過隔膜中充滿的是液體而非氣體，液體的流動則是依賴嵌在人工心臟內的小型電動馬達。

以上所談的是兩種不同的工程設計：一種是將人工心臟完全植入體內，不過萬一要是出問題，病人可能會沒命；另一種則是將人工心臟這個系統的一大部分留在體外，方便檢查和維修，不過病人身上得帶著由體外穿入體內的管子。

右圖為 SynCardia 公司出產的臨時性全人工心臟（SynCardia temporary Total Artificial Heart），這是史上第一顆，也是唯一一顆經過美國食品藥物管理局及加拿大衛生部核准的人工心臟，同時也具備歐洲合格認證，可以在歐洲使用。

參照條目　循環系統（西元1628年）；輸血（西元1829年）；心臟移植（西元1967年）。

表觀遺傳學 Epigenetics

伯特・沃格斯坦（**Bert Vogelstein**，生於西元 1949 年）

　　就像鋼琴家按照樂譜詮釋音符，控制音量和節奏一樣，表觀遺傳學會影響細胞中 DNA 遺傳序列被詮釋的方式。通常，表觀遺傳學研究的是細胞中 DNA 序列不會改變的遺傳特徵。

　　在 DNA 分子的其中一個鹼基上加入甲基（methyl group，一個碳圍子加上三個氫原子），是一種控制 DNA 表現的方式，這個受到「標記」的 DNA 區段活性會下降，進而有可能抑制特定蛋白質的產生。讓組蛋白（histone protein）和 DNA 分子結合，也會影響基因的表現。

　　1980 年代，瑞典研究人員拉斯・歐洛夫・畢格林（Lars Olov Bygren）發現，瑞典北博滕省（Norrbotten）的男孩如果在一季的時間從正常飲食變成暴飲暴食，那麼，他們的兒孫壽命會短上許多。有一項假說認為，這就是表觀遺傳發揮作用的象徵。其他研究認為，壓力、飲食、抽菸和親代營養等環境因素會在我們的基因上留下可以遺傳給後代的印痕。根據這樣的說法，祖父母所呼吸的空氣，以及他們所吃的食物，會在幾十年後對孫子的健康產生影響。

　　1983 年，美國醫學研究人員沃格斯坦和安德魯・芬伯格（Andrew P. Feinberg）首次記錄到透過表觀遺傳機制而產生的人類疾病。特別的是，他們在大腸直腸癌細胞中發現許多沒有甲基化的 DNA。甲基化的基因通常是被關閉的，缺乏甲基化會導致癌細胞的基因異常活化。此外，過度甲基化會破壞腫瘤抑制基因的保護作用。目前醫學界正在開發會影響表觀遺傳標記的藥物，使壞的基因靜默（silence），使好的基因活化。

　　表觀遺傳學的基本概念其實並不是什麼新穎的想法。畢竟，腦細胞和肝細胞擁有相同的 DNA 序列，但是藉由表觀遺傳的影響，DNA 序列中不同的基因受到活化。透過表觀遺傳學也可以解釋為什一對同卵雙胞胎的其中一人患有氣喘或躁鬱症（bipolar disorder），而另一人卻擁有健康的身心。

在大腸直腸癌（如右圖所示的息肉）的細胞中，DNA 有缺乏甲基化的現象。甲基化的基因通常是被關閉的，缺乏甲基會導致和癌症有關的基因異常活化。

參照條目　癌症病因（西元1761年）；染色體遺傳學說（西元1902年）；DNA結構（西元1953年）；人類基因組計畫（西元2003年）；基因療法（西元2016年）。

西元 1983 年

聚合酶鏈鎖反應
Polymerase Chain Reaction

凱利·班克斯·穆利斯（**Kary Banks Mullis**，生於西元 **1944** 年）

1983 年，行駛在加州的高速公路上時，生化學家穆利斯想到了一個方法，可以在數小時將 DNA 雙股結構上細微的遺傳材料複製數十億倍，往後，這個方法在醫學界獲得了無數應用。雖然，穆利斯想出來的聚合酶鏈鎖反應（簡稱 PCR）後來發展成價值數十億美元的產業，但他只從老闆那兒得到了一萬美元的獎金。十年後，穆利斯獲得諾貝爾獎，這對他而言或許足堪慰藉。

為了要研究一段特定的 DNA 遺傳序列，科學家通常需要一定數量的 DNA 片段。然而，透過這項開創性的 PCR 技術，初始溶液中只需要有單一條 DNA 分子就可以開始，再透過 Taq 聚合酶這種在溶液受到加熱的狀況下也能保持完整功能 DNA 複製酶幫忙（Taq 聚合酶一開始是從在美國黃石國家公園一處溫泉裡繁旺生長的細菌中分離出來的）。反應溶液中還要再加入引子（primer）——引子是一段短的 DNA，可與有待研究之樣本 DNA 的頭尾兩端結合。重複加熱和冷卻的過程，聚合酶開始快速地複製出越來越多介於引子之間的 DNA 樣本。依據複製的需要，熱循環過程中，DNA 雙股分子重複地分離、黏合。利用 PCR 技術，我們可以偵測食物中的病原菌、診斷遺傳疾病、評估愛滋病患者體內 HIV 病毒的濃度、鑑定血緣關係、根據犯罪現場留下的微量 DNA 來找出凶手，以及研究化石中的 DNA。對於人類基因體計畫的推進，PCR 占有是重要地位。

醫學記者塔比莎·波利奇（Tabitha Powlege）寫道，「PCR 之於遺傳材料，就像印刷術之於書寫載體——使複製變得簡單、便宜而方便。」《紐約時報》稱穆利斯的發明「將生物學界劃分為前 PCR 時代及 PCR 時代。」

右圖為保存在瀝青中，有 14000 年歷史的劍齒虎化石，其中所含的 DNA，可透過 PCR 技術加以放大。像這樣的研究可幫助科學家將現存的各種貓科動物與已滅絕的動物做比較，以便進一步了解貓科動物的演化。

參照條目　染色體遺傳學說（西元1902年）；DNA結構（西元1953年）。

端粒酶 Telomerase

伊莉莎白‧海倫‧布雷克本（Elizabeth Helen Blackburn，生於西元 1948 年）
卡羅琳‧維德尼‧卡蘿‧格萊德（Carolyn Widney "Carol" Greider，生於西元 1961 年）

　　細胞中的染色體是由一條很長的 DNA 分子纏繞著蛋白質骨架而成。每一條染色體的末端都有一種特殊的保護性構造，稱為端粒（telomere），其中包含了 TTAGGG 這樣的序列。細胞分裂時，雖然 DNA 複製酶未必能完整複製 DNA 直至其末端，但端粒的存在可以彌補這樣的潛在缺失，因為 DNA 分子最後的序列全都只是 TTAGGG，重複次數可能超過 1000 次。然而，細胞分裂如同一種耗損的過程，每分裂一次，端粒就少了一點，當端粒變得太短時，這些「衰老」細胞中的染色體無法再被複製。在培養皿中，許多體細胞約經歷 50 次細胞分裂之後，進會進入無法繼續分裂的衰老期。

　　1984 年，生物學家格萊德和布雷克本在研究四膜蟲（Tetrahymena）這種微小的原生動物時，發現了端粒酶。這種含有 RNA 的酶可以彌補染色體耗損的問題，將 TTAGGG 這樣的序列添加到染色體末端，使端粒延長。在大多數體細胞（非生殖細胞）中，端粒酶的活性極低，但在胎兒細胞、成人生殖細胞（產生精子和卵子的細胞）、免疫系統細胞和腫瘤細胞中，這些需要規律分裂的細胞中，端粒酶則很活躍。這些發現意味著，端粒酶的活性與老化及癌症有關。於是，許多實驗開始進行，目的在看看提升端粒酶的活性，是否可以延長壽命（使細胞不死）；鈍化端粒酶的活性，使否可以抑制癌症（使不斷分裂的永生細胞走向死亡）。人類有幾種早衰疾病和染色體的端粒很短有關，而且，大多數人類腫瘤細胞的端粒酶都是活化狀態。值得一提的是，四膜蟲是生活在淡水的單細胞生物，因為具有活化的端粒酶，因此四膜蟲可以不斷地分裂，換句話說，四膜蟲是永生不死的。

　　格萊德和布雷克本寫道，「1980 年代初期，研究四膜蟲維持染色體不被耗損的科學家，根本沒想到可以從中找出可能的抗癌療法……探索自然的過程中，我們永遠無法預知會在何時何地揭開基礎原理的面貌。」

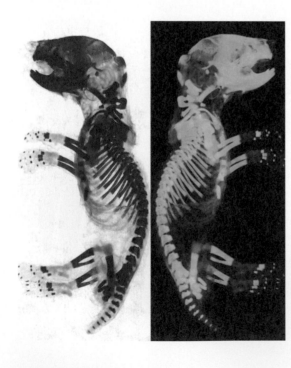

透過遺傳工程使其體內缺乏端粒酶的小鼠會產生早衰現象，但接受端粒酶補給之後，小鼠便恢復健康。透過某些特殊品種的小鼠，研究人員得以研究骨骼和軟骨的發育及退化過程。

參照條目　癌症病因（西元1761年）；細胞分裂（西元1855年）；染色體遺傳學說（西元1902年）；海拉細胞（西元1951年）；DNA結構（西元1953年）。

萬有理論 Theory of Everything

麥可・波里斯・葛林（**Michael Boris Green**，生於西元 1946 年）
約翰・亨利・席瓦茲（**John Henry Schwarz**，生於西元 1941 年）

　　物理學家利昂・萊德曼（Leon Lederman）寫道，「我的雄心壯志就是在有生之年看見所有的物理現象全都簡化成一條簡單、優美到可以輕易印在 T 恤正面的方程式，」；物理學家布萊恩・格林（Brian Greene）則寫道：「物理史首次出現了一個能夠解釋宇宙各種基礎現象的架構，包括宇宙如何產生、基本粒子的特性，以及粒子發生交互作用並彼此影響時，所產生的作用力有何性質。」

　　就概念而言，萬有理論（簡稱 TOE）將自然界四種基礎作用力整合在一起，這些作用力的強度由大到小依序是：一、強核力（strong nuclear force），也就是束縛原子核和原子的力，讓夸克結合成基本粒子，並使恆星發光；二、電磁力（electromagnetic force），電核之間與磁鐵之間的力；三、弱核力（weak nuclear force），支配元素產生放射性衰變的力；四、重力，讓地球繞著太陽公轉的作用力。1967 年左右，物理學家發現電磁力和弱作用力可以結合成電弱力（electroweak force）。

　　雖然仍有爭議存在，但假設宇宙有十個空間維度和一個時間維度的 M 理論（M-theory），有可能成為萬有理論。提出宇宙有額外空間維度的想法，也有助於解決級列問題（hierarchy problem），即相較於其他作用力，重力何以如此微弱？其中一個答案是，重力會洩漏到一般三維空間以外的其他空間維度。如果人類真的找出了萬有理論，用一條簡短的方程式統整四種作用力，如此一來便能幫助物理學家判斷時光機的可行性、了解黑洞的中心發生了什麼事，而且，如天文物理學家霍金所說，萬有理論能讓我們擁有「讀懂上帝心思」的能力。

　　在這裡，我們將萬有理論的年代獨斷地訂在 1984 年是因為，物理學家葛林和席瓦茲提出的超弦理論在這一年有了重大突破。M 理論是弦論的延伸，於 1990 年代開始發展。

粒子加速器可以提供提供有關次原子粒子的資訊，幫助物理學家發展萬有理論。右圖為布魯克赫文國家實驗室曾使用的柯克勞夫—沃耳吞加速器（Cockroft-Walton generator），在將質子注入線性加速器和同步加速器之前，用它來為質子提供初始加速度。

參照條目　馬克士威方程組（西元1861年）；弦論（西元1919年）；標準模型（西元1961年）；量子電動力學（西元1948年）。

粒線體夏娃 Mitochondrial Eve

艾倫·威爾森（**Allan Wilson**，西元 1934 — 1991 年）
蕾貝卡·卡恩（**Rebecca L. Cann**，生於西元 1951 年）
馬克·史東金（**Mark Stoneking** 生於西元 1956 年）

1987 年，著名的《自然》期刊上登出一份科學論文，指出「所有粒線體的 DNA 都來自一位女性」，而這位女性生活在 20 萬年前左右的非洲。為著許多原因，這篇出自加州大學柏克萊分校的卡恩、史東金和他們的指導教授威爾森之手的論文，引起科學界廣泛的興趣和爭議，而且這樣的狀況延續至今。

他們將分析所用的樣本稱為粒線體 DNA，媒體卻稱之為「粒線體夏娃」（mitochondrial Eve），這稱呼雖然好記多了，但也是一種曲解。所謂的「夏娃」並非真是指 20 萬年前生活在非洲的某一位女性，也不是創世紀中所指的夏娃。此外，根據聖經字義，人類的歷史只有數千年，並非 20 萬年。再者，許多演化生物學家相信，人類約是同時間在地球不同區域各自演化，而非如「遠離非洲」（out of Africa）理論所言：解剖學意義上的現代人起源於非洲，然後逐漸遷徙到世界各地。

卡恩和她的同事分析的樣本是粒線體 DNA，而非核 DNA（nuclear DNA，nDNA）。核 DNA 負責傳遞的特徵包括：眼球的顏色、人種的特徵，以及對某些疾病的感受性；粒線體 DNA 只含有與製造蛋白質以及執行其他粒線體功能有關的 DNA。人體內所有細胞都具有核 DNA，核 DNA 融合了父親與母

親的 DNA（基因重組）；而粒線體 DNA 則完全承襲自母系，就算其中含有來自精子的 DNA，那也是極其少數。親緣關係極其相近的個體，粒線體 DNA 幾乎一模一樣，經過幾千年的演化，僅偶爾出現一些突變。一般認為，兩個體間粒線體 DNA 突變的數量越少，代表兩者從共祖分化的時間越短。

粒線體夏娃這種說法的支持者並不認為所謂的夏娃是當時地球上第一位女性，或唯一一位女性。他們反倒認為，那時地球上發生了一些災難，導致人口遽降為一至兩萬人，只有粒線體夏娃擁有傳續不斷的女性後代。據說，粒線體夏娃是現存所有人類最近期的共祖。

左圖這幅〈亞當與夏娃〉（Adam and Eve）是德國文藝復興時期畫家小盧卡斯·克拉納赫（Lucas Cranach the Younger，西元 1515 — 1586 年）於西元 1537 年左右完成的作品。

參照
條目　達爾文的天擇說（西元1859年）；細胞呼吸（西元1937年）；內共生學說（西元1967年）。

生命分域說 Domains of Life

卡爾・林奈（**Carl Linnaeus**，西元 **1707 — 1778** 年）
恩斯特・海克爾（**Ernst Haeckel**，西元 **1834 — 1919** 年）
范尼爾（**C. B. van Niel**，西元 **1897 — 1985** 年）
羅傑・史丹尼爾（**Roger Y. Stanier**，西元 **1916 — 1982** 年）
卡爾・烏斯（**Carl Woese**，西元 **1928 — 2012** 年）
喬治・福克斯（**George E. Fox**，生於西元 **1945** 年）

17 世紀期間，歐洲開始出現許多新的動植物，從而促進了生物分類運動的發展。1735 年，分類學（taxonomy，也稱 systematics）領域的先驅林奈，發展了生物命名的階層系統，最高階層為界（kingdom），包含其下所有較低階層的生物，林奈將生物分為兩界：動物界與植物界，然而隨著科學家逐漸意識到單細胞生物並不屬於動物界或植物兩界，於是 1866 年，海克爾為生物分類系統加入了第三界：原生生物界（Protista）。

1960 年代，史丹尼爾和范尼爾根據原核生物和真核生物的的差異——即真核生物的細胞核外還一層細胞膜——發展出一個包含四界的分類系統。此外，他們還提出了高於界之上的分類階層，稱之為「超級域（superdomain）」，或「域（empire）」。原核生物域（Empire Prokarya）包含原核生物界（Kingdom Monera，即細菌）；而真核生物域（Empire Eukarya）包含植物界、動物界和原生動物界。

1970 年代中期之前，所有的分類學說都以細胞的外在為分類依據，也就是細胞的解剖構造、形態、胚胎學和細胞結構。1977 年，伊利諾大學香檳分校的烏斯和福克斯，在分子層級上比較生物的基因，以此做為分類依據，尤其著重於比較演化過程中會發生變化的核糖體 RNA 次單元的核苷酸序列。1990 年，他們根據細胞生命提出三域分類理論，將生物分為：古菌域（Archaea），不同於原核生物，古菌是地球上最古老的生物之一，能夠適應極端環境（即嗜極端生物，extremophiles）；細菌域（Bacteria）及真核生物域（Eukarya）。真核生物域又分為真菌界（Fungi，即酵母菌、黴菌）、植物界（Plantae，即開花植物、蕨類）和動物界（Animalia，即脊椎動物、無脊椎動物）。近來，原生動物界又被分為好幾個界，生物分類學的最終章至今尚未出現，根據不同分類系統，生物被分為二至八個界。

右圖為世界第三大溫泉，位於美國懷俄明州黃石國家公園的大稜鏡溫泉（Grand Prismatic Spring），這座溫泉能產生彩虹般斑斕色彩，是因為其中含有隸屬於古菌域的嗜熱微生物（thermophile microbes），大稜鏡溫泉中心溫度有攝氏 870 度，邊緣溫度則為攝氏 640 度。

參照條目 林奈氏物種分類（西元1735年）；達爾文的天擇說（西元1859年）；內共生學說（西元1967年）。

哈伯望遠鏡 Hubble Telescope

小萊曼・史莊・史匹哲（**Lyman Strong Spitzer, Jr.**，西元 1914 — 1997 年）

太空望遠鏡科學研究所（Space Telescope Science Institute）的科學家寫道，「自天文學發展初期以來，自伽利略的時代以來，天文學家共有的一個目標就是——看得更多、更遠、更深。1990 年發射的哈伯太空望遠鏡使人類加速得到這場旅程中最偉大的一項進步。」說來遺憾，透過地面望遠鏡所得到的觀測結果，會受到地球大氣層的扭曲，導致星體看起來一閃一閃地發著光，而且，地球大氣層還會吸收一部分的電磁輻射。軌道位於地球大氣層之外的哈伯太空望遠鏡（Hubble Space Telescope，簡稱HST），則可以捕捉到高品質的影像。

來自天體的光線，被哈伯望遠鏡的凹面主鏡（直徑 2.4 公尺）反射至一面較小的鏡子上，使光線穿過主鏡中央的孔洞而聚焦。接著，光線會通過各種記錄可見光、紫外光和紅外光的科學儀器。美國太空總署利用太空梭將哈伯望遠鏡送上太空，哈伯望遠鏡的大小相當於一輛巴士，由太陽能陣列提供電力，迴轉儀（gyroscope）負責穩定哈伯望遠鏡的軌道，並使其瞄準太空中的目標。

哈伯望遠鏡的觀測結果之中，已有許多為天文物理學帶來了重大突破。利用哈伯望遠鏡，科學家得以仔細地測量我們與造父變星（Cepheid variable star）之間的距離，以用前所未見的精準程度來判斷宇宙的年齡。透過哈伯望遠鏡，我們看見了：可能為新行星誕生之處的原行星盤（protoplanetary disk）、星系演化過程中的不同階段、遙遠星系中伽瑪射線爆發時的光學對應體（optical counterpart）、類星體的特性、繞行其他恆星的系外行星（extrasolar planet），以及可能導致宇宙加速擴張的暗能量。根據哈伯望遠鏡提供的資料，我們得以確定星系中央普遍存在著巨大黑洞，我們得以了解這些黑洞的質量和其他星系的特性有關。

1946 年，美國天文物理學家史匹哲認為，人類應該打造一座太空天文臺，並大力提倡這樣的想法，而他也目睹了自己的夢想成真。

左圖中有兩個渺小的身影，那是正在替哈伯望遠鏡更換內部迴轉儀的太空人史蒂芬・史密斯（Steven L. Smith）和約翰・格朗斯菲爾德（John M. Grunsfeld）。

參照條目 望遠鏡（西元1608年）；哈伯的宇宙擴張定律（西元1929年）；太空衛星（西元1957年）；暗能量（西元1998年）。

全球資訊網 World Wide Web

羅伯特·卡里奧 (**Robert Cailliau**，生於西元 **1947** 年)
提姆·柏內茲—李 (**Tim Berners-Lee**，生於西元 **1955** 年)

1980 年代中期，網際網路已經存在，而且人們也已經在使用網際網路。1987 年，全球連上網際網路的主機數量大約是一萬臺。然而，當時幾乎所有使用網際網路的人都和提供主機的大學、公司或研究機構有關，一般大眾無法接觸到網際網路。

那時候，大家會用各種網際網路工具來傳輸資訊。電子郵件和 FTP (File Transfer Protocol，檔案傳輸協定) 是兩種最常見的方式。你可以把檔案上傳到 FTP 伺服器，然後發送電子郵件告訴朋友可以去下載檔案。大家還可以透過遠端登入協定 (Telnet) 與遠端的電腦連線，這些方法都可行，但使用網際網路還是有點技術要求，有點麻煩。

接著，1990 年，當英國電腦科學家柏內茲—李和比利時的電腦科學家卡里奧為「全球資訊網」提出「超文件計畫」(hypertext project) 時，一切開始有了變化。全球資訊網因此誕生，網際網路成為使用起來簡單無比的資訊工具。一方面說來，它是如此簡單；另一方面，它又強大得不可思議。結果，許多事物因為網路而發生變化，包括買賣商品的方式、新聞和資訊傳遞的方式、教育民眾的方式、民眾溝通的方式……除此之外，全球資訊網創造出一個完全平等的環境，突然之間，人人都能發布資訊給數百萬人知道。

網路要能夠運作，必須同時設計四個核心概念：一、網站伺服器，提供讓人讀取的網頁；二、網頁瀏覽器，從伺服器收集網頁供人瀏覽；三、網頁標示語言，也就是所謂的 HTML (Hypertext Markup Language，超文件標示語言)，以供創建網頁之用；四、網頁傳輸協定，即 HTTP (Hypertext Transfer Protocol，超文件傳送協定)，供伺服器及瀏覽器通訊使用。一旦網站伺服器中存在著用 HTML 寫成的網頁，而某個人擁有網頁瀏覽器，那麼，網路就誕生了。接下來，因為工程師讓造訪網際網路變成一件簡單無比的事，全球資訊網便有如野火燎原般散播開來。

透過全球資源定址器 (Uniform Resource Locator，URL) 來辨識網頁等資源的全球資訊網，持續以前所未見的方式改變著我們的社會。

參照
條目　電話 (西元1876年)；ENIAC (西元1946年)；ARPANET網路 (西元1969年)。

全球定位系統
Global Positioning System (GPS)

伊凡・蓋亭（**Ivan A. Getting**，西元 **1912 — 2003** 年）
羅傑・伊斯頓（**Roger L. Easton**，西元 **1912 — 2014** 年）
布拉福・帕金森（**Bradford Parkinson**，生於西元 **1935** 年）

　　如果你是一位正在研究全球定位系統（簡稱 GPS）的工程師，那麼，你正在做一件了不起的事。你正在打造一種地球上所有人都能使用的新型感官。視覺、聽覺、嗅覺、味覺和觸覺是人類與生俱來的感官，不過，方向感肯定不是，在夜晚、在遼闊的海洋、在有雲、霧、雨遮擋了所有地標的壞天氣時更是如此。

　　包括蓋亭、伊斯頓和帕金森在內，替美國國防部工作的全球定位系統工程團隊，決定改變這一切。到了 1994 年，他們已打造出一種普及程度高，反應速度快的精準系統，人人都可以藉此定出自己在地球上的確切位置，不管何時何地，這個系統的誤差值大約是 10 公尺左右。

　　他們提出的這個系統，最大膽的部分就是成本了——1989 至 1994 年間，由美國軍方出資，大約花了 120 億美元把 24 顆衛星發射到軌道上。另一個大膽之處在於他們所採用的技術。新型的全球定位系統需要用到體積小，準確度高，可以在無人照管的情形下於軌道上運行多年的原子鐘——每個衛星需要用到兩個原子鐘，而這些原子鐘可不是什麼簡單的裝置。再來，工程師還要設計出用以定位的技術。GPS 接收器至少要能夠接收來自頭頂上四顆衛星的訊號，知道衛星在軌道上的確切位置，然後準確地判斷每顆衛星和自己距離多遠。利用這四顆衛星的距離和位置，接收器可以用三角測量的方式精準得出自己在地球上的確切位置和海拔高度。接收器還可以透過原子鐘推導出精準的時間，而不需要擁有自己的原子鐘。

　　在地球上，便宜的消費型 GPS 接收器，再加上平價的小巧手機，讓我們看似活在未來，有了這兩項裝置，人人都能擁有神奇的能力。

左圖為智慧型手機 iPhone 5 運行 Google 地圖（可顯示街道地圖等資訊的網路服務）的畫面。

參照條目 原子鐘（西元1955年）；太空衛星（西元1957年）；農神五號火箭（西元1967年）。

暗能量
Dark Energy

　　「50 億年前，宇宙中發生了一件奇怪的事，」科學記者丹尼斯・奧伏比寫道（Dennis Overbye），「上帝彷彿啟動了反重力機，宇宙開始加速擴張，星系以更快的速度遠離彼此。」造成這種現象的原因似乎就是暗物質──一種能夠穿透所有空間的能量形式，造成宇宙加速擴張。暗物質如此之多，幾乎占了整個宇宙質能的四分之三。根據天文物理學家奈爾・德葛拉司・泰森（Neil deGrasse Tyson）和天文學家唐諾・高史密斯（Donald Goldsmith）的說法，「能夠解釋暗物質來源的宇宙學家……就能宣稱自己解開了宇宙最基本的秘密。」

　　說明暗物質存在的證據出現於 1998 年，當時天文物理學家觀察到某些遙遠的超新星（爆炸當中的恆星）正加速向後退。美國宇宙學家麥可・透納（Michael Turner）在同一年創造了暗物質一詞。

　　如果宇宙持續加速擴張，那麼我們將再也看不到位於我們這個超星系團以外的星系，因為它們退行的速度比光速還快。在某些可能的情境下，暗能量終會以一種宇宙大撕裂（Big Rip）的方式撕裂所有物質（從原子到行星都難逃一劫），進而消滅整個宇宙。然而，就算大撕裂沒有發生，宇宙有可能成為一個寂寞的地方。泰森寫道：「最終，暗能量將會破壞後世子孫了解宇宙的能力。除非當代各個星系的天文物理學家能夠留下值得注意的記錄……未來的天文物理學家對於外星系將一無所知……暗能量會使他們無法從將宇宙這本書中讀到和外星系有關的所有章節……同樣地，今日的我們也失去了一些宇宙原有的基本組成，導致我們尋找一些永遠找不到的答案？」

超新星加速度探測器（Supernova Acceleration Probe，簡稱 SNAP，是美國太空總署和美國能源部共同合作的計畫）是一項擬議當中的太空觀測站，目的是測量宇宙擴張的速度，以及了解暗物質的本質。

參照
條目　哈伯的宇宙擴張定律（西元1929年）；暗物質（西元1933年）、宇宙微波背景（西元1965年）；宇宙暴脹（西元1980年）。

國際太空站
International Space Station

　　20 世紀初期的火箭先驅，如康斯坦丁・齊奧爾科夫斯基（Konstantin Tsiolkovsky）和羅伯特・戈達德（Robert Goddard）是率先弄清楚在太空中，太空站和太空棲地需要哪些技術細節的首批人士。然而，整個 20 世紀大部分時間，駐紮地球軌道這樣想望，只能在科幻小說、雜誌、影集和電影中實現。1970 年代，蘇聯的禮炮（Salyut）計畫發射了九個太空研究模組中的第一個模組，接著，在 1980 年代，這些模組在地球軌道上組合成和平號太空站（Mir space station），是史上第一個可容納多人的長期太空站。

　　1980 年代，美國太空總署計畫發射美國太空站（稱自由號太空站），但因為成本超支和技術延遲，這項計畫從未實現。1991 年，蘇聯解體，和平號太空站的技術問題，加上發射太空載具並維持其運作所需的高昂成本，使美國太空總署、俄國和其它正在發展太空計畫的國家不得不集中資源，於 1993 年開始打造共同的國際太空站（International Space Station，簡稱 ISS）。

　　國際太空站的第一組構件是俄國的曙光號（Zarya），由電力、推進和儲存模組構成，於 1998 年 11 月由俄國發射質子號火箭（proton rocket）將其載運至低空地球軌道（low Earth orbit，距離地表約 370 公里）。第二組構件則是美國的團結號（Unity），由對接、氣室和研究模組構成，在幾週後由奮進號太空梭（Endeavour）上的太空人完成發射以及和曙光號連接的任務。接下來 13 年，15 次的太空梭、俄國質子火箭和進步號火箭（Progress rocket）的發射任務，為國際太空站添增了額外的太陽能板、起居艙、實驗室、氣室和對接碼頭。國際太空站於 2011 年完工，大小相當於一座美式足球場的面積，總質量超過 420 噸，是有史以來最大型的人造衛星。除了美國和俄國，歐洲、日本和加拿大的太空署也都是打造國際太空站的重要成員。

　　國際太空站主要的作用是一座國際研究實驗室，利用其獨特的微重力和軌道環境來進行和太空有關的醫學、工程學和太空物理學研究。不過，就人類長久駐紮太空這件事而言，國際太空站也扮演著重要角色，在這裡，我們可以學習如何在太空中生活、工作，以及如何為進一步穿越低地球軌道，展開深空探險航行做足準備。

國際太空站在距離地表約 305 公里處繞地球軌道運行。這座太空研究前哨站的組裝始於 1998 年，左圖為發現號太空梭上的太空人於 2009 年拍攝的照片，從中可以看到太空站的太陽能板、衍架和加壓模組。

參照條目　　人類首次進入太空（西元1961年）；人類首次登月（西元1969年）；火星上的精神號與機會號（西元2004年）。

西元 **2003** 年

人類基因組計畫 Human Genome Project

詹姆斯·杜威·華生（**James Dewey Watson**，生於西元 **1928** 年）
約翰·克雷格·凡特（**John Craig Venter**，生於西元 **1946** 年）
法蘭西斯·柯林斯（**Francis Sellers Collins**，生於西元 **1950** 年）

　　人類基因組計畫（簡稱 HGP）是一項國際合作的計畫，目的在解開人類 DNA 中近 30 億個鹼基對組成的遺傳序列，並進一步了解其中所含的兩萬個左右的基因。基因是鑲嵌在 DNA 序列中的遺傳單位，擁有製造蛋白質或特定功能 RNA 分子時所需的密碼。在美國分子生物學家華生的領導之下，人體基因組計畫始於 1990 年，後續由美國醫生、遺傳學家柯林斯繼續領導。同時間，美國生物學家凡特也著手進行相似的計畫，並成立了塞雷拉基因組公司（Celera Genomics）。DNA 序列不僅有助於我們了解人類疾病，還能幫助我們釐清人類和其他動物之間的關係。

　　2001 年，人類基因組的主要結果公布之時，柯林斯說道：「這是一本歷史書籍：記敘人類這個物種穿越時光的過程；這是一本維修手冊：無比詳盡地記載了人體每一個細胞的建構藍圖。這還是一本有變革意義的醫學教科書：其中的見解給了醫護人員強大的新力量，用以處理、預防和治癒疾病。」2003 年，更完整的序列公諸於世，這一刻被視為是人類文明史的分水嶺。

　　為了解開人類的遺傳序列，基因組先被分解成較小的片段，將這些片段插入細菌，藉以製造出更多的副本，以及更穩定的樣本來源，或稱 DNA 選殖文庫（library of DNA clone）。再經由相當精密複雜的電腦分析過程，把這些片段中較大型的序列組合起來。

　　除了同卵雙胞胎之外，每一個人的基因組都不一樣。未來，相關的研究還包括比較不同人的遺傳序列，藉此幫助科學家進一步了解遺傳在疾病中所扮演的角色，以及每個人之間的差異。人類基因組中大約只有 1% 的序列是製造蛋白質所需的密碼。人類的基因數量介於葡萄（約 30400 個基因）和雞之間（約 16700 個基因）。說來有趣，人類基因組中有將近一半的序列由轉位子（transposable element）所組成，這是一種可以在染色體附近、染色體上以及染色體之間跳躍的 DNA 片段。

在人類基因組計畫之後展開的尼安德塔人基因組計畫，讓研究人員可以比較我們和尼安德塔人的基因組，尼安德塔人是我們的演化近親，大約在三萬年前滅絕。

參照
條目　染色體遺傳學說（西元1902年）；DNA結構（西元1953年）；表觀遺傳學（西元1983年）；聚合酶鏈反應（西元1983年）。

火星上的精神號與機會號
Spirit and Opportunity on Mars

參與水手號（Mariner）和維京號（Viking）的科學家成功地繞行火星和登陸探勘已有三十多年的時間，他們描繪了這顆紅色行星上過去氣候變遷的驚人樣貌。如今，火星的表面極度寒冷、相當乾燥，不適合我們所知的生命型態在上面居住。不過，這些任務所揭露的古老火星，似乎更為溫暖、潮濕，而且有可能是個類似地球的地方。若真如此，那麼早期的火星（火星形成後的十億年間左右）可能是個適合居住的環境，和地球一樣有著興盛繁旺的生命。

然而，早期的火星是否適合居住這件事，影像證據已經不能滿足行星科學家，他們想要對火星的地質、地質化學和礦物含量進行定量測量，如此一來便能獲得決定性的證據。從 1997 年火星拓荒者號（Mars Pathfinder）任務中所獲得的經驗，證明了在遙遠的地方以機器人進行野外地質探勘工作，就機動性而言是有其價值存在的，這使得科學家選擇著手進行更為長程的探測任務。1999 年，兩次火星任務的失敗致使美國太空總署決定降低任務風險：在 2003 年發射兩輛探測車來取代原本只發射一輛的計畫，它們分別是精神號和機會號。

2004 年初，這兩輛探測車順利登陸，往不同方向進行探勘：精神號位在一處名為古瑟夫（Gusev）的古老撞擊坑，這裡過去可能涵養了一座湖泊；機會號則位在子午線高原（Meridiani Planum），這是

一個許多撞擊痕跡的地區，火星全球探測號（Mars Global Surveyor）的資料提供證據，說明這裡有水成礦物存在。精神號在古瑟夫撞擊坑探測幾年之後，負責這項任務的科學家發現證據，指出這裡曾有一個含有含水礦物的古老熱液系統，這是一項決定性的證據，說明古瑟夫撞擊坑過去曾是適合居住的地方。至於在子午線高原，任務團隊立刻就發現其他含水礦物和地質線索，確實說明此處過去也曾是個適合居住的地方。精神號最後一次回傳資料的時間在 2010 年初，但直到 2012 年中，機會號仍持續在火星上探勘，尋找新的發現。

左圖為一張透過電腦生成的圖片，將機會號探測車放置在其全景相機於堅忍撞擊坑（Endurance crater）內部所拍攝，分層明顯的岩層鑲嵌圖上。這些岩石提供證據，說明火星過去曾有液態水存在，其中一項就是證據岩層中有一種富含鐵質，直徑以毫米計算的球體狀嵌晶（inset），又稱為結核（concretion）。

參照條目 人類首次進入太空（西元1961年）；人類首次登月（西元1969年）；國際太空站（西元1998年）。

複製人
Human Cloning

　　科學教育者蕾吉娜‧貝利（Regina Bailey）寫道，「想像一個這樣的世界，可以製造細胞來治療某些疾病，或是藉此產生可用於移植的器官……人類可以複製自己，或者精準地複製出已經去世的所愛之人……對未來世代而言，複製和生物科技定義了我們這個時代。」2008 年，美國科學家山謬‧伍德（Samuel Wood）成為史上第一個複製自己的人之後，一場倫理風暴醞釀而生。

　　生殖性人類複製（reproductive human cloning）指的是複製出一個就遺傳意義而言和某人完全相同的另一個人。這透過體細胞核移植（somatic cell nuclear transfer，SCNT）是可以做到的：將成年捐贈者的體細胞插入一個細胞核已被移除的卵細胞中，將這個卵細胞植入子宮中，它有可能發育成胚胎。把發育初期的胚胎分割開來可以複製出全新的個體，被分割的每個部分都可以發育成一個新的個體（同卵雙胞胎就是如此）。在醫療性的人類複製中，複製出來的胚胎不會被植入子宮裡，而是取這其細胞來使用，如長出移植所需的新組織。這些來自於病人本身的組織不會觸發免疫反應。

　　1996 年，桃莉羊是史上第一個由成年體細胞成功複製而來的哺乳動物。2008 年，伍德利用自己皮膚細胞中的 DNA 成功地培養出五個胚胎，這些胚胎可以做為胚胎幹細胞的來源，而我們可以用胚胎幹細胞來修復傷口以及治療疾病，胚胎幹細胞可以發育成任何一種人體細胞。基於法律和道德倫理的考量，這五個胚胎遭到銷毀。複製人的消息傳出之後，一位梵諦岡的代表發聲譴責這是「道德層面上最不正當的行為。」要收集幹細胞還有其他不需複製胚胎的方法可用，舉例來說，經過重新編程的皮膚細胞可以用來製造誘導性富潛能幹細胞（induced pluripotent stem cell，iPS），過程中並不需要使用到胚胎，這種幹細胞可能成為各種人體組織的來源，用以替換因退化性疾病而受損的組織。

長久以來，複製人是科幻小說中常見的題材。未來，這樣的過程可能會變得相對簡單。一位梵諦岡的代表發聲譴責和複製人相關的早期實驗是「道德層面上最不正當的行為。」

參照條目 發現精子（西元1678年）；細胞分裂（西元1855年）；DNA結構（西元1953年）；基因療法（西元2016年）。

大強子對撞機
Large Hadron Collider

英國《衛報》指出：「粒子物理是一種不可思議的追求，追求的對象是我們無法想像的事物。為了找出宇宙中最小的碎片，你得打造世界上最大型的機器。為了重現宇宙初生後的前幾百萬分之一秒的情景，你得聚焦在尺度驚人的能量上。」作家布萊森寫道：「粒子物理學家以相當直接了當的方式來探究宇宙的祕密：用劇烈的方式把粒子扔在一起，看看會飛出什麼東西來。這樣的過程就像是發射兩只瑞士表，讓它們互相撞擊，檢視它們的殘骸，然後藉此推導它們的運作機制。」

歐洲核子研究組織（European Organization for Nuclear Researc，常簡稱為 CERN）打造的大強子對撞機（簡稱 LHC）是世界上最大型，能量最高的粒子加速器，主要的設計目的是讓兩道反向的質子束（質子是強子的一種）發生碰撞。在強力的電磁鐵引導下，質子束在連續真空的環境中繞著環形的大強子對撞機運行，每繞一圈，粒子就會獲得能量。負責引導質子的電磁鐵具備超導電性，並由大型的液態氦冷卻系統來為其降溫。當電磁鐵處於超導狀態時，負責傳導電流的線圈和接點所遭遇的電阻微乎其微。

大強子對撞機位於一個周長 27 公里，坐落在法國與瑞士接壤處的隧道中，它讓物理學家得以進一步了解希格斯玻色子（Higgs boson，又稱上帝粒子），這種粒子可以解釋粒子何以會有質量。大強子對撞機也可以用來尋找超對稱理論所預測的例子，超對稱理論認為基本粒子存在著質量較重的伴子，好比超電子（selectron）是電子的假想伴子。此外，大強子對撞機也可以提供證據，說明有三維空間以上的空間維度存在。在某種意義上，藉由兩束強子對撞，大強子對撞機可以重現大霹靂剛發生過後的

某些情形。物理學家組成的團隊可以利用特殊的偵測器來分析撞擊過後產生的粒子，2009 年，大強子對撞機完成了史上第一次質子對撞。

左圖為替大強子對撞機安裝超環面儀器（ATLAS）熱量計（calorimeter）的過程。被八個超環面磁鐵圍繞的熱量計即將移入偵測器的正中央。質子在偵測器中央發生碰撞時，熱量計可以測量其所產生的粒子有多少能量。

參照條目　超導電性（西元1911年）；弦論（西元1919年）；標準模型（西元1961年）。

西元 2016 年

基因療法 Gene Therapy

威廉‧弗倫奇‧安德森（**William French Anderson**，生於西元 1936 年）

許多疾病源自於基因缺陷，基因是人體的遺傳單位，從眼睛的顏色到我們對癌症和氣喘的易感性（susceptibility），都是受到基因控制的性狀。以鐮形血球性貧血（sickle-cell anemia）為例，這種疾病之所以生異常的紅血球細胞，是因為病人體內有個基因的 DNA 序列發生了單一的有害改變。

基因治療是一門年輕的學科，涉及在人體細胞中插入、移除基因，或對基因進行改造，藉以治療疾病。基因治療的其中一種形式是透過遺傳工程的方法，使病毒擁有許多對人類有用的基因，病毒將基因插入有缺陷的人體細胞（通常會隨機地插入寄主 DNA 中），而新的基因會製造出可以發揮正常功能的蛋白質。如果受到改造的是精子或卵子，那麼這樣的改變會遺傳給下一代，就倫理道德的層面而言，這會對人類產生深遠的影響。

美國在 1990 核准了第一項基因治療程序，病人是一位四歲的小女孩，因為罹患腺苷脫氨酶缺乏症（adenosine deaminase deficiency）這種罕見免疫疾病，導致她很容易遭受感染。美國研究人員安德森和他的同事抽取這位小女孩體內白血球，在其中插入她所缺乏的基因，再將這些白血球送回小女孩體內，希望細胞可以產生她所需要的酵素。雖然，小女孩的細胞確實產生了原本缺乏的酵素，但這些細胞無法產生健康的新細胞。後來，基因療法成功地應用在腺苷脫氨酶缺乏症、其他嚴重的免疫缺陷病症（如氣泡男孩症，bubble boy symptom）、愛滋病（利用經過基因改造的 T 細胞來對抗 HIV 病毒）和帕金森氏症（減緩症狀嚴重的程度）的治療上。儘管如此，就某些病例而言，基因療法仍是有風險的。在一項免疫缺陷研究中，幾名孩童因此罹患了白血病，因為病毒將基因插入寄主細胞時，有時會干擾正常的基因功能。再者，攜帶基因的病毒（或是植入了新基因的細胞）可能會遭受寄主免疫系統的攻擊，導致基因療法失效。最糟糕的狀況下，病人會因為嚴重的免疫攻擊而死亡。

近年來，CRISPR（Clustered regularly interspaced short palindromic repeats）這項技術讓研究人員得以更精準地在生物基因組的確切位置上進行基因改造。2016 年，美國食品藥物管理局核准第一項 CRISPR 的人體試驗，以編輯病人的 T 細胞（免疫系統中的重要角色）的方式來治療癌症。

血友病是 X 染色體上單一個基因發生突變所引起的。血友病患者一旦受傷，傷口會大量流血，右圖是英國維多利亞女王（西元 1819 — 1901 年）的畫像，她將這個突變遺傳給許多皇室子孫。

參照條目 表觀遺傳學（西元1983年）；聚合酶鏈反應（西元1983年）；複製人（西元2008年）。

重力波
Gravitational Waves

愛因斯坦在 20 世紀提出的廣義相對論，提倡以簡單明確的方式審視我們的宇宙，將三維空間和一維時間緊密地連結成「時空」這樣的連續體。此外，愛因斯坦和其他人認為，有質量或能量存在時，時空會變形或彎曲，因此，就理論而言，漣漪或波會像池塘中水波在時空中傳播。

至少，就理論上而言是如此。廣義相對論出現之後，在後續的 20 世紀裡，科學家遇到的問題是：這些預期存在的重力波在時空連續體中極其微小，當時的科技根本偵測不到重力波。此外，能夠產生可偵測重力波的事件或擾動──由質量巨大恆星產生超新星爆炸，或兩個黑洞的合併──要不是非常罕見，要不就是發生在極為遙遠的地方。因此，要想偵測重力波，當時的科技還有待提升。

科技的進步終於製造出兩個專門為搜尋重力波而設計的巨大偵測器：美國的雷射干涉重力波天文臺（Laser Interferometer Gravitationalwave Observatory，LIGO），以及歐洲的處女座干涉儀（Virgo Interferometer）。這兩項設備都利用雷射來搜尋遠方參考目標之間發生的微小變化，這些微小的變化可能是因為重力波通過而引起的。兩者的儀器敏感度極高，可以在相當於人髮粗細的誤差範圍內測量我們與最近恆星之間的距離。雷射干涉重力波天文臺於和處女座干涉儀分別在 2002 及 2003 年啟用，而且自 2007 年以來，兩者共享數據及分析結果，這麼做有助於辨析彼此可能偵測到的結果是否為真。

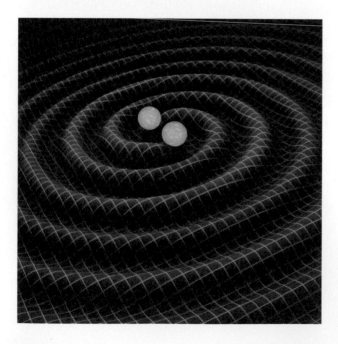

十多年來的搜尋，經過仔細的資料處理，並以同儕審查的方式來審視結果，雷射干涉重力波天文臺於和處女座干涉儀終於在 2016 年 2 月首次宣布他們偵測到了重力波（源自於兩個具有超大質量的黑洞發生合併），進而確認了愛因斯坦廣義相對論中最後一個未經證實的重要預測。此後，人類進行更多相關偵測，如今，能夠利用重力波這項嶄新的工具來研究宇宙中極為強烈的高能現象，著實讓天文學家興奮不已。

左圖為漣漪出現在時空連續體中的電腦模擬畫面，這樣的漣漪就是重力波，是兩個具有超大質量的共軌黑洞合併而引起。

參照條目　牛頓的運動定律和萬有引力定律（西元1687年）；黑洞（西元1783年）；重力透鏡（西元1979年）。

證明克卜勒猜想
Proof of the Kepler Conjecture

約翰尼斯·克卜勒（**Johannes Kepler**，西元 1571 — 1630 年）
湯瑪士·克里斯特爾·黑爾斯（**Thomas Callister Hales**，生於西元 1958 年）

　　想像一下，現在有一個有蓋的大箱子，你的目標是在這個箱子裡盡可能地放入最多高爾夫球，放完之後，蓋子要能夠密合。箱子含球的體積除以箱子的總體積則代表了高爾夫球的密度。為了放入最多顆高爾夫球，你得找出讓高爾夫球密度達到最高的排列方法。如果只是單純地把球放進箱子裡，你會發現，高爾夫球的密度大概只能達到 65%。如果小心翼翼地在箱底把高爾夫球排列成一個六角形，第二層高爾夫球則放置在底層高爾夫球之間的凹口上，如此持續下去，高爾夫球的堆疊密度可以達到 $\pi / \sqrt{18}$，大約是 74%。

　　1611 年，德國數學家、天文學家克卜勒認為，沒有其他排列方式可使箱子裡的球達到更高的平均密度了。尤其，他在《六角雪花》（*The Six-Cornered Snowflake*）這本專著中提出猜想，認為在三維空間中堆疊一模一樣的球體時，面心立方體（六角形）這種方式可排列的球數最多。19 世紀，高斯證明傳統的六角形排列法是最有效率的規律立體網格排列法。儘管如此，克卜勒猜想仍然存在，沒有人能夠確定世上是否存在著更為密集的不規則排列方式。

　　終於，在 1998 年，美國數學家黑爾斯證明克卜勒的猜想沒錯，此舉震驚全球。黑爾斯提出的方程式有 150 個變數，以 50 個球體為例，表達了各種可以想見的排列方式。經過電腦計算，確定沒有一種變數組合的結果可以使球體的堆疊效率高於 74%。

　　《數學年刊》（*Annals of Mathematics*）接受發表黑爾斯的證明結果，前提是要先得到 12 位審查委員的同意。2003 年，審查委員會提出報告表示他們對這項證明的正確性有「99% 的肯定」。最後，在 2017 年，黑爾斯率領的團隊在《數學論壇 Pi》期刊發表了克卜勒猜想的正式證明，解決這個懸宕數百年的問題。近來，CRISPR（Clustered regularly interspaced short palindromic repeats）這項技術讓研究人員得以更精準地在生物基因組的確切位置上進行基因改造。2016 年，美國食品藥物管理局核准第一項 CRISPR 的人體試驗，以編輯病人的 T 細胞（免疫系統中的重要角色）的方式來治療癌症。

因為對克卜勒猜想深深著迷，普林斯頓大學的科學家保羅·柴金（Paul Chaikin）、薩爾瓦多·托夸多（Salvatore Torquato）和同事們研究 M&M 巧克力這種糖果的堆疊方式。他們發現，這種糖果的堆疊密度大約是 68%，比隨機堆疊的球體多了 4%。

科學人文 ⑦
科學之書

The Science Book: From Darwin to Dark Energy, 250 Milestones in the History of Science

作　　者──柯利弗德・皮寇弗（Clifford A. Pickover）
譯　　者──陸維濃
副 主 編──石璦寧
執行編輯──鄭莛
封面設計──ayen0024@gmail.com
內頁排版──黃馨儀
總 編 輯──胡金倫
董 事 長──趙政岷
出 版 者──時報文化出版企業股份有限公司
　　　　　108019 臺北市和平西路三段240號7樓
　　　　　發行專線─（02）2306-6842
　　　　　讀者服務專線─0800-231-705、（02）2304-7103
　　　　　讀者服務傳真─（02）2302-7844
　　　　　郵撥─19344724 時報文化出版公司
　　　　　信箱─10899 臺北華江橋郵政第99 信箱
時報悅讀網──www.readingtimes.com.tw
電子郵件信箱──ctliving@readingtimes.com.tw
人文科學線臉書──www.facebook.com/jinbunkagaku
法律顧問──理律法律事務所 陳長文律師、李念祖律師
印　　刷──金漾印刷有限公司
初版一刷──2020年9月25日
定　　價──新台幣680元
（缺頁或破損的書，請寄回更換）

時報文化出版公司成立於一九七五年，
並於一九九九年股票上櫃公開發行，於二〇〇八年脫離中時集團非屬旺中，
以「尊重智慧與創意的文化事業」為信念。

科學之書 / 柯利弗德.皮寇弗（Clifford A. Pickover）作；陸維濃譯. -- 初版. -- 臺北市：時報文化，
2020.09
264面；19x26 公分. --（人文科學）

譯自：The science book : from darwin to dark energy, 250 milestones in the history of science.

ISBN 978-957-13-8359-0(平裝)

1.科學 2.歷史

309　　　　　　　　　　　　　　　　　　　　　　109012979

Originally published in 2018 in the United Sates by Sterling Publishing Co. Inc. under the title The Science Book.

Introduction ©2018 Sterling Publishing Co., INC.

Text pages 22, 32, 78, 298, 430, 432, 456, 500, 508 from *The Space Book* © 2013 Jim Bell

Text Pages 158, 194, 212, 216, 248, 254, 20, 284, 294, 316, 366, 372, 394, 418, 446, 452, 454, 458, 474, 490, 492 from *The Engineering Book* © 2015 Marshall Brain

Text Pages 14, 16, 18, 20, 96, 116, 136, 140, 178, 184, 186, 190, 192, 220, 222, 250, 306, 330, 334, 412, 420, 428, 440, 448, 486 from *The Biology Book* © 2015 Michael C. Gerald

Text Pages 38, 66, 72, 196, 198, 240, 246, 314, 350, 360, 380, 402 from *The Chemistry Book* © 2016 Derek B. Lowe

Text pages 12, 26, 36, 42, 46, 48, 50, 54, 56, 58, 68, 70, 74, 80, 88, 98, 102, 106, 108, 112, 130, 132, 134, 142, 152, 162, 166, 168, 182, 206, 218, 226, 242, 244, 258, 270, 280, 318, 342, 358, 374, 384, 400, 436, 460, 462, 464, 510 from *The Math Book* © 2009 Clifford Pickover
Text pages 30, 44, 76, 82, 86, 100, 114, 122, 124, 144, 146, 154, 180, 202, 208, 214, 228, 232, 236, 238, 264, 266, 276, 282, 296, 338, 388, 398, 404, 408, 410, 424, 426, 438, 450, 476, 478, 480, 498, 502, 506 from *The Medical Book* © 2012 Clifford Pickover

Text Pages 28, 34, 40, 52, 56, 60, 62, 64, 84, 90, 92, 104, 110, 118, 120, 126, 128, 138, 148, 150, 156, 160, 164, 170, 172, 174, 176, 188, 200, 204, 210, 224, 230, 234, 244, 252, 256, 268, 272, 274, 278, 288, 290, 292, 300, 302, 304, 308, 310, 312, 320, 322, 324, 326, 328, 332, 336, 340, 344, 346, 348, 352, 354, 356, 362, 364, 368, 370, 376, 378, 382, 386, 390, 392, 396, 406, 414, 422, 434, 442, 444, 470, 472, 482, 488, 494, 504 from *The Physics Book* © 2011 Clifford Pickover

Text Pages 262, 286, 416, 466 from *The Psychology Book* © 2014 Wade E. Pickern

This edition has been published by arrangement with Sterling Publishing Co., Inc., 1166Avenue of the Americas, New York NY, USA, 10036 through Andrew Nurnberg Associates International Limited.

Complex Chinese edition copyright © 2020 by China Times Publishing Company All rights reserved.

ISBN 978-957-13-8359-0
Printed in Taiwan